EDITION '84

DIE POSITIVEN UTOPIEN

11

Wie George Orwells »1984« Maßstäbe für die Anti-Utopie setzte, legt die Edition '84 beispielhafte, herausragende neue Werke der positiven Utopie dem deutschen Leser vor. Alle Facetten dieser Literaturgattung sind in der Edition '84 vertreten: Roman, Story, Kurz-Kurzgeschichte; deutsche, englische, amerikanische und auch chinesische Autoren; Klassiker und Newcomer. – Hohe Qualität, dieses Gütesiegel war bei der Auswahl der Einzelbände immer oberster Grundsatz.

Mit den 12 Bänden der Edition '84 wird das gesamte Spectrum positiver Utopien abgedeckt und durch repräsentative Werke ein Überblick über das derzeitige Schaffen der berühmtesten Autoren auf diesem Literaturgebiet gegeben.

Dieser Band: Innerhalb der Edition '84 steht dieses Buch für die »harte«, naturwissenschaftlich-technische Utopie, wie sie vor allem von Naturwissenschaftlern geschrieben wird und lange die Tradition (1930–1960) anglo-amerikanischer SF prägte. »A wie Andromeda« ist eines der hervorragendsten Beispiele in dieser Tradition.

Autoren: Sir *Fred Hoyle* ist Astrophysiker und Professor für Astronomie und experimentelle Philosophie in England. Hoyle soll angeblich nie ein wissenschaftlich unhaltbares Wort geschrieben und seine Romane so ausgeklügelt aufgebaut haben, daß sie im Astronomieunterricht als Lehrbücher Verwendung finden. *John Elliot* ist ein bekannter Fernsehregisseur.

Buch: Geheimnisvolle Funksignale aus dem All lassen einen alten Traum der Menschheit wahr werden: Leben aus der Retorte. Aber Andromeda gehorcht außerirdischen Intelligenzen. In den 70er Jahren entsteht in Nordengland ein neuartiges Radioteleskop. Noch bevor es offiziell seiner Bestimmung übergeben werden kann, empfangen die Techniker mysteriöse Signale, die aus der Richtung des Sternbildes Andromeda zu kommen scheinen. John Fleming, einem jungen Mathematiker, gelingt es, die Signale aufzuschlüsseln, und er entdeckt in ihnen die Anweisung zum Bau eines gigantischen Computers. Unter strengster Geheimhaltung bauen die Wissenschaftler diesen Rechner und folgen bei ihrer weiteren Arbeit Schritt für Schritt seinen Angaben. Was er plant und was die Techniker nach diesem Plan entwickeln, zeigt sich nach einigen schrecklichen Fehlern: In der Retorte entsteht das Mädchen Andromeda. Politiker und Wissenschaftler versuchen, das Mädchen, das ihnen mit seiner übermenschlichen Intelligenz als Werkzeug ihrer Machtpolitik dienen soll, unter ihren Einfluß zu bringen. Und keiner ahnt, daß Andromeda nur das Medium einer übermächtigen außerirdischen Intelligenz ist – und längst ihrerseits die Fäden in der Hand hat, um die Welt auf einen neuen Weg zu führen.

Literaturpreise:
Mehrere wissenschaftliche Preise für Fred Hoyles Forschungen.

Pressestimmen zu diesem Buch: »... sauber durchkonstruiert und wissenschaftlich fundiert.« (Reclams Science Fiction Führer)
»... gibt seinen Lesern ein gewisses Gefühl dafür, was es heißt, wie ein Wissenschaftler zu denken.« (Enzyklopädie der Science Fiction)
»Fred Hoyle ist eines der leider zu wenigen Beispiele für einen Wissenschaftler, der klar erzählen kann und das noch mit Gefühl für den Stil; er bringt Witz und Verve in eine ansonsten oft trockene und staubige Thematik.« (Leseführer durch die Science Fiction)

FRED HOYLE
JOHN ELLIOT

A WIE ANDROMEDA

Geheimbotschaft
aus dem All

Roman

Wilhelm Goldmann Verlag

Aus dem Englischen übertragen
von Gustav Keim und Robert Picht
Titel der Originalausgabe:
›A for Andromeda‹ und ›Andromeda Breakthrough‹
Originalverlag: Souvenir Press Ltd., London

Made in Germany · 10/84 · 1. Auflage · 118

Frühere Ausgaben dieses Romans erschienen unter
dem gleichen Titel und in gleicher Übersetzung 1967
im Henry Goverts Verlag GmbH, Stuttgart, und 1970 als
Taschenbuch in der Fischer Bücherei, Frankfurt am Main und Hamburg
Umschlagentwurf: Design Team München
Umschlagillustration: Klaus Holitzka, Mossautal
Satz: IBV Lichtsatz KG, Berlin
Druck: Elsnerdruck GmbH, Berlin
Verlagsnummer: 8411
Lektorat: Peter Wilfert · Herstellung: Peter Papenbrok
ISBN 3-442-08411-3

Die Wolkendecke brach auf, als sie nach Bouldershaw Fell hinauffuhren. Judy saß neben Professor Reinhart im Fond des Dienstwagens. Während der Wagen die Straße aus der Stadt Bouldershaw zur offenen Heide hinaufglitt, starrte sie erwartungsvoll aus dem Fenster, aber erst, als sie fast den Rücken des Hügels erreicht hatten, konnten sie das Radioteleskop sehen.

Plötzlich stand es vor ihnen: Drei gewaltige Masten neigten sich an der Spitze zueinander und bildeten einen dreistrahligen Bogen. Dunkel und starr ragte es gegen den Abendhimmel. In den Boden zwischen den Masten war eine nach innen gewölbte Betonschale von der Größe einer Arena eingelassen. Von der Spitze des Bogens hing eine kleinere Metallschale mit der Öffnung nach unten. Von ihr streckte sich eine lange Antenne der Betonschale entgegen. Judy hatte nie zuvor etwas Ähnliches gesehen – in seiner starken und geschlossenen Einheit glich es einer Plastik.

Sie stiegen aus, atmeten tief die milde, würzige Luft ein und blickten an den drei Masten hinauf zu dem Metallreflektor, der hoch über ihnen glänzte, und zu dem fahlen Himmel dahinter. Rundherum lagen, von einem Drahtzaun umgeben, ein paar flach gestreckte Gebäude und kleinere Antennensysteme auf der Heidefläche verstreut.

Der Professor führte sie zum Hauptgebäude. Es war ein niedriger Bau mit einer Steinfassade, einem noch unfertigen Eingang und mit einem frisch angelegten Zugangsweg. Alles sah sehr grell und neu aus gegen den sanften dunklen Hügelrücken.

»Wir haben hier alle erdenklichen Nebengebäude«, sagte der Professor mit einer kleinen, eleganten Handbewegung. »In diesem Gebäude ist der Hauptkontrollraum untergebracht.«

Er war ein Mann in den Sechzigern, klein, distinguiert und freundlich, ein wenig wie ein Hausarzt.

»Ganz ansehnliches Baby, das«, sagte Judy.

»Baby? Das ist das größte Baby, das ich zur Welt gebracht habe. Ging weit über zehn Jahre damit schwanger.«

Er zwinkerte ihr zu und trippelte in seinen kleinen schwarzen Schuhen die Stufen zum Kontrollgebäude hinauf.

Die Eingangshalle machte einen unfertigen, doch vertrauten Eindruck mit der unvermeidlichen Sperrholzdecke, dem unvermeidlichen Kunststeinboden, glatten gestrichenen Ziegelwänden und Neonbeleuchtung. Ein Wandtelephon und ein Trinkwasserbrunnen, zwei schmale Türen in den Seitenwänden und eine Doppeltür dem Eingang gegenüber, das war alles. Ein schwaches pfeifendes Geräusch kam aus dem Raum hinter der Doppeltür. Als der Professor einen Flügel öffnete, wurde das Pfeifen lauter. Es klang wie die Nebengeräusche in einem Radio.

Sie betraten den Kontrollraum, das Zentrum des ganzen Observatoriums. Der Tür gegenüber sah man die gewaltige Plastik draußen, und dem Fenster zugewandt stand ein massives Metallpult. Es glich dem Spieltisch einer Orgel und war voll von Knöpfen, Schaltern und Lämpchen. Einige junge Männer arbeiteten an dem Pult und stellten von Zeit zu Zeit Berechnungen an mit den Computern, die in hohen Metallkästen zu beiden Seiten des Pultes standen. Die eine Seitenwand bedeckten mit optischen Teleskopen aufgenommene vergrößerte Sternphotographien, die andere bestand zu zwei Dritteln aus einer gläsernen Trennwand, hinter der man weitere junge Männer an technischen Apparaten arbeiten sah.

»Die Einweihungsfeier wird hier stattfinden«, sagte Reinhart.

»Und wo zerschlägt der Minister die Champagnerflasche oder zerschneidet das Band, oder was immer er tut?«

»An dem Pult. Er drückt den Knopf am Steuerpult und läßt das Teleskop anlaufen.«

»Ach, es ist noch nicht in Betrieb?«

»Nein, wir machen Aufnahmetests.«

Judy stand neben der Tür und überblickte den Raum. Sie war der Typ einer gutaussehenden jungen Frau, den man eher hübsch als schön nennen würde, mit frischem Teint, wachem, intelligentem Gesicht und sehr sicherem, etwas ungraziösem Auftreten. Sie hatte ziemlich große Hände und tiefblaue Augen. Unter dem Arm hielt sie ein Bündel Papiere. Sie zog sie hervor und las in ihnen, als könnten sie Auskunft geben über das, was sie sah.

»Es ist das größte Radioteleskop auf – ja, auf der Welt.«

Wohlgefällig lächelnd sah sich der Professor im Raum um. »Natürlich ist es nicht so groß wie ein Interferometer, aber man kann es steuern. Mit dem kleinen Reflektor oben können wir den Brennpunkt verschieben und auf diese Weise die Bahn einer Geräuschquelle über den Himmel verfolgen.«

»Ich habe hieraus ersehen«, erwiderte Judy und klopfte auf ihre Papiere, »daß es auch andere Radioteleskope gibt, die auf die gleiche Weise arbeiten.«

»Richtig, es gab sie auch schon 1960, als wir hiermit begannen – und das ist schon einige Jahre her. Aber sie sind nicht so empfindlich wie unser Gerät.«

»Weil es größer ist?«

»Nicht nur deshalb. Wir haben auch die bessere Empfangsapparatur. Dadurch erreichen wir eine größere Trennschärfe. Das ist alles dort drüben untergebracht.« Er deutete mit seinem kleinen, schmalen Zeigefinger auf den Raum hinter der Glasscheibe.

»Sehen Sie, von den meisten astronomischen Geräuschquellen – Radiosternen zum Beispiel – können wir nicht mehr einfangen als ein sehr schwaches elektrisches Signal. Und das ist dazu noch vermischt mit vielerlei Geräuschen aus der Atmosphäre, aus interstellarem Gas, aus – der Himmel weiß, was –, ja, eben aus dem Himmel.«

»Sie können Geräuschquellen hören, die andere nicht wahrnehmen können?« fragte Judy.

»Hoffentlich. Jedenfalls ist das unser Ziel. Aber fragen Sie mich nicht, wie wir das erreichen. Ein Team hat es entwickelt.« Bescheiden sah er auf seine kleinen Füße hinunter. »Doktor Fleming und Doktor Bridger.«

»Bridger?« Judy blickte mit einem Ruck auf.

»Fleming ist der eigentliche Kopf. John Fleming.« Er rief höflich durch den Raum. »John!«

Einer der jungen Männer löste sich aus der Gruppe am Steuerpult und kam langsam auf sie zu. Er begrüßte den Professor knapp und übersah Judy.

»Wenn Sie einen Augenblick Zeit hätten, John. Doktor Fleming, Miß Adamson, unsere neue Pressereferentin.«

Der junge Mann warf einen Blick auf Judy, dann rief er zum Steuertisch hinüber: »Stellt diesen schrecklichen Lärm leiser.«

»Was ist das?« fragte Judy. Die Geräusche erstarben zu einem leisen Pfeifen. Der junge Mann hob die Achseln.

»Interstellare Geräusche, nichts weiter. Das Universum ist voll von elektrisch geladener Materie. Was wir aufnehmen, ist die elektrische Ausstrahlung dieser Ladungen; wir empfangen sie als Geräusche.«

»Die musikalische Untermalung des Universums«, fügte Reinhart hinzu.

»Das können Sie sich sparen, Prof«, entgegnete der junge Mann mit freundlicher Geringschätzung, »für die Presseverlautbarungen.«

»Ich erkläre ihr den Plan für Donnerstag«, sagte der Professor, »für die offizielle Eröffnung. Sie wird sich um die Presse kümmern.«

Fleming hatte ein dunkles, nachdenkliches Gesicht. Er sah nicht eigentlich mürrisch aus, eher abgespannt, mit einem müden und verbitterten Zug um den Mund. Er brummte:

»Ach so – die offizielle Eröffnung. Alle bunten Lämpchen werden flackern. Die Sterne werden im himmlischen Chor ›Rule Britannia‹ singen, und ich werde unten einen trinken gehen.«

»Sie werden hierbleiben, John, hoffe ich.« Die Stimme des Professors klang leicht verärgert. »In der Zwischenzeit zeigen Sie Miß Adamson vielleicht die Anlage.«

»Bitte nicht, wenn Sie zu tun haben«, entgegnete Judy mit leiser, freundlicher Stimme. Fleming blickte sie zum erstenmal voll an.

»Wieviel wissen Sie über das Teleskop?«

»Noch ziemlich wenig.« Sie klopfte auf ihren Packen Papier. »Das ist alles.«

Fleming stellte sich gelangweilt in Pose und machte eine ausladende Handbewegung.

»Dies, meine Damen und Herren, ist das größte und neueste Radioteleskop der Welt – um nicht zu sagen das teuerste. Es hat eine fünfzehn- bis zwanzigmal größere Trennschärfe als jede vergleichbare Einrichtung und ist selbstverständlich ein Wunder der englischen Wissenschaft, um nicht zu sagen der Technik. Die Aufnahmegeräte« – er deutete zum Fenster – »sind steuerbar, so daß man die Bahn eines Himmelskörpers über den Himmel verfolgen kann. So, jetzt können Sie den Leuten von der Presse alles erklären, ja?«

»Danke«, erwiderte Judy eisig. Sie blickte zu Reinhart hin, aber er schien nur leicht verlegen zu sein.

»Tut mir leid, daß wir Sie aufgehalten haben, John«, sagte er.

»Keine Ursache. War mir ein Vergnügen. Stehe immer zur Verfügung.«

Der Professor wandte sich zu Judy. »Ich werde Sie selbst führen.«

»Sie wollen, daß es Donnerstag in Betrieb ist?« fragte Fleming. »Für den Herrn Minister?«

»Ja, John. Es wird doch alles klappen?«

»Es wird jedenfalls so aussehen. Die Bande wird nicht die geringste Ahnung haben, ob es wirklich läuft, und das Pack von der Presse sowieso nicht.«

»Ich wäre aber froh, wenn es tatsächlich liefe.«

»Kann ich mir denken.«

Fleming drehte sich um und ging an das Steuerpult zurück. Judy erwartete einen Ausbruch oder zumindest ein deutliches Zeichen des Ärgers, aber der Professor nickte nur leicht, als stelle er eine Diagnose.

»Einen Jungen wie John darf man nicht hetzen. Sie können Monate auf einen Einfall warten, Jahre. Aber es ist der Mühe wert, wenn es ein guter ist. Und meistens hat er gute.« Nachdenklich sah er zu Fleming hin. Er war unordentlich, lässig mit ungepflegten Haaren und Kleidern. »Wir sind von den jungen Leuten abhängig, wissen Sie. Er hat die ganze Entwicklungsarbeit für die Tieftemperaturen geleistet, er und Bridger. Die Empfänger arbeiten auf der Basis von Tieftemperaturen, und das ist nicht mein Fach. Ein Merkblatt darüber muß bei Ihren Papieren sein.« Er nickte in Richtung ihres Papierbündels. »Wir haben ihn ein bißchen verärgert, fürchte ich.«

Er seufzte und nahm sie mit zu einer Führung durch das Gebäude.

Er zeigte ihr die Photographien des Nachthimmels an der Wand, nannte ihr die Namen und Eigentümlichkeiten der großen Radiosterne, der Hauptquellen der Geräusche, die aus dem Universum zu hören sind. »Dies«, erklärte er und deutete auf eine Photographie, »ist kein Stern, sondern es sind zwei Spiralnebel in Kollision. Dies ist ein explodierender Stern und das der große Andromedanebel. A 31 nennen wir ihn.«

»Gehört er nicht zum Sternbild der Andromeda?«

»Nein, er liegt weit, weit dahinter. Er bildet eine ganze Milchstraße für sich.«

Sie betrachtete die weiße Sternspirale. »Und Sie bekommen ein Geräusch von dort?«

»Ein Pfeifen, wie Sie es gehört haben.«

Nahe der Wand stand eine große Kugel aus durchsichtigem Kunststoff mit einem kleinen dunklen Ball in der Mitte und anderen weißen Kügelchen, die ringsherum wie die Elektronen im Atommodell eines Physikers angeordnet waren.

Der Professor lächelte. »Es ist ein Modell des Weltraums im Bereich der Erde. Alle weißen Körper stellen Satelliten, ballistische Raketen und so weiter vor. Waffengerassel. Das da in der Mitte ist die Erde.«

Der Professor schob es vorsichtig zur Seite.

»Sie werden es für eine Spielerei halten, glaube ich. Aber es könnte die Besucher von der Regierung interessieren. Und natürlich müssen wir ein Auge darauf haben, was in der Nähe der Erde vor sich geht. Das ist eigentlich Verschwendung, die Militärs verlangen es jedoch von uns, und wir bekommen nicht das nötige Geld, wenn wir nicht den Verteidigungshaushalt anzapfen.« Er sagte es, als erzähle er einen guten Streich.

»Fünfundzwanzig Millionen Pfund und mehr hat das alles gekostet.« Mit einer knappen, gepflegten Geste umfaßte er den Raum und alles draußen.

»Es ist also in militärischer Hinsicht von Bedeutung?«

»Ja, aber es untersteht mir – oder vielmehr dem Wissenschaftsministerium. Nicht Ihrem Minister.«

»Ich gehöre jetzt zu Ihrem Stab.«

»Nicht auf meine Veranlassung.« Er wurde schroff, wie er es nicht gewesen war, als Fleming ihn unhöflich behandelt hatte; Fleming gehörte immerhin zu den eigenen Leuten.

»Weiß irgend jemand sonst, warum ich hier bin?« fragte Judy.

»Ich habe es niemandem erzählt.«

Er wechselte das Thema und führte sie in den anderen Raum, wo er ihr ausführlich die Empfangsapparatur und die Übertragungseinheiten erklärte.

»Wir sind einfach ein Glied in einer Kette von Observatorien rund um die Erde, und bestimmt nicht das schwächste.«

Judy sah aus dem Fenster auf die gewaltige Konstruktion draußen, auf die kahle Heidefläche und den jetzt purpurfarbenen Himmel.

»Jede Radiowelle aus dem Äther trifft auf die Schale, wird zu der Antenne reflektiert und von den Geräten dort drüben aufgenommen.« Er deutete hinter die gläserne Trennwand. »Diese beiden Computer errechnen den Scheitelkreis und die Höhe der jeweiligen Geräuschquelle, die wir anpeilen wollen, und verfolgen sie weiter. Wir haben eine Koppelungseinrichtung...« Der Professor fuhr in seinen Erklärungen fort.

Judy war hierhergekommen, ohne recht zu wissen, was sie erwartete. Sie kannte schon eine ganze Reihe von Versuchsgeländen und hatte als Sicherheitsoffizier auf einigen gearbeitet, von Fylingdales bis zu den Weihnachtsinseln. Sie empfand sich selbst nicht als Spionin, und die Vorstellung, ihre eigenen Kollegen beobachten zu müssen, war ihr sehr unangenehm. Aber das Innenministerium hatte sie angefordert, und so war sie aus der Sicherheitsabteilung des Verteidigungsministeriums an das Wissenschaftsministerium überstellt worden. Und Befehl war Befehl. Bisher hatten die, mit denen sie zusammengearbeitet hatte, immer gewußt, wer sie war, und es war ihre Pflicht gewesen, sie zu schützen. Diesmal waren die Kollegen jedoch selbst verdächtig, und sie war als angebliche Pressereferentin angesetzt. Sie konnte ihre Rolle mühelos spielen. Sie sah so anständig aus, so geradeheraus, ganz wie ein loyales Mitglied eines Teams. Aber diese Leute, mit denen sie jetzt zu tun hatte, verwirrten sie. Sie lebten in ihrer eigenen Welt und nach eigenen Gesetzen. Wer war sie, um sie zu beurteilen oder an ihrer Beurteilung mitzuwirken?

Als der Professor kurze Zeit später ging, wies er sie an John Fleming.

»Vielleicht setzen Sie sie im ›Löwen‹ ab, wenn Sie nach Bouldershaw zurückfahren; sie wohnt dort.«

Sie begleiteten den alten Mann bis zur Treppe. Als er abgefahren war, sagte Judy: »Er ist sehr sympathisch.«

Fleming brummte: »Zäh wie Sohlenleder.«

Er zog eine Reiseflasche aus der Hosentasche und trank daraus. Dann reichte er sie ihr. Als sie ablehnte, nahm er einen weiteren Zug. Und plötzlich schien seine vorherige Gleichgültigkeit ihr gegenüber von ihm abgefallen zu sein; vielleicht, weil er etwas getrunken hatte.

»Kegeln Sie? Unten in Bouldershaw ist eine Bahn. Kommen Sie und beteiligen Sie sich an unserem ländlichen Sport.«

Sie zögerte.

»Na, was denn? Ich lasse Sie nicht in den Händen dieser verrückten Astronomen.«

»Sie sind kein Astronom?«

»Was glauben Sie! Tieftemperaturen, Computer, das ist eigentlich meine Sache, nicht dieses verrückte In-die-Luft-Schauen.«

Sie gingen zu der schmalen Betonfläche hinüber, auf der sein Wagen stand. Als sie das Auto erreicht hatten, blickte Fleming auf.

»Ich habe den Eindruck«, begann er, und seine Stimme klang ruhiger, freundlich und nicht mehr aggressiv. »Ich habe den Eindruck, daß wir in der Naturwissenschaft in ein revolutionäres Stadium eingetreten sind. An einem bestimmten Punkt, irgendwo an der Grenze unseres Wissens werden wir – krach! – einfach durchbrechen. Mitten hinein in Neuland, und vielleicht geschieht es hier, mit diesem Kram da!« Er knöpfte die Schutzdecke von seinem Sportwagen ab und legte sie hinter seinen Sitz. »Philosophie ist niedergeschrieben in einem großen Buch, das ewig vor unseren Augen aufgeschlagen liegt. Ich will sagen, im Universum! Wer hat das gesagt?«

»Churchill?«

»Churchill!« Er lachte. »Galilei! ›Sie ist geschrieben in der Sprache der Mathematik.‹ So hat Galilei gesagt. Brauchbar für eine Presseverlautbarung?«

Sie sah ihn an, unsicher, wie sie reagieren sollte. Er hielt ihr die Tür auf; sie stieg ein.

Fleming fuhr schnell und brummte ärgerlich: »Die gehen mir langsam über die Hutschnur... Zum Teufel mit der Eröffnung für den Herrn Minister!... Im Grunde ist es nichts weiter als ein Stück Laboratoriumseinrichtung. Weil es groß ist – und sauteuer –, wird es öffentliches Eigentum. Ich mache dem Alten keinen Vorwurf. Er hat sich dafür verbürgt und muß Ergebnisse vorweisen.«

»Und, kann er das nicht?«

»Keine Ahnung.«

»Ich dachte, Sie hätten es entwickelt?«

»Ich und Dennis Bridger.«

»Wo ist Doktor Bridger?«

»Unten auf der Kegelbahn. Er erwartet uns und hat hoffentlich eine Bahn reserviert und eine Flasche.«

»Sie haben doch schon eine Flasche.«

»Was nützt mir eine? Kegelbahnen sind im allgemeinen sehr trokken.«

Während sie die dunkle und kurvenreiche Straße hinunterfuhren, erzählte er ihr von Bridger und sich selbst. Beide hatten an der Universität Birmingham studiert und waren Forschungsassistenten in Cavendish gewesen. Fleming war Theoretiker, Bridger Praktiker, Entwicklungsmathematiker und Techniker. Bridger war auf seine wissenschaftliche Karriere bedacht; er wollte soviel wie möglich aus seinem Spezialgebiet herausholen. Fleming war ein reiner Forschertyp, dem alles außer rein wissenschaftlichen Tatsachen gleichgültig war. Aber beide verachteten das akademische System, in dem sie ausgebildet worden waren, und so blieben sie zusammen.

Reinhart hatte sie vor einigen Jahren entdeckt und als Mitarbeiter für sein neues Teleskop gewonnen. Da er als der wohl bekannteste und angesehenste Astrophysiker der westlichen Welt galt, hatten sie ohne Zögern angenommen, und er hatte sie unterstützt, ermutigt und betreut während der langen und mühsamen Entwicklungsarbeit.

An der Art, wie Fleming sprach, war unschwer zu erkennen, wie groß das Vertrauen war, das ihn mit dem älteren Mann verband, trotz seiner Grobheit. Bridger dagegen war gelangweilt und unruhig. Seine Aufgabe war erledigt. Und, wie Fleming ohne jede Bescheidenheit oder Übertreibung sagte, sie hatten dem Alten die besten Apparate der Welt gebaut.

Die Kegelbahn war ein ehemaliges Kino, das sich mit einer Flut von Neon- und Scheinwerferlicht gegen die dunkle alte Weberstadt abhob. Sie fanden Bridger an einer Bahn. Er war ein kleiner, nervöser Mann in Flemings Alter, und er schien ein wenig verlegen. Sein Gesicht war frühzeitig gealtert und wirkte abgespannt. Zurückhaltend schüttelte er Judy die Hand und warf ihr einen ängstlich-prüfenden Blick zu, als sie sagte, sie habe von ihm gehört.

»Miß Adamson«, sagte Fleming und goß einen Schuß Whisky in Bridgers Coca-Cola. »Miß Adamson ist unser neuer Pressehase.« Er nahm einen weiteren Schluck aus der Flasche und begann ohne Begeisterung zu kegeln.

Bridger wandte sich an Judy. »Was haben Sie über mich gehört?«

»Nur, daß Sie mit Doktor Fleming zusammengearbeitet haben.«

»Ist nicht mein Fall hier.« Er sah verärgert aus. Seine Nasenspitze zitterte wie die eines Kaninchens. »Ich könnte in der Industrie fünfmal soviel verdienen.«

»Ist das das Ziel Ihrer Wünsche?«

»Sobald das Ding auf dem Hügel funktioniert, gehe ich.«

Er sah mit Verschwörermiene zu Fleming hinüber und wieder zurück zu ihr. »Der alte John wird bleiben und nach den Jahrtausenden Ausschau halten. Und bevor er etwas entdeckt, ist er alt; alt und angesehen – und arm.«

»Aber möglicherweise zufrieden.«

»John wird nie zufrieden sein. Er denkt zuviel.«

»Wer trinkt zuviel?« Fleming war herangeschlendert und markierte seine Punktzahl.

»Du.«

»Einverstanden. Ich trinke zuviel. Aber, Bruder, an irgend etwas müssen wir uns doch halten.«

»Warum nicht am Geländer?« entgegnete Bridger, und seine Nase zuckte.

»Schau mal –«, Fleming ließ sich neben sie auf die Bank fallen. »Man geht so an den Geländern entlang, und plötzlich sind sie nicht mehr da. Wir sprachen über Galilei – warum? Weil er die Renaissance war. Er und Kopernikus und Leonardo da Vinci. Sie sagten damals ›krach‹ und rissen alle Geländer nieder, und dann mußten sie auf ihren eigenen Füßen stehen mitten in dem großen, gewaltigen, offenen Universum.«

Er zog sich hoch und nahm eine der schweren Holzkugeln aus dem Korb. Seine Stimme übertönte den Lärm der Musik und der Kegel. »Die Leute haben dann neue Zäune aufgerichtet, weiter nach draußen. Aber jetzt haben wir eine neue Renaissance! Eines schönen Tages, eh man sich's versieht. Während sie alle über Politik reden, über Fußball und Geld« – er warf einen Blick auf Bridger –, »werden plötzlich alle Zäune, die wir kennen, zusammengeschlagen – krach! –, und zwar so!«

Er schwang die Kugel hoch und schlug die Coca-Cola-Flaschen vom Tisch.

»Oh, Vorsicht, du großer Trampel, du!«

Bridger lag auf den Knien und wischte an dem Fleck auf Judys Rock.

»Ausgerechnet Sie haben es abbekommen.«

»Macht gar nichts.« Judy sah ihn nicht an. Sie blickte Fleming an, verwirrt und fasziniert. Ein Lautsprecher dröhnte.

»Doktor Fleming ans Telephon bitte.«

Fleming erschien nach einer Minute wieder und drehte seinen Kopf hin und her, um sich zu ernüchtern. Er zog Bridger von der Bank hoch.

»Komm, Dennis, alter Junge, wir werden gebraucht.«

Fleming und Bridger stießen die Flügeltüre zum Kontrollraum auf und blieben von dem grellen Licht geblendet stehen. Fleming blinzelte den Techniker Harvey, der vor dem Empfangsgerät saß, trübe an.

»Was ist los?«

»Hören Sie?« Harvey hob die Hand, und sie standen reglos und lauschten.

Mitten in dem Krachen, Pfeifen und Zischen, das aus dem Lautsprecher tönte, war ein schwacher einzelner Ton zu hören, abgebrochen, aber immer wiederkehrend.

»Morsesignale«, sagte Bridger.

»Es ist nicht in Gruppen aufgeteilt.«

»Kurz und lang«, entgegnete Bridger. »Genauso ist es.«

»Wo kommt es her?« fragte Fleming.

»Irgendwo vom Sternbild Andromeda. Wir haben den Sucher dorthin gerichtet –«

»Seit wann ist es zu hören?«

»Seit ungefähr einer Stunde. Wir haben den Scheitelpunkt jetzt überschritten.«

»Können Sie den Reflektor einstellen?«

»Ich glaube.«

»Das dürfen wir nicht«, warnte Bridger. »Wir dürfen noch keine Ortungstests machen.«

Fleming nahm keine Notiz von ihm. »Ist die Bedienungsanlage bemannt?«

»Ja, Doktor Fleming.«

»Gut, versuchen Sie zu orten.«

»Nein, hör doch, John.« Bridger legte protestierend eine Hand auf Flemings Arm, aber ohne Erfolg.

»Vielleicht ist es ein Sputnik oder so was«, meinte Harvey.

»Ist irgend etwas Neues oben?« Fleming schüttelte Bridgers Hand ab.

»Soweit wir wissen, nein.«

»Vielleicht hat irgend jemand etwas Neues in die Umlaufbahn gebracht –«, begann Bridger, aber Fleming unterbrach ihn.

»Dennis –«, er versuchte klar zu denken. »Nimm das auf Band auf, bitte. Wir haben einen guten Mann dafür. Und lasse es auch gleich aufzeichnen.«

»Sollen wir nicht lieber erst prüfen...«

»Prüfen tun wir nachher.«

Fleming ging vorsichtig in die Halle hinaus, hielt seinen Kopf unter den Trinkwasserhahn und ließ das Wasser darüberströmen. Als er erfrischt, strahlend und augenscheinlich nüchtern zurückkam, fand er Bridger bereits im Nebenraum sitzend, während Harvey den Techniker vom Dienst anrief. Die Lämpchen flackerten auf, als der Motor anlief. Der Metallreflektor hoch oben über dem Fenster drehte sich lautlos und unsichtbar; seine Bewegung glich die der Erde aus. Das Geräusch aus dem Lautsprecher verstärkte sich.

»Besser können Sie es nicht bekommen?«

»Es ist kein starkes Signal.«

»Hm.« Fleming öffnete eine Schublade des Steuertisches und zog eine Tabelle heraus. »Hat sich seine Stellung in den Himmelskoordinaten überhaupt verschoben?«

»Schwer zu sagen. Ich hab' es nicht verfolgt, aber es kann sich nicht wesentlich geändert haben.«

»Ich würde sagen, nein.« Harvey beugte sich ängstlich über die Schalter auf seinem Tisch. »Könnte es nicht irgendein Idiot sein, der Morsesignale von der Mondoberfläche reflektieren läßt?«

»Es klingt wahrhaftig nicht wie ein Morsecode, und der Mond ist auch noch gar nicht aufgegangen.«

»Oder vom Mars oder von der Venus. Hoffentlich habe ich Sie nicht umsonst hier heraufgehetzt.«

»Andromeda, sagten Sie?«

Harvey nickte. Fleming drehte die Seiten der Tabelle um, las und hörte zu. Er wurde dabei wieder still und freundlich wie vorhin, als er mit Judy im Auto gesessen hatte. Er sah aus wie ein kleiner eifriger Junge. »Haben Sie es fest?«

»Ja, Doktor Fleming.«

Fleming ging zum Tisch hinüber und zog den Lautsprecher heran. »Du hast es, Dennis?«

»Ja«, klang Bridgers Stimme dünn zurück. »Aber es ergibt keinen Sinn.«

»Morgen vielleicht. Ich will versuchen, mir eine Vorstellung von der Entfernung zu machen.«

Fleming schob den Lautsprecher wieder von sich und ging mit dem Buch in der Hand zu den astronomischen Tabellen an der rückwärtigen Wand.

Sie arbeiteten eine Weile, und nur die Geräusche aus dem All waren zu hören. Fleming versuchte, die Quelle zu orten, und Harvey hielt sie mit dem großen schweigenden Teleskop draußen fest.

»Was glauben Sie?« fragte Harvey schließlich.

»Ich glaube, es kommt aus einer sehr großen Entfernung.«

Und wieder arbeiteten sie schweigend und lauschten, und das Signal ertönte weiter und weiter, endlos.

Am Anfang der siebziger Jahre des zwanzigsten Jahrhunderts, als das hier Berichtete vorfiel, zog das Wissenschaftsministerium in ein neues Glasgebäude in der Nähe von Whitehall um. Es war elegant und mit allem erdenklichen Komfort eingerichtet; und der Unterstaatssekretär Michael Osborne war unter seinen vielen kultivierten Mitarbeitern einer der kultiviertesten. Er saß selten an seinem riesigen Schreibtisch, öfter in einem der tiefen Lehnstühle neben dem niedrigen Kaffeetischchen mit der Marmorplatte.

An dem Morgen, nachdem das Signal das erstemal in Bouldershaw Fell aufgenommen worden war, sprach er, dekorativ zurückgelehnt, mit General Charles G. Vandenberg von der US-Air Force. England war zu dieser Zeit so etwas wie das vorgeschobene Hauptquartier eines belagerten Landes, einem Gebiet, das aus Westeuropa und Nordamerika bestand.

Druck aus dem Osten, aus Afrika und Asien hatte die westliche Zivilisation in einem Winkel der Erde zusammengedrängt. Das Amerika nördlich des Panamakanals war das annähernd sichere Zentrum und Westeuropa der umkämpfte Brückenkopf. Nicht, daß sich jemand mit irgend jemandem offiziell im Kriegszustand befunden hätte, aber wirtschaftliche Sanktionen und die Bedrohung durch Bomben und

Raketen zwangen die Reste der Alten Welt in einen recht scharfen Belagerungszustand. Die Versorgungslinie über den Atlantik wurde fast völlig von den Amerikanern aufrechterhalten, und amerikanische Garnisonen in England, Frankreich und Westdeutschland hielten mit der gleichen verzweifelten Hartnäckigkeit die Stellung wie die römischen Legionen im dritten und vierten Jahrhundert.

Der Form nach galten England und seine Nachbarn noch immer als souveräne Staaten, aber in Wirklichkeit glitt die Initiative rasch aus ihren Händen. Obwohl General Vandenberg bescheiden als Vertreter des Komitees für Verteidigungskoordination bezeichnet wurde, war er tatsächlich der Luftwaffenkommandant einer befreundeten, aber herrschenden Besatzungsmacht, für die dieses Land nur ein Feld auf einem großen Schachbrett war. Er war ehemaliger Bomberpilot, stiernackig, mit vierschrötigem Kopf, und sah trotz seiner mittleren Jahre noch forsch und jugendlich straff aus. Seine Art aber hatte nichts Forsches an sich. Er war zurückhaltend und kultiviert und sprach mit Autorität, als wisse er mehr über die Welt als die meisten Leute.

Osborne schlug einen Aktendeckel auf und las:

»Der Minister und seine Begleitung werden um 15.15 Uhr in Bouldershaw eintreffen und dort von Professor Reinhart empfangen werden.«

»Das ist morgen«, bemerkte Vandenberg. »Kommen Sie auch?«

»Ich fahre schon einen Tag früher, um Reinhart zu sprechen.« Er steckte den Aktendeckel in seine Tasche. »Kann ich Sie bis Whitehall mitnehmen?«

»Das wäre eine christliche Tat.«

Sie behandelten einander mit äußerster Vorsicht, aber zuvorkommend – fast altmodisch. Als er aufstand, fragte Vandenberg beiläufig: »Haben Sie einen Termin für den Anlauf?«

»Noch nicht.«

»Die Sache wird langsam ernst.«

»Die Sterne können warten, sie haben es lange genug getan.«

»Das Komitee für Verteidigungskoordination auch.«

Osborne zuckte blasiert und leicht ungeduldig die Achseln. Er hätte ein Grieche sein können, der mit einem Römer diskutierte.

»Reinhart wird militärische Aufgaben übernehmen, wann und wie er kann. Das ist die Abmachung.«

»In dringenden Fällen...«

»Wenn Alarm vorliegt, brauchen wir alle verfügbaren Ohren auf dieser Seite des Atlantiks.« Vandenberg nickte zu der Skizze an der Wand des Büros hinüber, auf der das Radioteleskop zu sehen war. »Für uns ist das kein Spielzeug.«

»Für uns auch nicht«, versetzte Osborne.

Kurz danach rief Fleming von Bouldershaw Fell an, aber sie waren schon gegangen.

Als Osborne und Reinhart eintrafen, nahmen sie Judy in den Kontrollraum mit. Er lag ruhig und wie ausgestorben; nur Harvey saß über seine Arbeit gebeugt, umgeben von einem Papierwust, Zigarettenstummeln und leeren Gläsern. Reinhart starrte ihn an wie ein verirrtes Huhn.

»Sie sehen aus, als wären Sie die ganze Nacht aufgeblieben, Harvey.«

»Bin ich auch, Sir. Doktor Fleming und Bridger ebenfalls.«

»Schwierigkeiten gehabt?«

»Nicht eigentlich. Wir haben geortet.«

»Auf wessen Anordnung?«

»Doktor Fleming«, erwiderte Harvey leichthin. »Wir rechnen es jetzt wieder nach.«

»Warum hat man mir das nicht mitgeteilt?« Reinhart wandte sich an Osborne und Judy. »Wußten Sie davon?«

Judy schüttelte den Kopf.

»Fleming scheint sich eigene Gesetze zu machen«, meinte Osborne.

»Wo ist er?« fragte Reinhart.

»Dort drin.« Harvey deutete auf den Nebenraum. »Mit Doktor Bridger.«

»Dann bitten Sie ihn, mir eine Minute zu gönnen.«

Während Harvey in das Mikrophon auf dem Tisch sprach, lief Reinhart auf seinen kleinen Füßen auf und ab.

»Was haben Sie geortet?« fragte er.

»Eine Geräuschquelle in Andromeda.«

»A 31?«

»Nicht A 31, Sir. Ein anderes Signal in der Nähe; ein unterbrochenes.«

»Haben Sie es früher schon einmal gehört?«

»Nein, Sir.«

Fleming kam, müde und unrasiert, nüchtern und zutiefst erregt. In der Hand hielt er ein Bündel Papiere aus einem Drucker. Diesmal nahm Reinhart keine Rücksicht.

»Sie haben also die Leitung des Observatoriums übernommen?«

Fleming blieb stehen und blinzelte ihn an. »Ich bitte vielmals um Entschuldigung, meine Herren. Ich hatte nicht die nötige Zeit, die Formulare in dreifacher Ausfertigung auszufüllen.« Er wandte sich an Osborne. »Ich habe Sie im Büro angerufen, aber Sie waren nicht da.«

»Was haben Sie hier gemacht?« fragte Reinhart.

Fleming berichtete und breitete die Papiere vor ihnen aus.

»– Und das ist die Botschaft.«

Reinhart sah ihn interessiert an. »Sie meinen das Signal?«

»Ich sagte Botschaft. Kurz und lang – so war es doch, Harvey?«

»So klang es.«

»Es ging die ganze Nacht hindurch«, sagte Fleming. »Jetzt ist es hinter dem Horizont, aber heute abend können wir es wieder versuchen.«

Judy sah Osborne an, bekam aber keine Hilfe von ihm. »Und wie steht es mit der Eröffnung?« fragte sie schüchtern.

»Ach, zum Teufel mit der Eröffnung!« Fleming baute sich vor ihr auf. »Das hier ist eine Sensation! Eine Stimme aus tausend und abermals tausend Millionen Kilometern Entfernung! Sie hat zweihundert Lichtjahre gebraucht, um uns zu erreichen. Da kann der Minister wohl einen Tag warten.«

Reinhart hatte seine Fassung wiedergewonnen. Amüsiert blickte er Fleming an. »Und wenn es ein Satellit ist?«

»Das ist kein Satellit!« entgegnete Fleming. »Sehen Sie, wenn es ein Satellit wäre, hätte die Quelle nicht die ganze Nacht mitten im Sternbild der Andromeda festgestanden.«

»Sie sind sicher, daß es nicht der große Nebel war?«

»Wir haben es gesondert lokalisiert, nicht wahr, Harvey?«

Harvey nickte, aber Reinhart schien immer noch nicht überzeugt.

»Es könnte durch Geräuschüberschreitung entstanden sein – irgendwie.«

»Ich erkenne eine Botschaft, wenn ich auf eine stoße!« versetzte Fleming. »Außerdem hat diese etwas an sich, was mir noch nie zuvor begegnet ist. Zwischen den Längen und Kürzen ist eine phantastische Anzahl von raschen Detailgeräuschen. Wir müssen besondere Aufnahmegeräte improvisieren, um sie festzuhalten.«

Er beugte sich zum Mikrophon und rief Bridger aus dem anderen Raum, dann nahm er die Papiere zusammen und drückte sie Reinhart in die Hand. »Schauen Sie sich das an! Zehn Jahre oder länger hat die Menschheit darauf gewartet. Zehn Jahrhunderte sind dafür nicht zu lang!«

»Ist es verständlich?« fragte Osborne mit lässiger Beamtenstimme, hoch und wiehernd.

»Ja.«

»Können Sie es dechiffrieren?«

»Wo denken Sie hin! Glauben Sie, der Kosmos ist von Pfadfindern bevölkert, die Morsezeichen senden?«

Bridger kam, bleich, verkrampft; aber seine Gegenwart beruhigte Fleming. Er bestätigte Flemings Bericht.

»Es könnte von einer sehr entfernten Sonde kommen«, meinte Osborne.

Fleming beachtete ihn nicht.

Judy nahm allen Mut zusammen.

»Oder von einem anderen Planeten?«

»Ja!«

»Mars oder so?«

Fleming zuckte die Achseln. »Wahrscheinlich von einem Planeten, der sich um irgendeinen Stern in der Andromeda bewegt.«

»Und uns eine Botschaft sendet?«

Reinhart reichte Osborne die Papiere. »Es ist zweifellos eine Kette von Kürzen und Längen.«

»Warum hat dann niemand sonst es aufgenommen?«

»Weil niemand sonst über Apparate wie diese hier verfügt. Wenn wir Ihnen nicht eine so phantastische Einrichtung hingebaut hätten, könnten Sie es auch nicht wahrnehmen.«

Osborne setzte sich auf die Kante des Steuerpultes und starrte mit hilflosem Ausdruck auf die Papiere.

»Wenn irgendein Lebewesen versuchen sollte, Verbindung aufzunehmen... Nein, das ist Unsinn!«

»Es ist durchaus möglich.« Reinhart sah auf seine feingliedrigen kleinen Hände, als scheue er sich, davon zu sprechen. »Wenn es dort andere Lebewesen gibt –«

Fleming unterbrach ihn: »Nicht andere Lebewesen – andere Intelligenzen. Es brauchen keine kleinen grünen Männchen zu sein. Es braucht überhaupt kein organisches Leben zu sein, nur eine andere Intelligenz.«

Judy schauderte, riß sich aber zusammen. »Warum schaudert mich bei dem Gedanken?«

Osborne erwachte aus seiner Erstarrung. »Aus dem gleichen Grund, aus dem heraus es jeden schaudern wird, sollte das Signal tatsächlich von einer astronomischen Quelle stammen.«

Sie einigten sich schließlich darauf, es in dieser Nacht wieder abzuhören. Die Botschaft hatte ja nicht ausgesetzt, sie war nur erloschen, als durch die Rotation der Erde das Teleskop sich von der Quelle entfernt hatte. Es war möglich, daß sie noch immer andauerte. Als er diese Möglichkeit in Aussicht genommen hatte, wurde Reinhart ruhig und sachlich. Er, Fleming und Bridger breiteten die Papiere wieder aus und studierten sie.

»Wissen Sie, was das sein könnte?« sagte Fleming. »Binarische Arithmetik.«

»Was ist das?« fragte Judy.

»Arithmetik ausschließlich mit den Zahlen 0 und 1 ausgedrückt, statt der Zahlen 1 bis 10, die wir gewöhnlich benutzen und die wir als Dezimalsystem bezeichnen. 0 und 1, verstehen Sie, könnte kurz und lang bedeuten, oder lang könnte ebensogut 0 sein und 1 kurz. Unser übliches System ist willkürlich, aber das Binärsystem ist grundlegend.

Es beruht auf positiv und negativ, ja und nein, kurz und lang – es ist universell.« Er wandte sich mit geröteten, übernächtigten Augen, fiebernd vor Erregung und Anspannung, ihr zu. »Die Philosophie ist niedergeschrieben in der Sprache der Mathematik. Erinnern Sie sich? Mit dieser Sache – krach – brechen wir mitten durch.«

»Es wird das beste sein, die Eröffnung zu verschieben«, warf Osborne ein. »Wir legen keinen Wert darauf, daß das in den Abendblättern steht.«

»Warum nicht?«

Osborne machte ein gequältes Gesicht. Für ihn war das die einfachste Sache der Welt: Man durfte nichts tun oder sagen ohne Erlaubnis. In seinem Bereich waren die Vorgänge in Bouldershaw Fell nur ein kleines Glied einer komplizierten und verworrenen Kette von Vereinbarungen, und hinter ihnen stand die ganze Macht, die Vandenberg repräsentierte. Alles mußte sorgsam abgewogen und überdacht werden.

»Was soll ich der Presse mitteilen?« fragte ihn Judy.

»Nichts!«

»Sind wir eine Geheimgesellschaft oder was?« Fleming sah ihn verächtlich an, aber es gelang Osborne, dienstlich und vernünftig zugleich zu wirken. »Sie können diese unverdauten Informationen nicht verbreiten. Es müssen noch ganz andere Leute hinzugezogen werden, und außerdem löst das Ganze womöglich eine Panik aus: Raumschiffe, fliegende Untertassen, Ungeheuer mit vorstehenden Augen. Jeder Idiot wird sie sehen. Oder jemand nützt es für seine eigenen Zwecke aus. Es darf also nichts in der Presse erscheinen, Miß Adamson.«

Sie ließen Fleming wütend zurück, riefen im Büro des Professors das Ministerium an und fuhren davon.

Unterdessen traf die Presse bereits im »Löwen« in Bouldershaw ein, um an den Eröffnungsfeierlichkeiten teilzunehmen. Judy führte Osborne und Reinhart durch eine Hintertür in ein kleines Zimmer, wo ihnen ziemlich spät noch ein Essen serviert wurde. Hier konnten sie der ständig wachsenden Zahl der Wissenschaftskorrespondenten entgehen, die sich in der Wirtsstube die Zeit vertrieben. Osborne stahl sich zwischen jedem Gang in die Telephonzelle und kam jedesmal verärgerter und bedrückter zurück.

»Was hat der Minister gesagt?«

»Er hat gesagt: ›Fragen Sie Vandenberg.‹«

Sie aßen ein lauwarmes Fleischgericht, und er ging wieder.

»Was hat Vandenberg gesagt?«

»Was glauben Sie wohl? ›Mund halten‹, hat er gesagt!«

Judy sollte der Presse am nächsten Tag mitteilen, daß die Eröffnung wegen einer technischen Störung verschoben werden müsse, nichts weiter. Von London aus würde eine zusätzliche Erklärung an die Redaktionen erfolgen. Es gelang ihnen, wieder unbemerkt durch die Hintertür zu entkommen.

Die Botschaft war an diesem Abend wieder zu hören. Sie lief die ganze Nacht hindurch und wurde abwechselnd von Fleming und Bridger aufgenommen. Und nicht nur die hörbaren Kürzen und Längen, sondern auch die sehr schnellen Detailgeräusche. Am nächsten Morgen fuhr Bridger allein nach Bouldershaw hinunter. Als er seinen Wagen auf dem Parkplatz vor dem Rathaus abgestellt hatte, ging er eine gewundene Seitenstraße hinab in den unteren Teil der Stadt. Vor einem Haus, über dessen schmalem Eingang »Jas. Oldroyd, Buchmacher« stand, schaute er sich kurz um.

Jas. Oldroyd saß an seinem Tisch und aß ein spätes Frühstück. Als Bridger eintrat, wischte er gerade die Reste eines Spiegeleis mit einem Stück Brot an der Gabelspitze auf. Niemand sonst war im Büro, und doch schien der Raum überfüllt mit einem Wust von Papieren, Telephonen, einer großen Uhr, einer Rechenmaschine, einem Telegraphiergerät und einem Fernschreiber. Mr. Oldroyd musterte Bridger einen Augenblick.

»Ah, Sie sind es.«

Bridger nickte zum Fernschreiber hin. »In Ordnung?«

Statt einer Antwort stopfte Mr. Oldroyd das mit Ei vollgesogne Stück Brot in den Mund, und Bridger begann an dem Fernschreiber zu arbeiten.

»Wie geht das Geschäft?« fragte er, als er den Apparat eingeschaltet und eine Nummer gewählt hatte. Sie sprachen wie alte Bekannte miteinander.

»Soso lala«, antwortete Mr. Oldroyd. »Pferde haben kein Verantwortungsgefühl. Das eine Mal laufen sie, das andere Mal nicht; ganz wie es ihnen gefällt.«

Bridger tippte: »Servola Telex 21303 Genf.« Er schrieb einige Minuten, nickte dem alten Mann zu und verließ das Büro.

Im Kontrollraum war die Botschaft wieder zu hören. Harvey kümmerte sich im Aufnahmeraum um die Tonbänder; Fleming saß allein am Steuerpult. Bridger lungerte in den Ecken herum. Er sah nervös aus, schien sich unbehaglich zu fühlen; seine Hände zitterten. Schließlich ging er zum Steuertisch hinüber.

»John, hör zu, das da kann ewig so weitergehen.«

»Möglich.«

Die Geräusche waren unentwegt durch den Lautsprecher zu hören.

»Ich gehe.« Fleming blickte auf. »Die Konstruktion ist fertig. Für mich gibt es hier nichts mehr zu tun.«

»Und das da?«

Sie lauschten einen Augenblick den Signalen. Bridgers Nasenflügel zitterten. »Das kann alles mögliche bedeuten«, meinte er lässig.

»Aber ich habe eine Idee, was es sein könnte.«

»Und das wäre?«

»Es könnte ein Programm sein.«

»Bitte, du kannst es ja bearbeiten.«

»Wir werden es gemeinsam bearbeiten.«

In diesem Augenblick wurden sie von Reinhart unterbrochen.

»Und was wollen Sie bearbeiten, John? Doch nicht etwa die Botschaft? Aber Sie wissen nicht, was es ist, oder?«

Fleming nickte und lächelte.

Reinhart blickte erstaunt auf. »Sie wollen sagen, Sie haben es entschlüsselt?«

»Ich will sagen, ich weiß, was es ist!«

Reinhart zögerte. »Was ist es, John?«

Fleming grinste. »Es ist eine Bastelanleitung; und sie ist nicht menschlichen Ursprungs. Ich kann es Ihnen beweisen.«

Er griff nach seinen Papieren auf dem Schreibtisch.

Nach ausdauernden Bemühungen war es Reinhart gelungen, Fleming und die übrigen Mitglieder des Teams im neuen Elektroneninstitut, das über mehrere Stockwerke mit Computern verfügte, zu installieren und ihnen die Benutzung der Einrichtungen zu ermöglichen.

Bridger wurde, da sein Vertrag doch bald ablief, eine junge Assistentin namens Christine Flemstad beigegeben, und Judy – zu ihrem eigenen und der anderen Ärger – nach London geschickt.

»Wozu«, fragte Fleming, »brauchen wir eine Pressereferentin, wenn wir so verdammt geheim sind, daß wir uns nicht einmal mehr unbesorgt die Zähne putzen können?«

»Ich soll mich einarbeiten, wenn Sie es zulassen. Damit ich, wenn es einmal freigegeben wird...«

»Sie auf dem laufenden sind?«

»Haben Sie etwas dagegen?« fragte Judy schüchtern, als habe sie sich etwas zuschulden kommen lassen. Sie fühlte sich auf unerklärliche Weise von ihm abhängig.

»Im Gegenteil!« meinte Fleming. »Je mehr Sex, desto besser.«

Aber, wie er schon in Bouldershaw Fell gesagt hatte, er hatte keine Zeit. Er verbrachte den ganzen Tag und den längsten Teil der Nacht damit, die ungeheure Menge der mit dem Teleskop aufgenommenen Daten in verständliche Gruppierungen zu bringen. Welche Abmachung er oder vielmehr Reinhart für ihn auch getroffen hatte, sie hatte ihn ernüchtert und seine Arbeit intensiviert. Er leitete Bridger und das Mädchen mit steter und unnachgiebiger Entschlossenheit und ertrug geduldig alle Überwachung und Routine. Offiziell hatte Reinhart die Leitung, und Fleming übergab ihm gehorsam alle Ergebnisse; aber die Leute vom Verteidigungsministerium waren immer in der Nähe, und es gelang Fleming sogar, sich Watling gegenüber höflich zu verhalten. Sie nannten ihn »Silberschwinge«.

Die übrigen Mitglieder des Teams fühlten sich weniger glücklich. Zwischen Bridger und Judy herrschte eine spürbare Kühle. Bridger jedenfalls wartete nur darauf, gehen zu können, und das Mädchen Christine rechnete offensichtlich damit, seine Nachfolge anzutreten. Sie war jung, hübsch und hatte etwas von Flemings Eigensinnigkeit an sich, und sie machte keinen Hehl daraus, daß sie Judys Gegenwart als überflüssig empfand. Bei jeder Kleinigkeit suchte sie Streit. Judy hatte aber trotzdem versucht, sie über Bridger auszufragen.

»Wie lange kennen Sie ihn schon?«

»Ich arbeitete als Studentin in Cambridge bei ihm in der Forschungsabteilung.«

»Hatten Sie näher mit ihm zu tun?«

»Nein. Wenn Sie sich über seine akademischen Qualitäten informieren wollen...«

»Es interessiert mich nur...«

»Was?«

»Ob er sich jemals – komisch benommen hat.«

»Ich mußte keinen Stacheldrahtgürtel tragen.«

»Das meine ich nicht.«

»Was meinen Sie dann?«

»Hat er Sie nie gebeten, ihm bei etwas zu helfen, außerhalb?«

»Warum sollte er?« Sie sah Judy mit bitterbösen Augen an.

»Es soll Leute geben, die wirklich arbeiten müssen!«

Judy ging in die Halle zu den Computern und sah zu, wie die Maschinen rasselten und flackerten. Jede Maschine hatte ihren eigenen Betreuer. Es waren neutral aussehende Männer und Frauen in gleichen Overalls. In der Mitte stand ein langer Tisch, auf dem die Berechnungen aus den Computern in Stapeln von Lochkarten, Bandrollen oder langen Papierstreifen von den Druckern und Ausgabeeinheiten lagen. Die Menge der Zahlen, die hier verarbeitet wurden, überstieg jede Vorstellungskraft. Nichts schien mehr in Zusammenhang zu stehen mit Menschen aus Fleisch und Blut – es war ein Kongreß von Maschinen, die ihre eigene Sprache redeten.

Judy hatte inzwischen einiges mehr von der Arbeit des Teams begriffen. Viele Wochen hindurch war die Botschaft von Andromeda gelaufen, ohne sich zu wiederholen, hatte dann wieder von vorn begonnen und das gleiche noch einmal gesendet. Dadurch war es ihnen möglich gewesen, die meisten Lücken der ersten Übertragung zu schließen. Da die Erde sich drehte, konnten sie die Botschaft nur während der Stunden, in denen die westliche Halbkugel Andromeda zugewandt war, aufnehmen.

Die restlichen zwölf von den vierundzwanzig Stunden des Tages verschwand die Quelle hinter dem Horizont. Gegen Ende der dritten Sendung hatten sie alles. Zwar hörten sie weiter ab, aber es traten keine Abweichungen ein. Was immer es für eine Quelle war, sie hatte etwas Bestimmtes zu sagen, und sie sagte es immer wieder. Keiner der Beteiligten hegte mehr Zweifel, daß es sich um eine Botschaft handelte. Die Arbeit selbst lief unter der Bezeichnung: Projekt A. Es war eine sehr lange Botschaft, und die Kürzen und Längen bildeten, nachdem sie in verständliche Arithmetik übertragen worden waren, lange Zahlengruppen von vielen Millionen Ziffern. Ohne die Hilfe der Computer hätte die Umformung ein Leben lang gedauert, und auch so vergingen einige Monate. Jeder Maschine mußten Befehle gegeben werden, damit sie das eingegebene Material entsprechend verarbeitete, und man nannte das, wie Judy erfuhr, programmieren. Ein Programm bestand aus einer Reihe von Berechnungen, die durch Lochkarten eingegeben wurden und die die Maschine darauf einstellten, die gewünschten Operationen vorzunehmen. Die Zahlenreihe, die zu analysieren war – die Daten –, wurden anschließend eingegeben, und in Sekundenschnelle gab die Maschine dann die Antwort. Dieser Prozeß mußte für jeden neuen Aspekt jeder Zahlengruppe wiederholt werden. Glücklicherweise konnte man die kleineren Computer dafür einsetzen, das Material für die größeren vorzubereiten, und alle Maschinen besaßen beachtliche Kernspeicherstellen, so daß neue Antworten auf den Erfahrungen der vorangegangenen aufgebaut werden konnten.

Es war Reinhart – der freundliche, weise, tolerante, taktvolle Reinhart –, der Judy das meiste davon erklärte. Jetzt behandelte er sie entgegenkommender und zeigte ihr, daß er sie mochte und daß sie ihm leid tat. Obwohl er in komplizierte und schwierige Verhandlungen mit den Ministerien verwickelt war, wurden seine besonderen Führungsqualitäten gerade in dieser Zeit deutlich. Irgendwie brachte er es fertig, Fleming im Zaum und sich die Behörden vom Hals zu halten, und daneben fand er immer noch Zeit, alle Ideen und Probleme anzuhören, die ihm vorgetragen wurden. Aber dann kam ein kritischer Punkt in seinem Wissen über Elektronik, an der er die Sache Fleming überlassen mußte. Computer waren, wie Judy anfing zu begreifen, Flemings einzige große Liebe, und er verkehrte mit ihnen in einer Art intuitiver Magie.

Nicht etwa, daß er ein Sonderling gewesen wäre; er beherrschte nur einfach mit übermenschlicher Geläufigkeit ihre Sprache. Er schwamm in binarischer Mathematik wie ein Fisch im Wasser und fand intuitiv Lösungen, für deren Überprüfung Bridger und Christine mehrere Stunden harter Arbeit brauchten. Und nie war das Ergebnis so, daß er sich getäuscht hätte.

Eines Tages, kurz bevor Bridger gehen sollte, nahm Reinhart ihn und Fleming zu einer längeren Sitzung als gewöhnlich beiseite und ging danach direkt zum Ministerium. Am folgenden Morgen fuhren der Professor und Fleming gemeinsam nach Whitehall hinunter.

»Sind Sie vollzählig?«

Osbornes hohe Stimme schrillte durch das Konferenzzimmer. Ungefähr zwanzig Personen standen in Gruppen um den langen Tisch und unterhielten sich.

Vandenberg und Watling standen in einer Gruppe, Reinhart und Fleming in einer anderen.

Osborne nahm seinen Platz am oberen Ende des Tisches ein.

»Ahemm!« wieherte er. Alle eilten auf ihre Plätze, Vandenberg auf Osbornes Aufforderung hin rechts neben den Platz des Vorsitzenden. Fleming, begleitet von Reinhart, setzte sich eigensinnig ans unterste Ende des Tisches. Es folgte ein kurzes Schweigen, die Tür öffnete sich, und herein schritt James Robert Ratcliff, der Wissenschaftsminister. Wohlwollend lächelte er die Versammelten an.

»Guten Morgen, meine Damen und Herren. Ich hoffe, ich bin nicht zu spät?«

Die Aufgeregten schüttelten die Köpfe und stammelten: »Nein.«

Osborne wußte alle Namen, und der Minister nickte jedem freundlich zu oder machte eine Handbewegung und wandte sich dann an Watling.

»Wir wollen versuchen, uns gegenseitig nicht zuviel Zeit zu stehlen, einverstanden?« Er hob sein feines römisches Haupt und blickte über den Tisch zu Reinhart hinunter.

»Sie haben Neuigkeiten für uns, Professor?«

Reinhart hüstelte verlegen in seine kleine weiße Hand. »Doktor Fleming hat eine Analyse gemacht.«

»Und?«

Zwanzig Augenpaare richteten sich auf Fleming. »Wir wissen, was es ist.«

Fleming sah gleichmütig zum Minister hinüber und antwortete ruhig: »Es ist ein Programm für einen Computer.«

»Ein Programm für einen Computer? Haben Sie dafür Beweise?«

Fleming nickte nur. Alle anderen sprachen auf einmal.

»Bitte!« rief Osborne und klopfte mit dem Knöchel auf den Tisch. Das Stimmengewirr legte sich.

»Haben Sie es an einem Computer ausprobiert?« fragte jemand.

»Wir haben Computer benutzt, um es aufzuschlüsseln. Wir haben keinen, der das Programm ganz fassen könnte.« Er schlug mit der Hand auf die Papiere, die vor ihm lagen. »Das ist einfach gigantisch.«

»Wenn Sie einen größeren Computer zur Verfügung hätten –?« schlug Osborne vor.

»Es geht nicht um die Größe. Es ist in Wirklichkeit mehr als ein Programm.«

»Was ist es denn?« fragte Vandenberg und rückte sich bequemer in seinem Stuhl zurecht.

»Es besteht aus drei Teilen.« Fleming schob seine Papiere zurecht, als könne das die Angelegenheit deutlicher machen. »Der erste Teil ist ein Konstruktionsplan – oder vielmehr sind es mathematische Formeln, die sich als Konstruktionsplan denken lassen. Der zweite Teil ist das Programm selbst, die Instruktionen, wie wir sie nennen. Der dritte und letzte Teil besteht aus Daten – Informationen, die die Maschine bearbeiten soll.«

»Dürfte ich mal sehen...« Vandenberg streckte die Hand aus. Die

Papiere wurden ihm weitergereicht. »Ich behaupte nicht, daß Sie sich irren. Aber es wäre mir lieb, wenn unsere Fernmeldespezialisten Ihre Methode überprüften.«

»Tun Sie das«, erwiderte Fleming. Eine respektvolle Stille herrschte, während die Papiere den Tisch hinaufgereicht wurden.

»Was wollen Sie als nächstes tun?« ergriff der Minister wieder das Wort.

»Einen Computer bauen, der die Botschaft bearbeiten kann.«

»Sie behaupten also allen Ernstes«, entgegnete der Minister langsam und wählte seine Worte, als seien es Süßigkeiten aus einer Pralinenschachtel, »daß irgendwelche anderen Wesen von einem weit entfernten Ort der Milchstraße, die nie zuvor irgendwelche Kontakte mit uns gehabt haben, passenderweise uns gerade jetzt den Konstruktionsplan und das Programm einer elektronischen Maschine senden –«

»Ja«, erwiderte Fleming. Und der Minister fuhr fort:

»Die wir zufälligerweise auf der Erde schon besitzen?«

»Wir besitzen keine.«

»Wir besitzen den Typ, wenn auch nicht dieses besondere Modell. Ist das so zu verstehen?«

»Es ist so zu verstehen.«

Ratcliff befragte den Professor. »Die Arithmetik ist universell«, sagte dieser, »die elektronischen Rechenvorgänge können es ebensogut sein.«

»Möglicherweise gibt es nur diese eine Form der Berechnung, wenn man weit genug analysiert«, fügte Fleming hinzu.

Vandenberg sah von den Papieren auf.

»Ich frage mich –«

»Hören Sie«, unterbrach Fleming, »die Botschaft wird die ganze Zeit wiederholt. Wenn Sie eine bessere Idee haben, arbeiten Sie sie selber aus.«

Reinhart sah ängstlich zu Osborne hinüber, der den Stand der Auseinandersetzung verfolgte wie ein Punktrichter ein Kricketspiel.

»Und Sie können keine der vorhandenen Maschinen benutzen?« fragte Osborne.

»Das sagte ich schon.«

»Das scheint doch eine ziemlich vernünftige Frage zu sein«, bemerkte der Minister nachsichtig. Fleming sah ihn aufgeregt an.

»Dies Programm hier ist einfach enorm. Ich glaube, Sie machen sich das nicht klar.«

»Erklären Sie es doch bitte, John«, sagte Reinhart.

Fleming holte tief Atem und sprach beherrschter. »Wenn Sie wünschen, daß ein Computer mit Ihnen eine Partie Dame spielt, muß er darauf eingerichtet sein, ein Programm von mindestens fünftausend Befehlen zu speichern. Wenn Sie dagegen wollen, daß er Schach spielt – und man kann es, ich selbst habe mit Computern Schach gespielt –, müssen Sie ungefähr fünfzehntausend Befehle eingeben. Um dieses Material zu bearbeiten«, er deutete auf die Papiere, »benötigen Sie einen Computer, der tausend Millionen, oder genauer, Zehntausende von Millionen Befehle speichern kann, bevor er überhaupt anfangen kann, die Daten zu verarbeiten.«

Endlich hatte er die Versammlung auf seiner Seite: Dies war eine Denkweise, die sie akzeptieren konnten.

»Es ist sicherlich eine Frage, genug Einheiten zusammenbringen zu können«, meinte Osborne.

Fleming schüttelte den Kopf. »Es geht nicht nur um die Größe; wir brauchen eine neue Konzeption. Es gibt auf der Erde keine Einrichtung...«

Er suchte nach einem Beispiel, und sie warteten aufmerksam, bis er eines gefunden hatte. »Unsere neuesten Computer arbeiten immer noch mit Mikrosekunden. Dies ist eine Maschine, die mit Milli-Mikrosekunden arbeiten müßte – sonst sind wir alle Greise, bis sie die ganze ungeheure Menge von Daten verarbeitet hat. Und sie müßte einen Speicher auf der Basis von Tieftemperaturen haben, zumindest über die Kapazität des menschlichen Gehirns verfügen und sich weit wirksamer kontrollieren lassen.«

»Ist das erwiesen?« fragte Ratcliff.

»Aber nein! Wir müssen zuerst über Mittel verfügen, um es zu beweisen. Wie immer die Intelligenz auch beschaffen ist, die diese Botschaft sendet, sie ist uns auf jeden Fall weit voraus. Wir wissen nicht, warum sie sendet und an wen. Aber es ist etwas, das wir nicht zustande brächten. Wir sind nur *homo sapiens* und müssen mühsam Schritt für Schritt gehen. Wenn wir es deuten wollen –« er machte eine Pause.

»Wenn...«

»Das ist eine Theorie, nicht wahr?«

»Es ist eine Analyse.«

Der Minister wandte sich wieder an Reinhart. »Glauben Sie, es ließe sich beweisen?«

»Ich kann es beweisen«, versetzte Fleming.

»Ich habe den Professor gefragt.«

»Ich kann es beweisen, indem ich einen Computer baue, der den Stoff bearbeiten wird«, fuhr Fleming unbeirrt fort. »Und das ist die Absicht der Botschaft.«

»Ist das realistisch?«

»Es ist die Forderung der Botschaft.«

Der Minister verlor die Geduld. Mit seinen dicken Fingern trommelte er auf den Tisch. »Professor?«

Reinhart überlegte, jedoch nicht so sehr was er glaubte, sondern was er sagen sollte. »Es würde eine lange Zeit in Anspruch nehmen.«

»Aber fordert die Botschaft den Bau eines Computers?«

»Möglicherweise.«

»Ich würde den besten verfügbaren Computer benötigen, um damit zu arbeiten«, sagte Fleming, als sei alles schon geklärt. »Und unser ganzes gegenwärtiges Team.«

Osborne sah ängstlich aus; der Ausgang war ihm, da er mit dem Instanzweg vertraut war, noch sehr zweifelhaft, und überdies schien der Minister brüskiert.

»Wir könnten Computer an Universitäten zugänglich machen«, erwiderte der Minister in einem Ton, der reine Routine verriet. Fleming riß die Geduld.

»Universitäten? Auf keinen Fall! Glauben Sie, heutzutage hätten die Universitäten die besten Einrichtungen?« Er deutete mit dem Finger auf Vandenberg. »Fragen Sie doch Ihren Kollegen vom Militär, wo der einzige anständige Computer im ganzen Land zu finden ist.«

Eine kurze eisige Pause trat ein. Die Versammelten blickten auf den General.

»Ich müßte mich informieren.«

»Das ist nicht nötig, ich werde es Ihnen sagen. Er steht auf dem Versuchsgelände in Thorness.«

»Er ist aber für Verteidigungszwecke eingesetzt.«

»Natürlich ist er das«, versetzte Fleming verbittert.

Vandenberg gab keine Antwort. Der Minister hatte sich mit dem jungen Mann auseinanderzusetzen. Die Versammlung wartete, während Ratcliff mit den Fingern auf die lederne Schreibunterlage trommelte und Osborne ohne große Hoffnung den Verlauf der Auseinandersetzung überdachte. Sein Chef war zweifellos beeindruckt, aber nicht überzeugt. Fleming war wie die meisten ehrlichen Leute ein schlechter Advokat; er hatte seine Chance mehr oder weniger verspielt. Wenn der Minister nichts unternahm, würde die ganze Sache eine akademische Theorie bleiben. Wenn er sich dafür einsetzte, würde er mit den Militärs zu verhandeln haben. Er müßte nicht nur den Verteidigungsminister, sondern auch Vandenbergs Komitee davon überzeugen, daß der Versuch der Mühe wert sei. Ratcliff ließ sich Zeit. Er liebte es, die Leute warten zu lassen.

»Wir könnten einen Antrag stellen«, meinte er schließlich.

»Das Kabinett wird darüber entscheiden müssen.«

In der nächsten Zeit nach der Konferenz gab es für das Team nichts zu tun. Reinhart und Osborne trieben die Verhandlungen vorsichtig Schritt für Schritt voran, aber Fleming konnte nicht weitermachen. Bridger vollendete seine restliche Arbeit, Christine saß ruhig im Büro und überprüfte zum zweitenmal die Ergebnisse, die sie bis jetzt erzielt hatten. Fleming drehte der ganzen Sache den Rücken zu und nahm Judy überall mit. Er war nicht aufdringlich, ihre Gegenwart war ihm einfach angenehm. Judy ertrug ihm zuliebe ziemlich viel. Er liebte moderne Musik, die sie nicht verstand; er fuhr gern schnell, obwohl sie Angst hatte; er sah gern Wildwestfilme an, die sie noch mehr erschreckten. Dabei war er übermüdet und rastlos. Sie hetzten von Kino zu Konzert und von da zu einer langen Spazierfahrt, und danach tranken sie ausgiebig. Und am Ende war er restlos erschöpft. Doch es schien ihm wenigstens wohl dabei zu sein, während sie alles andere als glücklich war. Sie hatte das Gefühl, unter falscher Flagge zu segeln.

Nur selten suchten sie das kleine Büro im Institut auf, und dann flirtete Fleming mit Christine. Judy konnte ihm deswegen nicht böse sein. Er nahm sonst keine Notiz von Christine, und sie war auffallend hübsch. Außerdem war sie, wie sie Bridger anvertraut hatte, »in Flemings Geist verliebt«, schien jedoch keinen Wert darauf zu legen, umarmt und getätschelt zu werden. Sie arbeitete stur, wollte jedoch über Thorness Bescheid wissen.

»Sind Sie dort gewesen, Doktor Fleming?«

»Einmal.«

»Wie ist es?«

»Weit weg und wunderschön, genau wie Sie. Und geladen mit Starkstrom und seelenlos und unzugänglich – gar nicht wie Sie.«

Es war anzunehmen, daß sie mit Fleming dorthin gehen würde, wenn er selbst die Erlaubnis erhalten sollte. Watling hatte Herkunft und Vorleben des Mädchens überprüft und als völlig unbedenklich befunden.

Dennis Bridgers Beschäftigungen dagegen waren offenbar interessanter. Als sein Abgangsdatum näherrückte, erhielt er immer mehr Telephongespräche, über die er keine Auskunft gab und offensichtlich beunruhigt war. Eines Morgens war er allein mit Judy im Büro. Er war nervöser als sonst, und als das Telephon klingelte, riß er ihr förmlich den Hörer aus der Hand. Es handelte sich offenbar um eine Verabredung, denn er murmelte irgendeine Entschuldigung und verließ das Büro. Judy beobachtete ihn vom Fenster aus, wie er über den Fußgängerüberweg zur gegenüberliegenden Straßenseite ging, wo ihn ein sehr schwerer, sehr teurer Wagen erwartete. Als er herankam, öffnete sich die Tür auf der Seite des Fahrers, und ein Chauffeur stieg aus. »Doktor Bridger?« sagte er. Er sprach mit leichtem, nicht zu bestimmendem ausländischen Akzent.

Der Chauffeur öffnete die Tür zum Rücksitz, und Bridger stieg ein. In der Ecke saß ein kleiner, dicklicher Mann mit kahlem Kopf.

Der kleine Mann streckte Bridger eine beringte Hand entgegen. »Servola ist mein Name!«

Der Chauffeur nahm seinen Platz vor der gläsernen Trennscheibe wieder ein. Das Auto fuhr an.

»Sie haben doch nichts dagegen, wenn wir umherfahren? Es gibt gleich so viel Gerede, wenn wir längere Zeit an einer Stelle stehenbleiben.«

Neben Servolas Ohr ertönte ein leises Summen. Er nahm einen elfenbeinfarbenen Telephonhörer hoch, der vor ihm auf einer Gabel lag. Bridger sah, wie der Chauffeur in ein Mikrophon an der Steuersäule sprach.

»In Ordnung.« Servola hörte einen Augenblick zu und blickte aus dem Rückfenster. »Ja, ich sehe. Fahr im Kreis herum – ja.« Er legte den Hörer auf und wandte sich Bridger zu:

»Mein Chauffeur meint, wir werden von einem Taxi verfolgt.« Bridger sah unsicher nach draußen. Servola lachte, oder zumindest zeigte er die Zähne. »Kein Grund zur Aufregung. In London sind überall Taxis. Er wird schon aufpassen, daß wir uns nicht verfahren.« Er zog ein silbernes Etui hervor. Es enthielt Zigarillos. »Rauchen Sie?«

»Nein, danke.«

»Sie haben per Fernschreiber eine Nachricht nach Genf geschickt.« Servola nahm sich einen Zigarillo. »Das ist allerdings schon einen Monat her.«

»Ja.«

»Seither haben wir nichts mehr von Ihnen gehört.«

»Ich habe es mir anders überlegt.« Bridgers Nase zitterte merklich. »Und jetzt ist vielleicht der Augenblick gekommen, das rückgängig zu machen. Wir wußten in den vergangenen Monaten nicht, woran wir waren, wissen Sie.« Bridger sah schuldbewußt zum Fenster hinaus. »War es wirklich eine Botschaft?«

»Ja.«

»Von einem Planeten?«

»Von einem sehr entfernten Planeten.«

»Irgendwo in der Andromeda?«

»Ja, das stimmt.«

»Tja, das ist ja eine ganz tröstliche Entfernung.«

»Was hat es –?« Bridgers Nase zuckte, als der Rauch des Zigarillos sie erreichte.

»Was es damit auf sich hat? Ich komme noch darauf zurück. In

Amerika – ich war zu der Zeit dort – gab es große Aufregung. Die Leute waren aufs höchste beunruhigt. Und in Europa auch, überall. Dann erklärte Ihre Regierung: ›Nichts! Es ist nichts. Wir werden noch Genaueres sagen.‹ Und so weiter in diesem Stil. Die Leute sind vergeßlich. Einen Monat und noch einen, und sie haben alles vergessen. Andere Dinge rücken in den Vordergrund – aber es ist doch etwas daran?«

»Nicht offiziell.«

»Nein, nein – offiziell ist nichts daran. Wir haben es versucht, aber überall stößt man auf eine glatte Wand. Alle Leute haben plötzlich versiegelte Lippen.«

»Ich auch«, erwiderte Bridger und sah auf seine Uhr. »Ich muß heute nachmittag noch zurück sein.«

»Sie arbeiten für die englische Regierung?« Servola sprach in höflichem Konversationston.

»Ich bin Mitglied ihres Teams«, antwortete Bridger.

»Und Sie bearbeiten die Botschaft.«

»Warum interessiert Sie das?«

»Alles von Bedeutung interessiert uns. Und diese Botschaft könnte von höchster Bedeutung sein.«

»Vielleicht, vielleicht auch nicht.«

»Aber Sie arbeiten weiter daran? Bitte, tun Sie nicht so geheimnisvoll. Ich möchte Sie nicht aushorchen.«

»Ich bleibe nicht dabei.«

»Warum nicht?«

»Ich will nicht ewig in Regierungsdiensten stehen.«

Servola paffte zufrieden an seinem Zigarillo; Bridger wartete. Nach einer Weile sagte Servola:

»Sie hätten gern etwas Einträglicheres – bei uns?«

»Daran dachte ich«, antwortete Bridger und sah auf seine Füße.

»Bis Sie merkten, wie aufmerksam Sie beobachtet wurden?«

»Ich wollte keinen Ärger.«

»Sie sollten nicht schnell die Flinte ins Korn werfen«, ermutigte ihn Servola. »Aber Sie dürfen die Leute auch nicht auf uns aufmerksam machen. Ich glaube, Sie sollten bleiben, wo Sie sind«, fügte er nach kurzer Pause hinzu, »aber die Verbindung mit mir aufrechterhalten.«

»Wieviel?«

Servola riß die Augen auf. »Wie bitte?«

»Wenn Sie wollen, daß ich Ihnen Informationen gebe.«

»Wirklich, Doktor Bridger!« entgegnete Servola lachend, »Sie haben kein Feingefühl.«

Sie fuhren noch eine Weile umher, dann setzten sie Bridger ein paar hundert Meter vor dem Institut ab. Judy beobachtete, wie er zurückkam. Er sagte kein Wort. Irgendwie weckte sie sein Mißtrauen.

Eine halbe Stunde später hielt das Taxi, das Servolas Wagen gefolgt war, an einer Telephonzelle. Ein Mann in einem Trenchcoat stieg aus, bezahlte den Fahrer und ging zu der Telephonzelle hinüber. Als das Taxi abfuhr, kam ein anderes Auto vorgefahren und wartete auf den Mann.

Der Anruf wurde von Watlings Sicherheitsassistenten angenommen. »Verstehe; kommen Sie besser vorbei und berichten Sie.«

Als er aufhängte, stürmte Watling herein. Er war aufgeregt und verärgert nach einer weiteren Sitzung mit Osborne.

»Quasseln, quasseln und nochmals quasseln – mehr tun sie nicht!« Er warf seine Aktentasche auf einen Stuhl.

»Irgendwas Neues?«

»Der auf Bridger angesetzte Beamte hat angerufen. Er sagt, Bridger sei mit Servola gesehen worden.«

»Servola?«

»Intel. Die Leute vom Internationalen Kartell.«

Watling sah auf die leere Wand ihm gegenüber. Es gab noch immer einige große Internationale Kartelle trotz der Antitrust-Gesetzgebung und der Durchführung des Gemeinsamen Marktes. Sie waren nicht greifbar illegal, aber sie waren unendlich mächtig und hatten in gewissen Bereichen fast die gesamte europäische Wirtschaft unter Kontrolle. In einer Zeit, wo der Westen einen Boykott durch verschiedene Länder zu befürchten hatte, von deren Rohstoffen er abhängig war, nahmen skrupellose Handelsgesellschaften in erschreckender Weise überhand. Und die Skrupellosigkeit der Intel war allgemein bekannt und verhaßt. Man konnte sicher sein, daß alles, was in ihre Hände kam, mit hohem Gewinn verkauft wurde, sobald der Markt dafür geeignet schien.

Watling straffte das Kinn und ordnete seine Gedanken. »Hm, die sind die letzten, die ihre Finger in der Sache haben sollten.«

Wenn Intel eine Sache einmal in die Hand genommen hatte, war es fast unmöglich, sie aufzuspüren. Sie hatte eine völlig legale Niederlassung in London, war in der Schweiz im Handelsregister eingetragen und hatte Filialen auf mindestens drei Kontinenten. Informationen glitten in ihrem privaten Nachrichtennetz wie Quecksilber, und man konnte kaum etwas dagegen tun. Bei dieser Art von Transaktionen halfen keine Haussuchungsbefehle. Während man ein Büro in Piccadilly durchwühlte, wurde die gesuchte Sache bereits gegen Mangan oder Bauxit über irgendeine sehr unsympathische Grenze verschoben. Nichts war heilig oder sicher.

»Ich nehme an, Bridger wird sie weiter mit Nachrichten versorgen«, sagte Watling.

»Er soll doch gehen«, erinnerte ihn sein Assistent.

»Ich zweifle, ob er jetzt noch geht. Sie werden ihn ordentlich geschmiert haben.« Er seufzte. »Er würde sowieso alles von Fleming hören. Sie hängen zusammen wie Pech und Schwefel.«

»Sie glauben, Fleming macht da auch mit?«

»Ach!« Watling schob seinen Stuhl zurück und gab die Sache auf. »Er ist völlig ahnungslos. Er würde jedem gegenüber auspacken, und nur, um seine Unabhängigkeit zu beweisen. Und jetzt werden wir sie mitten unter uns haben.«

»Wie das?«

»Sie werden unser Versuchsgelände beziehen, das ist ›Wie das‹. Die ganze Bagage. Fleming möchte einen Supercomputer auf dem Raketenversuchsgelände in Thorness bauen. Aber das unterliegt strengster Geheimhaltung.«

»Jawohl, Sir.« Der Assistent machte ein Gesicht, das leidlich Diskretion ausdrückte. »Ist es genehmigt?«

»Es wird genehmigt werden. Ich kann Blödsinn auch gegen den Wind riechen. Vandenberg ist wütend. Ich würde mich nicht wundern, wenn auch die Alliierten wütend wären. Aber Reinhart ist dafür und Osborne auch, und ihr Minister ebenso. Und das Kabinett wird sich also nicht ausschließen, nehme ich an.«

»Wir können sie also nicht draußen halten?«

»Wir können sie beobachten.«

»Sie haben ihre eigenen Sicherheitsleute in Thorness. Von der Armee«, fügte er stolz hinzu, da er selbst aus der Armee kam.

Der Geschwaderkommandant schnaubte. »Dann werden wir eben mit ihnen zusammenarbeiten.«

Fleming kam vom Essen zurück, triumphierend und aufgeregt. Er zog Christine von ihrem Stuhl hoch und hielt sie auf Armeslänge von sich.

»Es ist durch!«

»Durch?« Judy blieb wie betäubt am anderen Ende des Raumes stehen.

»Wir haben die Bewilligung in dreifacher Ausfertigung von den düsengetriebenen Vorgesetzten unseres Geschwaderkommandanten. Sie haben ihren kostbaren Stacheldrahtzaun weit vor uns geöffnet.«

»Thorness?« fragte Christine und stieß ihn weg. Fleming setzte sich auf den Klapptisch.

»Wir haben die freundliche Erlaubnis, ihre wunderbare, herrliche Einrichtung aus Steuergeldern zu benützen, die bis dato für Soldatenspiele reserviert war.«

»Wann?« fragte Judy.

Fleming glitt vom Tisch und nahm sie in den Arm.

»Sobald wir fertig sind. Dringlichkeitsstufe A für den großen Computer – davor kommt nur, was lächerlicherweise nationaler Notstand genannt wird. Wir sind vom morgendlichen Appell befreit, erhalten Sonderpässe, müssen alle zehn Finger auf eine Abdruckplatte drükken, unser Gehirn waschen lassen, und unsere Haare werden nach kleinen Tierchen untersucht. Und wir werden das Weltwunder unseres Zeitalters bauen.« Er ließ Judy los und breitete die Arme nach Christine aus. »Sie und ich, Liebling! Wir werden's ihnen schon zeigen! ›Können Sie das beweisen?‹ fragte der Herr Minister. Wir werden's ihnen beweisen! Oh – und Silberschwinge wird kommen und uns den Marschbefehl übergeben.«

Er begann zu singen: »Silberschwingen unterm goldenen Abendhimmel«, und nahm sie beide zum Essen mit.

Später am Tag erschien Bridger. Er sah verängstigt aus und suchte Fleming.

»Dennis!« Fleming riß die Tür zum Nebenraum auf. »Wir haben es geschafft!«

»Geschafft?«

»Thorness! Jetzt kommt Dampf dahinter!«

»Oh, gut«, bemerkte Bridger schlaff.

»Der Wissenschaftsminister hat es durchgesetzt. Warum überlegst du es dir nicht noch einmal? Schließ dich doch den Glücklichen an.«

»Ja, danke, John.« Bridger sah auf seine Füße hinunter, und seine Nase zitterte verlegen. »Deshalb wollte ich mit dir sprechen. Ich habe es mir anders überlegt.«

Als Judy bei Osborne eintraf, wußte dieser bereits Bescheid.

Zum Vergnügen fuhr kein Mensch nach Thorness. Von London erforderte der schnellste Weg zwölf Stunden. Mit dem Flugzeug ging es nach Aberdeen und von da mit dem Schnellzug durch die Highlands nach Gairloch an der Westküste. Thorness war die erste Station nördlich von Gairloch, aber es gab dort nichts weiter als ein kleines, verfallenes Dorf, die schroffe Felsenküste und die Heide. Das Versuchsgelände erstreckte sich auf einer Landzunge, die in die weite Meeresfläche zwischen der Isle of Skye und der Isle of Lewis hinausragte. Zur Landseite hin war das Gelände durch einen hohen, mit Stacheldraht gesicherten Drahtzaun abgesperrt. Der Zugang war von Schilderhäuschen und Wachen flankiert, und der Drahtzaun und die Küste wurden von Soldatenpatrouillen mit Hunden bewacht. Seewärts waren das graue Wasser des Atlantiks, eine Insel, auf der Vögel hausten, und gelegentlich ein Patrouillenboot der Royal Navy zu sehen. Alles war grün, grau und braun; die Wolken hingen tief, und abgesehen von regelmäßigen Geräuschen aus dem Versuchsgelände, war es sehr still.

Es regnete, als Reinhart und Fleming ankamen. Direktor Geers hatte sie vom Bahnhof abholen lassen. Er begrüßte sie höflich, aber ohne Überschwang und mit einer seiner Tätigkeit unangemessenen, gespielten Bescheidenheit.

»Sie werden feststellen, daß hier nicht viel los ist«, sagte er und bot Zigaretten an aus der polierten Spitze einer Rakete.

Reinhart saß unbeweglich in einem der Besuchersessel, die so tief waren, daß man den Direktor hinter seinem Schreibtisch kaum sehen konnte.

Geers war ausgebildeter Physiker und hatte lange Zeit hindurch Verteidigungsprojekte wissenschaftlich beaufsichtigt; jetzt war er mehr kommandoführender Offizier als Wissenschaftler. Irgendwo hinter der Uniform des gestrengen Vorgesetzten verbarg sich ein enttäuschter Forscher. Und deswegen neidete er anderen Leuten die Arbeit und ärgerte sich noch mehr über die Menge der alltäglichen Kleinarbeit, die er zu erledigen hatte.

»Nach allem, was ich gehört habe, ist es an der Zeit, daß Ihre Sache hinter Stacheldraht kommt. Es wird natürlich nicht einfach sein; wir können Ihnen nicht unbegrenzten Spielraum geben.«

»Wir verlangen nicht –«, begann Reinhart, doch Fleming unterbrach ihn:

»Soviel ich weiß, sind die Prioritäten festgelegt.«

Geers warf ihm einen kalten, scharfen Blick zu und tippte Asche in einen Aschenbecher, der aus der Gußform eines Kolbens gemacht war. »Es werden Ihnen bestimmte Stunden auf dem großen Computer reserviert werden. Sie werden Ihre eigenen Arbeitsräume und Wohngebäude für sich und das Team haben. Sie werden auf unserem Gelände liegen, und Sie werden unter Aufsicht stehen. Aber Sie erhalten Ausweise und können kommen und gehen, wie es Ihnen beliebt. Major Quadring ist für die Sicherheit zuständig; ich habe alle Forschungsprojekte unter mir.«

»Unseres nicht«, versetzte Fleming, ohne Reinhart anzusehen.

»Ich habe weniger aufregende, aber dringendere Aufgaben.« Geers versuchte, Fleming so weit wie möglich zu übergehen, und wandte sich an Reinhart. »Ihre Sache untersteht dem Wissenschaftsministerium – sie ist idealistischer, aber vielleicht ein wenig wie eine Fahrt ins Blaue.«

Draußen goß es noch immer. Einer von Geers' Assistenten führte sie auf dem Gelände herum, durch nasses Gras, über Betonwege, zwischen Reihen niedriger bunkerartiger Gebäude, die halb im Boden versenkt waren, und zu den Abschußrampen an der Spitze der Halbinsel.

Mehrere kleine Raketen ruhten auf schrägen Rampen. Sie waren in Nylonhüllen verpackt und aufs Meer hinaus gerichtet. Eine größere Rakete stand auf der Hauptabschußvorrichtung. Sie sah schwer aus und erdgebunden in ihrem Gerüst.

»Wir befassen uns nicht mit den ganz großen Sachen. Das sind alles Abfangraketen – eine große Kapazität auf kleinem Raum. Es ist natürlich alles streng geheim. Normalerweise führen wir keine Besucher hierher.«

Der große Computer war eindrucksvoll. Er war in einem weiträumigen Laboratoriumsgebäude untergebracht. Man hatte ihn aus Amerika importiert, und er war dreimal so groß wie alle Maschinen, mit denen sie seither gearbeitet hatten. Die diensttuenden Techniker übergaben Fleming eine Zeittafel, auf der seine Stunden eingetragen waren. Außerdem standen ein leeres Bürogebäude und einige kleine Fertighäuser als Wohnquartiere zu ihrer Verfügung. Die Bungalows waren klein, einfach, aber mit allem Notwendigen versehen.

Sie stapften in nassen Schuhen zum Belegschaftsgebäude hinüber. Man zeigte ihnen die Offiziersmesse, die Läden, die Wäscherei und die Garage, das Kino und das Postamt. Das Versuchsgelände war völlig autark; man brauchte es nicht zu verlassen, es sei denn, man wollte ausgedehnte Spaziergänge über die Heide machen.

Für die ersten zwei, drei Monate quartierten sich nur die wichtigsten Mitglieder des Teams in Thorness ein: Fleming, Bridger, Christine, Judy und ein paar jüngere Assistenten. Ihre Büros quollen über von Kalkulationen, Plänen, Zeichnungen und verschiedenartigstem vorläufigen Experimentiermaterial. Fleming und Bridger saßen nächtelang über Schaltplänen und elektronischen Komponenten. Langsam füllte sich das Gebäude mit Forschungs- und Entwicklungsassistenten, Zeichnern und Technikern.

Zu Frühlingsanfang wurde mit dem Bau eines Gebäudes für den neuen Super-Computer, wie man Flemings Geisteskind nannte, begonnen. Und ganze Lastwagenladungen technischer Einrichtungen kamen an und verschwanden darin.

Das Stammpersonal beobachtete dies alles mit regem, aber unaufdringlichem Interesse und setzte unbeirrt seine eigenen Projekte fort. Ungefähr jede Woche hörte man ein Dröhnen und Krachen von den Abschußrampen her; jedesmal wurde dabei eine Viertelmillion Pfund vom Geld der Steuerzahler in die Luft gejagt. Die Schafe und das Vieh auf der Heide wurden immer aufs neue kopfscheu, und in den Auswertungsbüros herrschte ein paar Tage erhöhte Aktivität. Davon abgesehen lag das Land ruhig und wie ausgestorben und war unglaublich schön, wenn der Regen aufhörte. Die jüngeren Mitglieder aus Reinharts Team schlossen unbekümmert Freundschaft mit den Wissenschaftlern für Waffentechnik und mit den Soldaten, die sie bewachten. Nur Fleming und Bridger gingen ihre eigenen Wege. Wenn sie sich nicht gerade am Computer aufhielten oder in den Büros, waren sie gewöhnlich im Bungalow des einen oder anderen und arbeiteten. Gelegentlich zog sich Fleming mit einem Problem zurück, und Bridger fuhr dann mit einem Motorboot, bewaffnet mit seinem Feldstecher, zur Vogelinsel Thorholm hinaus.

Reinhart lenkte das Unternehmen von London aus, kam regelmäßig aufs Gelände, kreiste aber die meiste Zeit um Whitehall, wo er Pläne durchsetzte, Gelder erwirkte und endlose Berichte für die Regierung schrieb. Irgendwie bekamen sie schnell alles, was sie brauchten; Verzögerungen gab es kaum. Osborne war, wie Reinhart sagte, ein Meister seines Fachs.

Nur Judy lag auf einem toten Geleise. Ihr Büro war im großen Verwaltungsgebäude untergebracht, und sie wohnte mit den Wissenschaftlerinnen des Verteidigungsministeriums zusammen. Fleming war wohl äußerst liebenswürdig zu ihr, hatte aber keine Zeit für sie. Und Bridger und Christine gingen ihr aus dem Weg. Dennoch gelang es ihr, einen allgemeinen Überblick über alle Vorgänge zu behalten. Sie verkehrte mit einigen Offizieren der Armee, aber das war auch alles.

Als der Computer fast fertig war, nahm Fleming sie zu einer Führung mit. Seine Haltung der Sache gegenüber war eine Mischung aus Herabsetzung und Scheu; denn es konnte sein, daß er sich geirrt hatte, oder aber es ergab sich etwas Ungeheures und Unvorstellbares. In der Hauptsache aber machte er einen übermüdeten Eindruck. Er war völlig überarbeitet und daher hoffnungslos pessimistisch. Die Maschine jedoch war in der Tat sehr eindrucksvoll. Sie war so groß, daß sie nicht wie üblich in einem Raum untergebracht war, sondern der Kontrollraum wurde in sie hineingebaut.

»Wir sind hier wie Jonas im Bauch des Walfisches«, sagte er zu Judy und deutete zur Decke. »Die Kühlanlage ist dort oben; Helium wird damit verflüssigt und strömt dauernd um den Speicher des Computers.«

Hinter den schweren, doppelten Feuertüren lag ein Raum von der Größe eines Ballsaales, den eine bis zur Decke reichende Apparaturenwand in der Mitte unterteilte. Dieser Wand zugewandt und mit dem Rücken gegen die Türen stand der große Steuertisch und links und rechts davon eine Art überdimensionaler Schreibmaschinentisch und ein Drucker. Der Raum selbst lag halb unter der Erde und war fensterlos.

»Dies alles«, sagte Fleming und deutete auf die Apparaturenwand vor ihnen, »ist die Steuereinheit. Dies hier ist die Eingabe.«

Er zeigte ihr die Konsolschreibmaschine, die Magnetbandeinheit und den Lesestanzer. »Er sollte ursprünglich eine Art elektroakustisches Übertragungssystem haben, aber wir haben ihn so geändert, daß er mit normalen Zahlen und Buchstaben überträgt. Das ist einfacher für normale Sterbliche.«

»Er?«

Fleming sah sie mit einem merkwürdigen Blick an. »Ich sage ›Er‹, weil er auf mich wirkt wie eine geistige Kraft, fast wie eine Person.«

Judy hatte sich schon so lange mit allem beschäftigt, daß ihr diese Idee nicht mehr ungewöhnlich vorkam. Aber jetzt, als sie neben Fleming stand, der nicht nur überarbeitet war, sondern besessen und von einer unbekannten Schwungkraft getrieben schien, war es ihr, als läge eine fremde Macht in dem düsteren Raum auf der Lauer. Sie lebte nicht in der gleichen Vorstellungswelt wie er, und es schauderte sie.

»Und hier ist die Ausgabeeinheit«, erklärte Fleming, der ihre Erregung nicht bemerkt hatte. »Seine eigentlichen Denkvorgänge verlaufen in binarischer Arithmetik, aber wir lassen ihn im Dezimalsystem ausdrucken, so daß wir gleich ablesen können.«

»Was ist das?« fragte Judy und deutete auf einen Block mit mehreren hundert, in Reihen angeordneten winzigen Neonlämpchen zwischen zwei in Kunststoff gehüllten Metallplatten, die rechtwinklig aus der Apparaturenwand ragten.

»Dies alles ist die Steuereinheit. Die Lämpchen an der Konsole zeigen an, an welcher Stelle im Speicher sich die Daten befinden, die durch die Maschine laufen.«

»Ist schon irgend etwas durchgegangen?«

»Nein, noch nicht.«

»Sie scheinen sicher zu sein, daß es funktioniert.«

»Ich habe nie das Gegenteil gedacht. Es wäre doch sinnlos für die Vermittler aus Andromeda, einen Plan zu senden, der nicht stimmt.« Die Gewißheit in seiner Stimme entsprang nicht einfach seiner Arroganz; sie war Ausdruck einer Kraft, die durch ihn hindurch sprach.

»Wenn Sie die Botschaft verstanden haben.«

»Ich habe sie verstanden, das meiste davon«, erwiderte er und deutete auf die verhüllten Metallplatten. »Wozu die da sind, weiß ich nicht genau. Es sind elektrische Pole mit ungefähr tausend Volt Spannung; deshalb haben wir sie mit Isoliermaterial verpackt. Sie waren in dem Plan enthalten, und ich erwarte, daß wir erfahren werden, wie sie zu gebrauchen sind. Wahrscheinlich stellen sie eine Art Vermittlungsvorrichtung dar.«

Und wieder schien er seiner Sache sicher zu sein; die Kompliziertheit der Anlage machte offenbar keinen Eindruck auf ihn. »Er arbeitet folgendermaßen«, fuhr Fleming fort: »Man gibt die Daten mit der

Konsolschreibmaschine ein. Das ist die schnellste Arbeitsweise, über die wir verfügen. Die Steuereinheit entscheidet, was zu tun ist. Die Recheneinheiten führen den Rechenvorgang durch. Sie fordern aus dem Speicher, dem Gedächtnis des Computers, an, was sie benötigen, und geben dem Speicher neue Informationen ein. Die Antwort wird über den Drucker ausgestoßen. Die Recheneinheiten sind an den Seitenwänden untergebracht. Es handelt sich eigentlich um ein ganz konventionelles System; aber hiermit hat das Konventionelle auch sein Ende. Er arbeitet mit einer Geschwindigkeit und hat eine Kapazität, die wir uns kaum vorstellen können.«

Vollkommene Stille umgab sie. Glänzende Reihen von Metallkästen standen links und rechts von ihnen und verbargen ihre Geheimnisse; und das leere Gesicht des Konsols starrte sie aus dem Halbdunkel an. Fleming stand lässig da und sah sich um. Nach einer Weile sagte er:

»Er wird hübscher aussehen, wenn er arbeitet.« Dann führte er Judy in den Teil des Raumes, der hinter der Steuereinheit lag. Es war ein weiter, halbrunder Raum. Eine gewaltige, metallumkleidete Säule erhob sich in der Mitte.

»Das ist sein eigentliches Zentrum: der Speicher.« Fleming öffnete eine Klappe am unteren Teil der Säule und knipste darin eine Inspektionslampe an. »Hier sehen Sie ein kleines Wunderwerk der Molekularelektronik. Der Speicher liegt im Kern, und der Kern liegt in einem völligen Vakuum, das bis auf ein, zwei Grad an den absoluten Nullpunkt heranreicht. Hier hinein kommt das flüssige Helium.«

Judy schaute hinein und konnte den Würfel sehen, der aussah, als sei er aus Metall. Er maß ungefähr einen Meter, steckte in einem Glaszylinder und war von Kühlröhren umgeben. Fleming sprach, als hielte er einen Vortrag.

»Jeder Kern besteht aus hauchfeinen, abwechselnd leitenden und nichtleitenden Metallstäbchen, die zu einem Wabensystem kreuzweise übereinandergelegt sind. Somit entsteht ein vollständiger Ja-Nein-Stromkreislauf in einem Stückchen Metall, das man kaum sehen kann.«

»Entspricht das einer Gehirnzelle?«

»Wenn Sie wollen, ja.«

»Und wie viele solcher Zellen hat die Maschine?«

»Ein Kern bildet einen Würfel von dreimal einem Meter. Das sind mehrere Billionen; und wir haben sechs Kerne.«

»Ist es größer als das menschliche Gehirn?«

»O ja, viel größer und schneller, und es funktioniert besser.«

Er schloß die Klappe und sagte nichts mehr darüber. Judy gratulierte ihm und ging. Einen Augenblick lang sah er einsam aus und gequält. Er machte jedoch keine Anstalten, sie zurückzuhalten. Dann begann er wieder, Zahlen durchzusehen.

Dennis Bridger nahm die Sache nicht so gefangen. Er arbeitete ohne Begeisterung, mürrisch, unternahm jedoch keinen erkennbaren Versuch, seine Kontakte mit Intel wiederaufzunehmen. Major Quadring und seine Sicherungsgruppe beobachteten ihn sorgfältig. Regelmäßig wurden alle Mitarbeiter, die das Gelände verließen, überprüft, ob sie nicht Dokumente oder sonstiges Geheimmaterial hinaustrugen. Bridger jedoch tat nichts, was Verdacht erweckte. Er schien sich der Intel nicht verpflichtet zu haben.

Geers betrachtete das ganze Team mit Mißtrauen. Er stellte ihnen nie etwas in den Weg, aber eine gewisse Feindseligkeit herrschte zwischen ihm und Reinharts Leuten. Es war offensichtlich, daß es eine Genugtuung für ihn wäre, wenn das Experiment mißglückte. Aber als der Super-Computer fast fertiggestellt war und das Interesse von Mitarbeitern und Vorgesetzten daran wuchs, traf er alle Anstalten. Er unterbreitete den Vorschlag, eine offizielle – wenn auch notwendigerweise unter Ausschluß der Öffentlichkeit stattfindende – Eröffnung zu arrangieren. Und der Wissenschaftsminister, dem die Eröffnung in Bouldershaw Fell letztes Jahr vereitelt worden war, erklärte sich bereit, in Schottland das Band zu durchschneiden. Fleming bemühte sich, die Eröffnung so lang wie möglich hinauzuschieben. Aber schließlich wurde sie auf einen Tag im Oktober festgelegt, an dem der neue Computer fertig programmiert und bereit sein sollte, Daten aufzunehmen. General Vandenberg und ein paar Beamte in Whitehall wiesen ihre Sekretärinnen an, das Datum in ihren Terminkalendern zu notieren.

Für Judy zumindest gab es auf diese Weise etwas zu tun. Die Presse würde nicht dabeisein, aber mit den verschiedenen Ministerien waren Vereinbarungen zu treffen und mit Geers' Mitarbeitern der Plan für die Besichtigung auszuarbeiten. Von Fleming sah sie wenig. Wenn sie ihre Arbeit beendet hatte, machte sie bei stürmischem Frühherbstwetter lange, einsame Spaziergänge über die Heide.

Ungefähr eine Woche vor der Eröffnung sah sie eine weiße Jacht draußen auf dem Meer vor Anker liegen. Es war eine große, hochseetüchtige Jacht. Vom Versuchsgelände aus war sie hinter der Insel Thornholm verborgen. Nur wenn man weiter die Küste hinunterging, konnte man die Jacht erkennen. Judy entdeckte sie, als sie eines Nachmittags auf dem Klippenweg spazierenging.

Am folgenden Nachmittag war die Jacht noch immer da. Als Judy den Weg zwischen dem Rand der Klippen und der Heide entlangging, glaubte sie, das Blinken einer Signallampe auf der Jacht zu erkennen. Das allein hätte ihre Neugier noch nicht geweckt, doch plötzlich hörte sie das Motorgeräusch eines Autos in der Heide über ihr. Instinktiv duckte sie sich hinter einen Ginsterbusch und wartete. Es war ein starker Motor, der im Leerlauf leise brummte.

Wenige Augenblicke später setzte das Signalzeichen aus. Und kurz darauf fuhr das Auto an. Sie konnte sehen, wie es schwankend davonfuhr. Als es weit genug entfernt war, richtete sie sich auf und ging zum höchsten Punkt des Weges hinauf. An der Spitze der Klippe traf er mit einem Feldweg zusammen, der sich landeinwärts wand und in einem Tal zwischen den Hügeln die Hauptstraße erreichte. Ein großes, auffallendes Auto verschwand um die erste Kurve hinter einem Kieferndickicht. Judy blickte ihm nachdenklich nach: Irgend etwas kam ihr bekannt vor.

Sie sagte Quadring nichts, sondern ging am nächsten Tag wieder an die gleiche Stelle. Doch weder die Jacht noch das Auto waren zu sehen. Außer dem Kreischen der Möwen lag die Landschaft wie ausgestorben. Am folgenden Tag regnete es, und danach hatte sie mit dem Besuch des Ministers so viel zu tun, daß sie nicht dazu kam, das Gelände zu verlassen. Am Nachmittag des Tages vor der Eröffnung war alles festgelegt. Fleming lief mürrisch und verschlossen herum; Judy selbst hatte Kopfschmerzen und fühlte sich sehr allein. Gegen Abend beschloß sie, Fleming zu besuchen.

Fleming lag auf dem Bett und hörte sich eine Platte von Weber an. Er blickte auf und sah Judy unter der Tür stehen, blaß und unsicher.

»Welche Überraschung; was kann ich für Sie tun?« Er hatte schon eine halbe Flasche Whisky ausgetrunken.

»Darf ich einen Augenblick bleiben, ich fühle mich gerade schrecklich elend, und Kopfweh habe ich auch.«

»Tun Sie, was Sie wollen. Und trinken Sie das da aus.« Er reichte ihr ein volles Glas.

Sie nahm einen Schluck von dem unverdünnten Whisky und spürte, wie er brennend die Kehle hinunterlief. Draußen ertönte inmitten der Stille plötzlich ein langgezogenes tiefes Heulen, und ein Stück Dachrinne klapperte am Bungalow.

»Was war das?«

»Der Wind«, erwiderte Fleming. Er stand und sah sie an.

»Mir gefällt es hier nicht«, erklärte Judy.

»Mir auch nicht«, sagte er.

Sie tranken schweigend. Vor dem Fenster war der Himmel fast schwarz, und der Wind trieb noch schwärzere Wolken vom Meer herüber und heulte um die Gebäude. Judy ließ ihr Glas sinken und sah Fleming in die Augen. Der Kopf brummte ihr leicht.

»Tut mir leid, daß ich so hereingeplatzt bin.«

»Unsinn!« Er zerwühlte ihr schon wirres Haar. »Ich kann ein bißchen Gesellschaft gebrauchen in dieser Bude. Besonders, wenn es ein nettes Mädchen ist.«

»Ich bin überhaupt nicht nett.«

»Oh!«

»Ich bin nicht gern, was ich bin.« Judy sah von ihm weg, wieder in ihr Glas. »Ich tue nicht gerne, was ich tue.«

»Das geht uns beiden so.« Fleming sah über ihren Kopf hinweg zum Fenster. »Ich bin auch nicht glücklich über das, was ich mache.«

»Ich dachte, Sie gingen darin völlig auf?«

»Das war einmal, aber jetzt ist es aus damit, ich weiß auch nicht, warum. Ich habe versucht, mich damit zu identifizieren, aber ich kann es nicht.« Verwirrt blickte er auf sie hinunter. »Vielleicht sind Sie es, was ich brauche.«

»John –«

»Was?«

»Haben Sie bitte nicht zu viel Vertrauen zu mir.«

Fleming grinste. »Sind Sie an irgend etwas Zweifelhaftem beteiligt?«

»Es hat jedenfalls nichts mit Ihnen zu tun.«

»Ich bin froh, daß Sie das sagen.« Er hob ihr Kinn. »Sie haben ein ehrliches Gesicht.«

Er küßte sie leicht auf die Stirn, wie im Scherz.

»Nein.« Sie drehte den Kopf weg. Er ließ die Hand sinken und wandte sich ab, als wäre er auf etwas anderes aufmerksam geworden. Der Wind heulte wieder. Sie schauderte trotz der Wärme, die ihr der Alkohol eingeflößt hatte, und er legte ihr die Hand auf die Schulter.

»Manchmal in der Nacht liege ich wach und denke über den Kerl da drüben nach«, sagte er leise.

»Was für einen Kerl?«

Er nickte in Richtung des neuen Computers, den er gebaut hatte. »Er hat keinen Körper, keinen organischen Körper, der atmen und empfinden kann wie wir. Aber er ist ein besseres Gehirn.«

»Es ist keine Person.« Sie zog Fleming auf das Bett herunter, so daß sie nebeneinander saßen. Sie fühlte sich ausnahmsweise sehr viel älter als er.

»Wir wissen nicht, was es ist, nicht wahr?« sagte Fleming. »Wer diese komische Botschaft auch geschickt haben mag, er hat einen Plan wie diesen nicht zum Vergnügen gesendet. Sie wollen, daß wir irgend etwas tun, wovon wir selbst nichts verstehen.«

»Glauben Sie, sie wissen von uns?«

»Sie wissen, daß notwendig andere Intelligenzen im Universum existieren müssen. Zufällig sind wir es.«

Judy nahm seine Hand. »Wir brauchen die Sache nicht weiter voranzutreiben, als Sie es wünschen.«

»Hoffentlich nicht.«

»Sie bauen einen Computer, nichts weiter.«

»Mit einer geistigen Kapazität, die die unsere weit übertrifft.«

»Ist das wirklich wahr?«

»Ein Mensch ist eine ziemlich schlechte Denkmaschine.«

»Sie nicht.«

»Wir alle. Alle Computer, die auf einem biologischen System beruhen, sind schlecht.«

»Mir gefällt das biologische System«, sagte sie mit schwerer Zunge, und sie meinte, doppelt zu sehen. Fleming umschlang sie wie ein Bär.

»Verpackt wie bei Ihnen, habe ich nichts dagegen.«

Er stand auf, gähnte und machte das Licht an.

Sie spürte plötzlich, wie die Spannung in ihr nachließ, und sie legte sich zurück.

»Sie müssen Ferien machen«, erklärte sie fast lallend.

»Kann sein.«

»Sie haben jetzt Monate angespannt gearbeitet, ohne Pause. Das Ding da –«, sie deutete zum Fenster.

»Es mußte soweit sein, für den Herrn Minister. Es ist schon seit einem Monat fertig. Wir haben den Befehlscode eingegeben, so daß alle Daten drin sein können, bis die hohen Herrschaften eintreffen.«

»Ist irgend etwas passiert?«

»Zunächst nicht, aber ich habe einen kleinen Teil aus dem Befehlscode ausgelassen. Es war so eingerichtet, daß der erste Stromstoß automatisch das Programm anlaufen läßt – und zwar an dem Ausgangspunkt, den das Gehirn selbst wählt. Ich ließ das im Plan bewußt aus, weil ich nicht wollte, daß er völlig seinen eigenen Willen haben sollte, und er war wütend!«

Judy sah ihn zweifelnd an. »Das ist Unsinn.«

»Bitte, er zeigte die Störung an. Bevor wir überhaupt begonnen hatten, Daten einzugeben, begann er das fehlende Stück des Befehlscodes auszustoßen. Wieder und immer wieder – sagte, ich müßte es ihm eingeben. Er war sehr hartnäckig.« Fleming sah ernst in ihr ungläubiges Gesicht. »Ich stellte ihn ein bißchen ab und fing dann an, Daten einzugeben; dann war er ruhig. Aber er war so geplant, daß er Störung anzeigen mußte. Gott weiß, wofür er alles noch geplant ist.«

Judy sah ihn mit trüben Augen an.

»Wir werden morgen die letzten Daten eingeben«, fuhr Fleming fort. »Dann weiß der Himmel, was geschehen wird. Wir bekommen eine Botschaft aus einer Entfernung von zweihundert Lichtjahren – glauben Sie, es käme nichts als eine handliche kleine Rechenmaschine dabei heraus? Ich nicht.«

Sie wollte ihn unterbrechen, ließ es aber dann.

»Sie erinnern sich, daß ich von einem Durchbruch sprach?« fragte Fleming.

»Genau!« Sie lächelte.

»Solche Durchbrüche geschehen einmal in tausend Jahren. Ich mache jede Wette...«

Er drehte sich zum Fenster, verloren in einen unenträtselbaren Gedanken.

»Sie können es noch immer abstellen.«

»Vielleicht, vielleicht können wir es noch abstellen.«

Es war stockdunkel draußen, der Regen strömte, und der Wind heulte.

»Es ist dunkel«, sagte er, zog den Vorhang vor und drehte sich zu ihr um mit dem gleichen unruhigen Blick, den sie schon einmal an ihm gesehen hatte.

»Dann haben wir also beide Angst«, erwiderte sie.

»Ich bringe Sie zurück in Ihren Bungalow, wenn Sie wollen.« Er sah auf sie herunter und lächelte. »Oder wollen Sie die Nacht hier verbringen?«

Judy verließ Fleming im Morgengrauen und ging zu ihrem Bungalow zurück. Gegen Mittag traf die erste Gruppe aus London ein. Die Herrschaften wurden im Kasino bewirtet. Judy eilte zwischen den dunkelgrau gekleideten Herren hin und her, verteilte Merkblätter und fühlte sich frisch, lebendig und glücklich. Fleming war mit Bridger und Christine beim Computer und gab die letzte Gruppe der Daten ein. Reinhart und Osborne hatten sich mit Geers zurückgezogen.

Der Minister sollte um drei Uhr mit einem Hubschrauber ankommen – eine für ihn typische Grille, die von der übrigen Gesellschaft stillschweigend hingenommen wurde.

Um diese Zeit hatte der Regen aufgehört. Eine Ehrengarde stand auf der Seite des Paradeplatzes in der Mitte des Versuchsgeländes. Reinhart und Quadring erwarteten den Minister ein wenig abseits. Quadring trug seine beste Uniform mit blitzenden Ordensbändern; Reinhart hatte sich einen feuchten Regenmantel umgehängt.

Die anderen Gäste und die Gastgeber versammelten sich im Eingang des Gebäudes, in dem der neue Computer untergebracht war, und blickten erwartungsvoll zum Himmel auf.

Bald kam der Hubschrauber in Sicht und landete Minuten später auf dem Paradeplatz. Die Tür öffnete sich, und Seine Exzellenz James Ratcliff kletterte aus der Maschine. Die Wache präsentierte das Gewehr, Quadring salutierte, und Reinhart trippelte auf seinen kleinen Füßchen nach vorne. Sie gaben sich die Hände, und dann führte Reinhart den Minister zu der Gruppe im Eingang des Gebäudes hinüber. Der Minister schüttelte Geers die Hand und hatte ein breites Lächeln für die übrige Gesellschaft.

»Wie geht es, Doktor? Es ist wirklich liebenswürdig, daß Sie unseren kleinen Apparat in Ihrer Mitte beherbergen.«

Geers war wie verwandelt. »Es ist eine Ehre für uns, Sir, eine solche

Sache hier zu haben«, antwortete er mit seinem schönsten Lächeln. »Reine Forschung unter rauhen Mechanikern.«

Osborne und Reinhart wechselten Blicke. »Wollen wir hineingehen?« schlug Osborne vor.

»Ja, natürlich.« Der Minister lächelte wieder alle an. »Hallo, Vandenberg, es ist nett von Ihnen, daß Sie gekommen sind.«

Geers eilte vor und faßte die Türklinke. »Soll ich?« Er warf Reinhart einen herausfordernden Blick zu.

»Bitte«, sagte der Professor.

»Hier, bitte, Herr Minister.« Und Geers führte die Gesellschaft geschäftig hinein.

Fleming sah mürrisch vom Steuerpult hinüber. Geers stellte Bridger vor und Christine und ganz nebenbei Fleming.

»Mr. Fleming, Herr Minister, der den Plan entworfen hat.«

»Der Plan ist im Sternbild der Andromeda entworfen worden«, versetzte Fleming. Ratcliff lachte, als wäre das ein besonders guter Witz.

»Ja, Sie haben da eine große Sache gebaut. Jetzt verstehe ich, warum Sie immer so viel Geld haben wollten.«

Die Gesellschaft ging weiter. Eine Dame vom Bewilligungskomitee zeigte sich sehr beeindruckt von den Neonlämpchen. Die Männer in den dunkelgrauen Anzügen studierten mit hilflosem Interesse blau angestrichene Recheneinheiten, und Fleming war gezwungen, mit Osborne den Schluß zu bilden.

»So ein Affentheater.«

»Es muß Ihnen doch schmeicheln«, meinte Osborne. »Die Wissenschaftler vertrauen Ihnen, die Finanzleute und die Militärs.«

»Große Idioten, das.«

Aber Osborne war anderer Meinung. Nachdem sie um die Speichersäule herumgegangen waren, versammelte sich die Gruppe vor dem Steuertisch. Fleming nahm ein Blatt mit Zahlen vom Tisch. »Dies«, begann er leise, »dies sind die letzten Gruppen der Daten, die in der Botschaft enthalten waren.«

Reinhart wiederholte die Worte, nahm seinerseits das Papier und erklärte: »Jetzt geben wir diese Daten ein und lassen die Maschine laufen.«

Er reichte Christine das Blatt, sie setzte sich an die Konsolschreibmaschine und begann die Zahlen zu schreiben. Sie war hübsch und gewandt; man bewunderte sie. Als sie fertig war, drehten Fleming und Bridger an Schaltern, drückten auf Knöpfe am Steuertisch und warteten. Auch der Minister wartete. Ein stetiges Brummen kam aus dem Innern des Computers, sonst nichts. Irgend jemand hustete.

»Alles in Ordnung, Dennis?« fragte Fleming. Die Lämpchen an der Konsole begannen zu flackern.

Das sah zunächst interessant aus, aber nichts weiter geschah; eine Stunde später warteten sie immer noch. Um fünf Uhr bestieg der Minister ohne jedes Lächeln seinen Hubschrauber und flog ab. Um sechs brachen die restlichen Besucher zum Bahnhof auf, um den Abendzug nach Aberdeen zu erreichen, unter ihnen ein schmallippiger und niedergeschlagener Reinhart. Um acht Uhr verließen Bridger und Christine ihren Posten. Fleming blieb im leeren Kontrollraum, horchte auf das Brummen der Maschine und sah auf die unablässig flackernden Lämpchen. Judy kam, sobald sie konnte. Sie setzte sich neben ihn an den Steuertisch. Fleming sprach kein Wort, und ihr selbst fiel nichts Passendes ein, was sie hätte sagen können.

Die Zeiger der Uhr an der Wand wanderten auf zehn zu; und mit einemmal hörten die Lämpchen zu flackern auf, Fleming seufzte und wollte aufstehen, um zu gehen. Judy berührte mit den Fingerspitzen seinen Arm, als wollte sie ihn trösten. Er drehte sich um und küßte sie, und währenddessen erwachte der Drucker rasselnd zum Leben.

Reinhart blieb über Nacht in Aberdeen, wo ein Kongreß der schottischen Universitäten stattfand. Der Kongreß diente ihm als Ausrede; er wollte den Rest der Reise nicht inmitten der höflich-mitleidigen Gesellschaft aus London verbringen. Sein einziger Trost war, daß er eine alte Freundin traf, Madeleine Dawnay, Professorin für Chemie in Edinburgh. Sie galt als die beste Biochemikerin des Landes. Sie war unglaublich tüchtig und zuverlässig und hatte – wie ihre Studenten sagten – so viel Charme wie ein Reagenzglas voll vertrockneter Haut. Sie führten ein langes Gespräch, und dann ging er in sein Hotel und brütete vor sich hin.

Am nächsten Morgen bekam er ein Telegramm aus Thorness: KOMPLETT. VOLLTREFFER. SOFORT KOMMEN. FLEMING. Er buchte seine Flugkarte nach London zurück, kaufte eine Eisenbahnfahrkarte und fuhr wieder nach Nordosten; Dawnay nahm er mit. Er wußte nicht genau warum; vielleicht, um eine moralische Unterstützung zu haben.

»Was soll das bedeuten?« fragte sie.

»Ich bete zum Himmel, es möge bedeuten, daß etwas geschehen ist. Das verdammte Ding hat Millionen gekostet, und ich fürchtete letzte Nacht, wir würden zum Gespött von ganz Whitehall werden.«

Als er vom Bahnhof Thorness aus im Versuchsgelände anrief, um einen Wagen und einen zweiten Passierschein zu erbitten, verband man ihn direkt mit Quadrings Büro.

»Verfluchte Wissenschaftler«, sagte Quadring zu seiner Ordonnanz, »sie kommen und gehen, als ob das hier ein Spielplatz wäre.«

Er nahm den von der Ordonnanz ausgeschriebenen Schein und ging zum Korridor hinunter zu Geers' Büro. Normalerweise war er ziemlich freundlich, aber Judy hatte ihm von der Jacht und vom Wagen berichtet, und er war nervös und schlecht gelaunt daraufhin.

»Ich weiß nicht, ob Sie dies unterschreiben werden, Sir?« Er legte den Paß vor Geers auf den Tisch.

Geers las den Namen. »Dawnay! Madeleine Dawnay?« Sein Gesicht wurde lebhaft. »Ihretwegen brauchen Sie sich keine Sorgen zu machen. Ich war mit ihr in Manchester, bevor sie abberufen wurde.«

Er lächelte bei der Erinnerung und unterschrieb den Paß.

»Wenn Sie zum Computer hinübergehen, geben Sie bitte Frau Professor Dawnay diesen Passierschein. Und grüßen Sie sie von mir. Übrigens, falls sie zu einer vernünftigen Zeit hier eintreffen, könnten sie ja zu einem Sherry herüberkommen.«

»Jawohl, Sir.« Quadring zog sich behutsam vom Tisch zurück.

»Und Fleming auch, wenn er bei ihnen ist.«

»Ja, Sir.«

Er ging zur Tür. Geers sah in Gedanken an Madeleine Dawnay wehmütig zur Decke.

»Ich wünschte, wir trieben selber mehr Grundlagenforschung. Man bekommt die dauernde Entwicklungsarbeit über.«

Quadring verließ das Büro.

Schließlich übernahm Judy den Gang mit dem Passierschein. Dawnay war im Kontrollraum des Computers und wurde von Reinhart und Bridger herumgeführt, während Christine versuchte, Fleming telephonisch zu erreichen. Judy übergab den Schein und wurde vorgestellt. »Public Relations? Ja, es ist gut, daß man den Mädchen etwas zu tun gibt«, sagte Dawnay mit einer knappen, männlichen Stimme. Sie sah jeden einzelnen direkt, aber nicht unfreundlich an. Reinhart lief unstet hin und her und schien von einer nervösen Hast besessen.

Nach einer Minute kam Fleming hereingestürzt. »Ah, da sind Sie ja.«

Reinhart lief auf ihn zu. »Was ist geschehen?«

»Sind wir unter uns?« fragte Fleming statt dessen und warf Dawnay einen abschätzenden Blick zu.

Reinhart stellte sie verwirrt einander vor und trat von einem kleinen Füßchen auf das andere, während Dawnay Fleming über das Elektronengehirn ausfragte.

»Madeleine ist völlig im Bilde.«

»Dann kann sie sich glücklich schätzen, ich wünschte, ich wäre es auch.« Fleming fischte aus seiner Tasche ein gefaltetes Blatt Papier und reichte es dem Professor.

»Was ist das?« Reinhart schlug es auseinander. Fleming beobachtete ihn vergnügt wie ein kleiner Junge, der den Erwachsenen einen Streich gespielt hat. Auf dem Blatt standen mehrere Reihen gedruckter Zahlen.

»Wann hat es das ausgestoßen?« fragte Reinhart.

»Gestern abend, nachdem Sie alle gegangen waren. Judy und ich waren hiergeblieben.«

»Du hast mir nichts davon gesagt«, fiel Bridger vorwurfsvoll ein.

»Du warst schon gegangen.«

Reinhart sah mit gerunzelter Stirn auf die Zahlen.

»Erkennen Sie es nicht?«

»Bedauere.«

»Ist es nicht das relative Abstandsverhältnis der Energieschichten im Wasserstoffatom?«

»Ist es das?« Reinhart reichte das Blatt Dawnay.

»Ja, das könnte es wirklich sein.« Dawnay las langsam die Zahlen herunter. »Es sieht aus wie die relativen Frequenzen. Was für eine unglaubliche Sache.«

»Das Ganze ist wirklich ein bißchen unglaublich«, sagte Fleming.

Dawnay las ein zweites Mal die Zahlenreihe durch und nickte. »Es sieht so aus, als ob irgend jemand da draußen«, sie deutete zum Himmel, »mit großem Aufwand uns mitteilen will, was wir über Wasserstoff bereits wissen.« Madeleine Dawnay wandte sich an Reinhart. »Kleine Enttäuschung.«

»Ich bin nicht enttäuscht«, erwiderte Fleming ruhig. »Es ist ein Ausgangspunkt. Die Frage ist: Wollen wir weitermachen?«

»Wie wollen Sie weitermachen?« fragte Dawnay.

»Nun, Wasserstoff ist das gemeinsame Element des Universums. Ja? Also ist das ein Bruchstück einer sehr einfachen, für das ganze Universum gültigen Information. Wenn wir nicht darauf reagieren, hat es keinen Sinn, die Maschine weiterlaufen zu lassen. Antworten wir aber positiv, kann sie die nächste Frage stellen.«

»Welche nächste Frage?«

»Das wissen wir noch nicht. Aber ich wette, dies ist der erste Schritt in einem sehr langen Frage-und-Antwort-Spiel.« Er nahm ihr das Blatt ab und reichte es Christine. »Geben Sie das ein.«

»Fragen und Antworten – glauben Sie das?« fragte Dawnay.

»Wenn Sie oben bei den Sternen sitzen würden, könnten Sie uns nicht direkt nach dem fragen, was wir wissen. Aber der Kerl hier kann es.« Fleming deutete auf die Steuereinheit des Elektronengehirns. »Wenn er entworfen und programmiert ist, um für Sie zu fragen.«

Dawnay wandte sich wieder an Reinhart. »Wenn Doktor Fleming auf der richtigen Spur ist, dann hast du da wirklich etwas Sensationelles.«

»Fleming hat einen Instinkt dafür«, meinte Reinhart und sah zu Christine hinüber.

Nachdem sie fertig geschrieben hatte, geschah nichts. Bridger machte sich an den Schaltern des Steuertisches zu schaffen, während die anderen warteten.

Fleming war überrascht.

»Was ist los, Dennis?«

»Ich weiß nicht.«

»Vielleicht haben Sie sich getäuscht?« meinte Judy.

»Bisher haben wir uns noch nie getäuscht.«

Noch während Fleming sprach, begannen die Lämpchen zu flakkern, und einen Augenblick später fing der Drucker rasselnd an auszustoßen. Sie standen und sahen zu, wie die lange weiße Papierrolle über die Walze lief und sich mit Zahlenreihen füllte.

Eines der Regale in Geers' Büro enthielt eine Hausbar. Der Direktor holte vier Gläser und eine Flasche Gin heraus.

»Was Reinhart und seine Leute da machen, ist ungeheuer aufregend.« Er trug seinen zweitbesten Anzug, zeigte aber Dawnay zu Ehren seine besten Manieren. »Das war eine kleine Enttäuschung gestern, aber ich glaube, jetzt ist alles in Ordnung.«

Dawnay, in einen Sessel versunken, blickte auf und begegnete Reinharts Blick. Geers redete, während er Angostura in die Gläser spritzte, weiter.

Er stellte das gefüllte Glas auf seinen Schreibtisch. Es stand auf gleicher Höhe mit Dawnays Ohr. Der Glasfuß war in eine kleine Papiermanschette eingeschlagen, um zu verhindern, daß sich auf der Politur Ringe bildeten.

»Wunderbar, danke.« Dawnay konnte das Glas eben noch sehen und danach greifen, ohne dabei aufzustehen. Geers griff in das Fach und zog eine andere Flasche hervor.

»Und für Sie einen Sherry, Reinhart?« Er goß Sherry ein.

»Man verkalkt richtig hinter einem Beamtentisch. Prost... Schön, Sie wieder mal zu sehen, Madeleine. Was haben Sie gemacht in der Zwischenzeit?«

»DNS, Chromosome, das Problem des Ursprungs des Lebens.«

Dawnay sagte es schroff. Sie stellte ihr Glas ab und zündete sich eine Zigarette an. Sie blies den Rauch durch die Nase wie ein Mann. »Ich bin ein bißchen in einer Sackgasse und wollte gerade wegfahren, um gründlich nachzudenken – als ich Ernest traf.«

»Bleiben Sie und denken Sie hier nach.« Geers lächelte freundlich zu ihr hinüber und wechselte das Thema. »Was macht Fleming?«

»Er wird gleich hier sein«, erwiderte Reinhart.

»Sie haben da einen sehr hellen, wenn auch ein bißchen ungeschickten Jungen. Die ganze Gruppe ist ein bißchen ungeschickt, finden Sie nicht?« meinte Geers.

»Aber wir haben Resultate«, antwortete Reinhart ruhig. »Es hat etwas ausgestoßen.«

Geers hob die Brauen. »Wirklich? Was stößt es aus?«

Sie teilten es ihm mit.

»Erstaunlich. Wirklich erstaunlich. Und was passierte, als Sie es wieder eingaben?«

»Eine ganze Masse von Zahlen kam heraus.«

»Was bedeuten sie?«

»Keine Ahnung. Wir haben sie angesehen, aber bis jetzt...«, Reinhart zuckte die Achseln.

Fleming kam nach einem andeutungsweisen Klopfen herein. »Die richtige Party hier?«

»Treten Sie ein, treten Sie ein«, ermunterte ihn Geers wie einen vielversprechenden, aber unbeholfenen Studenten. »Durstig?«

»Wann bin ich das nicht?« Fleming hatte die von der Maschine geschriebenen Ergebnisse bei sich. Er legte sie auf den Tisch und nahm ein Glas entgegen.

»Irgendein Lichtblick?« fragte ihn Reinhart.

»Nicht den geringsten. Irgend etwas stimmt nicht, mit ihm oder mit uns.«

»Ist das hier das Neueste?« fragte Geers, griff nach den Papieren und zog sie zu sich herüber. »Sie werden eine ziemliche Arbeit haben, um das zu analysieren. Wenn wir Ihnen in irgendeiner Weise helfen können...«

»Es müßte ganz einfach sein.« Fleming sah konzentriert und nachdenklich vor sich hin, als suche er etwas, was jenseits seines Bereiches lag. »Ich bin überzeugt, daß es etwas ganz Einfaches ist. Etwas, das wir erkennen können.«

»Hier war ein Abschnitt –«, Reinhart nahm die Blätter und überflog sie. »Das kommt mir irgendwie bekannt vor. Schau du dir das doch bitte mal an, Madeleine.«

»Was, ungefähr, meinen Sie?« fragte Geers, während er Fleming eingoß.

»Ich weiß nicht, ich weiß noch gar nicht, wie das Spiel läuft.«

»Hätten Sie vielleicht Interesse am Kohlenstoffatom?« Dawnay sah mit einem leichten Lächeln von ihrem Sessel zu ihm auf.

»Das Kohlenstoffatom?«

»Es ist nicht so ausgedrückt, wie wir es gewöhnt sind; aber es könnte eine Darstellung der Struktur des Kohlenstoffs sein. Meintest du das, Ernest?«

»Ja, es könnte wirklich so sein, ich frage mich nur, ob noch etwas anderes darin steckt.«

»Es wird nichts anderes drinstecken«, sagte Fleming. Er war mit einem Male völlig sicher, zögerte keine Sekunde mehr. »Überlegen Sie es sich von Anfang an. Denken Sie an die Frage nach dem Wasserstoffatom. Er fragt uns jetzt, welcher Form von Leben wir angehören. Alle die anderen Zahlen stellen andere Möglichkeiten dar, Leben herzustellen. Aber von denen wissen wir überhaupt nichts, weil das Leben auf der Erde auf dem Atom des Kohlenstoffs basiert.«

»Gut, das ist eine Theorie«, erwiderte Reinhart. »Was machen wir jetzt? Geben wir die Zahlen, die Kohlenstoff bedeuten, wieder ein?«

»Wenn wir wollen, daß er weiß, woraus wir bestehen. Er wird das nicht vergessen.«

»Setzen Sie damit nicht eine Intelligenz voraus?« fragte Geers, für den Phantasiegebilde Zeitverschwendung bedeuteten.

»Sehen Sie«, Fleming wandte sich an ihn, »die Botschaft, die wir aufgenommen haben, hat zwei Dinge bewirkt. Sie veranlaßte einen Plan, dann gab sie uns eine Menge Grundlageninformationen, die wir dem Computer eingeben sollten, nachdem wir ihn gebaut hatten. Damals wußten wir nicht, was für eine Art von Information das war – heute beginnen wir es zu verstehen. Zusammen mit dem, was in dem ursprünglichen Programm stand, und dem, was wir ihm eingeben, kann er alles über uns lernen, was er will. Und er kann auch lernen, damit zu arbeiten. Wenn das keine Intelligenz ist, dann weiß ich nicht.«

»Es ist eine sehr nützliche Maschine«, sagte Dawnay.

Fleming sah sie an. »Nur, weil sie kein Protoplasma hat, kann sich kein Chemiker vorstellen, daß sie eine Denkzelle ist.«

Dawnay rümpfte die Nase.

»Was befürchten Sie, John?« fragte Reinhart.

»Es verfolgt einen Zweck. Die Botschaft ist nicht zum Spaß gesendet worden. Wir haben sie nicht zu unserem Vergnügen bekommen.«

»Sie haben ja eine förmliche Neurose, was das anbelangt«, entgegnete Dawnay.

»Meinen Sie?«

»Sie haben mit dieser Sache unverhofftes Glück; nützen Sie es.« Sie beschwor Reinhart. »Wenn du Flemings Methode anwendest und die Kohlenstofformel wieder eingibst, kommt vielleicht wieder etwas heraus. Vielleicht baut es sich zu komplizierten Strukturen auf, und das Ganze ist eine wunderbare Rechenmaschine, um diese wiederum zu bearbeiten; nichts weiter. Mach davon Gebrauch.«

»John?« Reinhart wandte sich an Fleming.

»Mich können Sie aus dem Spiel lassen.«

»Würdest du es gerne riskieren, Madeleine?« fragte der Professor.

»Warum nicht?« entgegnete sie.

»Von der Astronomie zur Biosynthese ist es ein weiter Weg. Wenn deine Universität dich freigeben kann...«

»Wir können Sie anfordern.« Wenn Geers sich einmal entschlossen hatte, handelte er rasch. »Sie sagten, Sie seien auf einem toten Gleis?«

Dawnay überlegte. »Würden Sie mit mir zusammenarbeiten, Doktor Fleming?«

Fleming schüttelte den Kopf. »Es gibt da etwas, das durchdacht werden muß, bevor wir überhaupt anfangen.«

»Ich bin nicht der Meinung.«

»Ich bin so weit gegangen, wie ich wollte, und noch einen Schritt weiter, um zu zeigen, was man alles damit machen kann. Aber hier hört für mich der Weg auf.«

Fleming wandte sich ab.

»Gut«, meinte Reinhart. »Willst du es also in Angriff nehmen, Madeleine?«

Sie trafen die weiteren Vereinbarungen, als Fleming bereits gegangen war.

Dawnay siedelte in der folgenden Woche nach Thorness über und begann am Computer zu arbeiten. Bridger und Christine halfen ihr, und Geers zeigte lauter Begeisterung und Entgegenkommen. Fleming kehrte nach London zurück, und Judy sah ihn nicht mehr. Da sie im Dienst stand, mußte sie bleiben, wo sie hinbeordert war. In gewisser Weise war es eine Erleichterung, von der schwierigen Beziehung zu Fleming freigekommen zu sein. Nach der einen Nacht in seinem Bungalow hatte sie ihn so weit wie möglich auf Distanz gehalten, hin und her gerissen zwischen ihren Gefühlen. Sie liebte ihn und wollte doch nicht, daß er sie für etwas anderes hielt, als sie in Wirklichkeit war. War er abwesend, mußte sie wenigstens nicht Bericht erstatten über ihn –, nur über Bridger, und das machte ihr weniger aus. Doch lieferte er für einen Verdacht nicht den geringsten Anhaltspunkt.

Der Herbst ging dem Winter zu. In London machte sich Fleming daran, die gesamte Botschaft und alle seine anfänglichen Berechnungen noch einmal zu überprüfen. In Bouldershaw lief die Aufzeichnung der Botschaft weiter, aber es war bloß Routine, die Botschaft blieb die gleiche. Fleming konnte in all seinen Berechnungen nichts finden, was seine Befürchtungen bestätigt hätte.

In Thorness machte Dawnay beachtliche Fortschritte. »In einem Punkt hatte der Junge recht«, sagte sie zu Reinhart. »Die Sache mit dem Frage-und-Antwort-Spiel stimmt. Wir haben die Zahlen, die das Kohlenstoffatom darstellen, eingegeben, und sofort hat es begonnen, Angaben über den Aufbau von Proteinmolekülen auszustoßen.«

Als sie diese eingab, stellte das Elektronengehirn weitere Fragen. Es stieß die Formeln einer Vielzahl von verschiedenen Strukturen aus, die auf Proteinen aufgebaut waren, und wollte offenbar mehr darüber wissen. Gemeinsam gaben sie der Maschine alles ein, was sie über Zellenbildung wußten. Zu Neujahr hatte es die Molekularstruktur des Hämoglobin ausgeschrieben.

»Warum Hämoglobin?« fragte Judy, die Dawnay nach Edinburgh begleitet hatte.

»Das im Blut befindliche Hämoglobin trägt die Elektrizitätszufuhr zum Gehirn.«

»Hat es dir das aus einer Reihe von Möglichkeiten angeboten?« fragte Reinhart. Zu dritt saßen sie in Dawnays Dienstzimmer in einem der alten, grauen Universitätsgebäude, und Dawnay hatte ihnen mitgeteilt, daß sie eine Entscheidung des Ministeriums wünsche.

»Ja«, antwortete sie, »wie bisher. Und wir haben diese eine wieder eingegeben.«

»So daß es jetzt weiß, wie unser Gehirn arbeitet?«

»Es weiß inzwischen noch ein gut Teil mehr als das.«

Reinhart strich sich übers Kinn. »Warum will es das?«

»Du stehst unter Flemings Einfluß, nicht wahr?« sagte Dawnay vorwurfsvoll. »Es bedeutet nicht, daß es etwas wissen will. Es errechnet einfach logische Antworten aus der Information, die wir eingeben und über die es bereits verfügt; weil es eben eine Rechenmaschine ist.«

»Ist das wirklich alles?« Nach dem wenigen, was sie wußte, teilte Judy Reinharts Zweifel.

»Wir wollen doch versuchen, wissenschaftlich darüber zu denken«, meinte Dawnay, »und nicht mystisch.«

Reinhart machte ein unbehagliches Gesicht. »Fleming würde sagen, es will wissen, mit was für einer Art von Intelligenz es zu tun hat – also was für eine Art von Elektronengehirn wir sind, wie groß unser Gehirn ist, wie wir ihm Nahrung geben, was es überhaupt für Wesen sind, die es beherbergen.«

»Der junge Fleming ist mit den Nerven nicht ganz in Ordnung, wenn Sie meine Meinung hören wollen«, sagte Dawnay. Sie deutete mit der Hand auf die Regale, die voll von Blättern waren. »Wir haben jetzt so viel, daß wir es kaum noch überblicken können. Aber ich habe eine Idee, worauf es hinaus will, und deshalb wollte ich mit dir sprechen. Ich glaube nämlich, daß das Elektronengehirn uns den Bauplan einer lebenden Zelle gegeben hat.«

»Was, bitte?«

»Nicht, daß wir irgend etwas damit anfangen können. Wir haben diese endlose Menge von Zahlen, und es ist viel zu kompliziert, als daß wir es völlig verstehen könnten.«

»Warum das?«

»Schau dir an, wie umfangreich es ist! Auffällige Teile davon können wir erkennen – Teile von Chromosomenstrukturen und so weiter –, aber es würde Jahre dauern, um es zu analysieren.«

»Wenn es das ist, was man tun muß.«

»Was denkst du darüber?«

Reinhart strich sich wieder übers Kinn.

»Ich würde gerne mit Fleming und Osborne darüber reden«, antwortete er.

Schließlich kamen sie in Osbornes Büro zusammen. Reinhart übersah jetzt die Tatsachen vollkommen, und es drängte ihn, zu handeln. Fleming sah älter aus. Seine Züge waren schlaff, als sei die Triebfeder in ihm erlahmt. Sein Gesicht war aufgedunsen und seine Augen blutunterlaufen.

Osborne lehnte sich elegant zurück und hörte Reinhart zu.

»Frau Professor Dawnay hat ein Ergebnis zu verzeichnen, das offenbar die genaue Chromosomenstruktur einer Zelle vorstellt.«

»Einer lebenden Zelle?«

»Ja, es ist etwas, was wir bisher nie herausbekommen haben: die Ordnung, in der die strukturbildenden DNS-Moleküle angeordnet sind.«

»So daß Sie jetzt eine Zelle herstellen könnten?«

»Wenn wir den Computer als Kontrolle benützen und eine chemische Einrichtung bauen können, die die Instruktionen, die wir erhalten, verwerten kann. Wenn wir also eine DNS-Synthese durchführen können, dann, glaube ich, können wir beginnen, Gewebe herzustellen.«

»Die Biologen sind doch seit Jahren darum bemüht, nicht wahr?«

»Sie wollen wirklich zulassen, daß er einen lebendigen Organismus fabriziert?« fragte Fleming.

»Dawnay will es versuchen«, erwiderte Reinhart. »Fleming ist dagegen. Was tun wir?«

»Warum sind Sie dagegen?« fragte Osborne Fleming, als handele es sich um eine Nebensächlichkeit.

»Weil wir durch eine Art Zwang dazu gedrängt werden«, antwortete Fleming bitter. »Ich habe das seit dem Tage, an dem dieses verdammte Ding anlief, immer wieder betont, und ich kann auch jetzt nichts finden, was meine Meinung in dieser Hinsicht ändern könnte. Madeleine Dawnay glaubt, man könne es als bloße Laboratoriumseinrichtung benützen. Sie ist eine rettungslose Optimistin. Wenn sie mit den Möglichkeiten einer DNS-Synthese spielen will, soll sie es in ihrer Universität tun. Aber lassen Sie sie nicht den Computer dazu benutzen – oder, wenn es sein muß, schalten Sie vorher das Gedächtnis ab.«

»Reinhart?« Osborne wandte sich gelangweilt an den Professor. Welchen Eindruck Fleming auch immer mit diesen Worten auf ihn gemacht hatte, er ließ sich nichts anmerken.

»Ich weiß nicht«, sagte Reinhart. »Ich weiß es einfach nicht. Es kommt von einer anderen Intelligenz, aber –«

»Wir können jederzeit den Stecker herausziehen«, entgegnete Fleming statt seiner. »Schauen Sie, wir haben es gebaut, um die Bedeutung der Botschaft ausfindig zu machen. Gut, wir haben es getan. Wir ließen es weiterlaufen, um seine Absichten zu erfahren. Wir kennen auch diese jetzt.«

»Wirklich?«

»Ich kenne sie. Es handelt sich um eine intellektuelle fünfte Kolonne aus einer anderen Welt – eine andere Existenzform. Und sie trägt sowohl die Möglichkeiten des Lebens wie auch der Zerstörung in sich.«

»Haben Sie irgendeinen nachweisbaren Grund für diese Behauptung?« fragte Osborne.

»Keinen nachweisbaren.«

»Wie können wir dann...?«

»Bitte, dann machen Sie weiter!« Fleming schnellte aus seinem Sessel hoch und ging zur Tür. »Machen Sie weiter, und sehen Sie zu, was daraus wird – aber schieben Sie nicht hinterher die Schuld auf mich.«

Trotzdem fuhr Fleming im Frühjahr nach Thorness – angeblich um Judy zu sehen, in Wirklichkeit aber aus unerträglicher Neugierde. Er hielt sich von dem Gebäude des Computers fern, aber Judy und Bridger erzählten ihm, was vorging. Ein neues Gebäude wurde von Dawnay mit speziellen Laboratoriumseinrichtungen ausgestattet, darunter eine chemische Synthetisiereinrichtung und ein Elektronenmikroskop. Sie und auch Christine hatten mehrere fortgeschrittene Studenten aus ihrem Institut als Assistenten bei sich, und ebenso hatten sie genügend Geld für das Projekt zur Verfügung. Reinhart und Osborne hatten gemeinsam eine beträchtliche Unterstützung erwirkt.

»Und was ist mit dir?« fragte Fleming Judy.

Sie saßen oben auf der Klippe, innerhalb des Versuchsgeländes über der Landungsbrücke.

»Ich lebe so in das Jahr hinein.« Sie lächelte zärtlich, aber zurückhaltend zu ihm auf. Seine veränderte Art erschreckte sie, sein ungesundes Aussehen, seine Verwahrlosung und der Ausdruck einer restlosen Hinfälligkeit, den er an sich trug. Sie sehnte sich danach, ihn zu stützen und sich ihm zu geben. Zugleich aber wünschte sie, ihn in der Distanz ihrer anfänglichen Freundschaft zu halten. Das schien ihr die äußerste Grenze zu sein, bis zu der sie anständigerweise gehen konnte, solange sie eine Rolle spielte, deren sie sich schämte. Sie hatte sogar versucht, sich ihres Auftrages zu entledigen, als sie von seiner Rückkehr erfuhr; aber ihr Gesuch war abgelehnt worden. Sie wußte inzwischen zuviel, als daß man sie hätte entlassen können, und zuviel auch, als daß sie Fleming die volle Wahrheit hätte sagen können.

Bridger war den Winter über bei seiner Arbeit auf dem Versuchsgelände geblieben und hatte keine verdächtigen Schritte unternommen. Da Judy nichts zu tun hatte, als aufzupassen, blieb ihr wie gewöhnlich genug freie Zeit; und Quadring beauftragte sie, Fleming zu beobachten. Sie saß also mit ihm auf der Klippe, tat, als sei sie glücklich mit ihm zusammen, und kämpfte unterdessen einen schweren Kampf mit sich.

Und an einem heißen, flimmernden Nachmittag ruderten sie in eine kleine Bucht auf der seewärts gelegenen Seite der Insel Thornholm. Die Felsen stiegen hinter ihnen steil an und warfen die Hitze zurück. Nebeneinander lagen sie im Sand und sahen nichts als den blauen Himmel über sich. Das schwere, angenehme Geräusch der Wellen und die Schreie der Seevögel waren das einzige, was sie hörten. Nach einer Weile setzte sich Fleming auf und zog seinen dicken Pullover aus.

»Zieh deinen lieber auch aus.«

Sie zögerte, zog ihn dann über den Kopf, lag in Shorts und Büstenhalter und spürte, wie Wind und Sonne auf ihrem Körper spielten. Fleming nahm zunächst keine Notiz von ihr.

»Das hier ist besser als Elektronengehirne.« Sie lächelte mit geschlossenen Augen. »Kommt Bridger deshalb immer hierher?«

»Ja.«

»Ich sehe keine Vögel.«

»Ich sehe einen.« Er rollte hinüber und küßte sie. Sie lag regungslos, und er drehte sich wieder weg, eine Hand auf ihrer Hüfte.

»Warum begleitet er dich nicht?«

»Er will uns nicht stören.«

Sie blinzelte gegen die Sonne. »Er mag mich nicht.«

»Das beruht doch auf Gegenseitigkeit?«

Sie gab keine Antwort. Seine Hand glitt tiefer.

»Nicht, John.«

»Ein Pfadfindergelübde abgelegt?« Seine Stimme klang plötzlich scharf und bitter.

»Ich bin nicht prüde, nur…«

»Nur, was?«

»Du kennst mich nicht.«

»Verdammt! Du gibst mir keine große Chance, was?«

Sie richtete sich rasch auf und sah sich um. Hinter ihnen im Felsen gähnte ein Spalt. »Den wollen wir erforschen.«

»Wenn du willst.«

»Komm, wir wollen uns das ansehen.«

»Wir sind nicht dafür angezogen.«

»Bist du jetzt prüde?« Sie lächelte ihn an, zog ihren Pullover über und reichte ihm seinen. »Hier!«

»Die gehen furchtbar tief in die Felsen. Man braucht die entsprechenden Geräte, Berglampen und so.«

»Wir gehen nicht weit.«

»Gut.« Er rappelte sich auf und warf die schlechte Laune von sich. »Komm!«

Innen erweiterte sich die Höhle und lief dann sich verengend weiter in den Felsen hinein. Der Boden war zunächst sandig, mit Steinen übersät. Später stolperten sie über Felsbrocken. Kalt war es hier und ganz still. Fleming holte eine Taschenlampe vom Boot und leuchtete die Felswände über ihnen ab; Streifen sickernden Wassers glitzerten im Licht. Nach ein paar Metern kamen sie in einen anderen Raum mit einem großen Wasserloch auf der gegenüberliegenden Seite. Judy kniete sich hin und sah ins Wasser.

»Hier ist ein Seil.«

»Was?« Fleming hockte sich neben sie und sah über den Rand des Wasserloches. Das Ende eines langen weißen Seiles war an einem Felsbrocken befestigt und wurde dadurch über Wasser gehalten, während der Rest in die Tiefe hinunterlief. Fleming zog an dem Seil, es war ziemlich straff.

»Ist es tief?« Judy sah dem Strahl der Taschenlampe nach, sah aber nichts als Dunkelheit unter der Wasseroberfläche.

»Halte die Lampe, bitte.«

Fleming ergriff das Seil mit beiden Händen und zog langsam daran. Eine große Thermosflasche war an seinem Ende angebunden; sie war mit Steinen beschwert. Judy leuchtete mit der Taschenlampe den Dekkel an.

»Sie gehört Dennis!« rief Fleming aus.

»Dennis Bridger?«

»Ja. Er hat sie fürs Picknick gekauft. Sie hat eine Zickzacklinie auf dem Deckel.«

»Warum läßt er sie hier?« Judy sagte es mehr zu sich selbst.

»Ich weiß nicht. Frag ihn besser selbst.«

Judy öffnete den Deckel und griff hinein. »Um Gottes willen! Sie ist voller Papiere.« Sie zog einige heraus und hielt sie ins Licht. »Erkennst du sie?«

»Das sind unsere Sachen.« Fleming starrte ungläubig auf die Papiere. »Kopiert. Wir sollten sie ihm zurückbringen.«

»Nein!« Judy stopfte die Papiere zurück in die Flasche und schraubte den Deckel zu.

»Was willst du tun?«

»Sie lassen, wo wir sie gefunden haben.«

»Aber das ist doch unsinnig.«

»Bitte, John, ich weiß, was ich tue.« Sie nahm die Flasche und ließ sie zurück ins Wasser gleiten, während er ärgerlich die Lampe hielt und leuchtete.

»Und was tust du eigentlich?« fragte er, aber sie gab keine Antwort.

Als sie aufs Versuchsgelände zurückkehrten, trafen sie Reinhart. Vor dem Verwaltungsgebäude sprach er Fleming an.

»Haben Sie einen Moment Zeit, John?«

»Ich habe nichts damit zu tun.«

»Sehen Sie, John«, der Professor sah ihn verlegen an, »wir sind festgefahren.«

»Gut so.«

»Madeleine ist eine DNS-Synthese gelungen. Es haben sich tatsächlich Zellen gebildet.«

»Sie können stolz auf sie sein.«

»Einzelne Zellen. Aber sie leben nicht – oder nur wenige Minuten.«

»Da haben sie Glück gehabt. Würden sie leben, ständen sie unter Kontrolle der Maschine.«

»Wieso?«

»Wie, weiß ich nicht. Aber es wären sicher nicht unsere Freunde.«

»Eine Zelle kann keinen großen Schaden anrichten.« Judy hatte Reinhart noch nie so offen um etwas kämpfen sehen. »Kommen Sie auf jeden Fall.«

Fleming schob trotzig die Unterlippe vor.

»Geh doch, John.« Judy sah ihn direkt an. »Oder hast du Angst, daß sie dich beißen?«

Fleming zuckte die Achseln und folgte dem Professor.

Judy ging direkt in Quadrings Büro und erstattete Bericht.

»Ah«, meinte Quadring, »das klingt einleuchtend. Wo ist er jetzt?«

Sie riefen im Kontrollraum an, aber Bridger war gerade gegangen.

»Sagen Sie den Leuten von der Sicherungsgruppe, sie sollen ihn suchen und beschatten«, befahl Quadring seiner Ordonnanz. »Aber er darf keinen Verdacht schöpfen.«

»Jawohl, Sir.« Die Ordonnanz drehte ihren Stuhl zum Telephonbrett.

»Sagen Sie den Leuten von der Klippenpatrouille, sie sollen den Weg hinunter zur Anlegestelle beobachten.«

»Sollen sie ihn festnehmen?«

»Nein. Sie sollen ihn hinausfahren lassen, wenn er will, und es uns dann mitteilen.« Quadring wandte sich an Judy. »Sein Freund hat ihn heute angerufen. Sie müssen irgend etwas sehr dringend benötigen, daß sie ein solches Risiko eingehen.«

»Wofür sollten sie?«

»Vielleicht machen sie ein Geschäft damit. Wir haben natürlich abgehört. Das meiste war ganz schön verschlüsselt, aber irgend etwas sagten sie über den neuen Weg.«

Judy fröstelte. Das hatte sie geschafft. Quadring wartete, bis die Ordonnanz den diensthabenden Abwehroffizier angerufen hatte und gegangen war, um dem Vorgesetzten der Abteilung B seinen Befehl zu überbringen. Dann führte er Judy vor seine Wandkarte.

»Der alte Weg läuft über die Insel. Bridger konnte die Sachen mit hinübernehmen und dort verstecken und so die Kontrolle am Eingang umgehen. Wurden sie gebracht, holte die Jacht sie dort ab. Einer von Servolas Mitarbeitern besitzt wahrscheinlich ein hochseetüchtiges Schiff – die Jacht, die Sie gesehen haben –, das weit draußen ankern kann und von dort ein Boot herschickt, um mit Bridger zusammenzutreffen. Er muß jemanden gehabt haben, der Bridger Anweisungen geben und mit der Jacht in Verbindung bleiben konnte. Wahrscheinlich benutzt er seinen Chauffeur dazu.«

»Und was ist mit dem neuen Weg?«

»Aus irgendeinem Grund können Sie die Jacht diesmal nicht benutzen. Bridger benutzt die Insel immer noch als Versteck, wie Sie ja entdeckt haben, aber jetzt ist er genötigt, die Sachen zurückzuholen und sie durch die Kontrolle am Eingang zu schmuggeln. Das ist ein beträchtliches Risiko.«

Judy sah in die kühle Dämmerung, die sich draußen auf den warmen Tag senkte. Die niedrigen, eckigen Dächer der Forschungsgebäude stachen schwarz von dem dunklen Gras der Heide ab. Irgendwo, allein und unglücklich, womöglich von heimlicher Angst geschüttelt, zog Bridger sein Ölzeug an, Fischerjacke und Wasserstiefel, um in die Nacht hinauszugehen.

»Ziehen Sie sich lieber wärmer an«, meinte Quadring. »Ich komme auch mit.«

In Dawnays Laboratorium war es warm. Lampen und Maschinen waren wochenlang in Betrieb gewesen und bekamen langsam die Oberhand über die Klimaanlage.

»Hier riecht's nach Biologie«, erklärte Fleming, als er mit Reinhart den Raum betrat. Dawnay sah durch das Okular eines Mikroskops. Flüchtig blickte sie auf.

»Hallo, Doktor Fleming.« Sie sagte es, als hätten sie sich nur für die Dauer einer Tasse Tee getrennt. »Es sieht hier ein bißchen wie in einer Hexenküche aus, Sie müssen entschuldigen.«

»Ist irgend etwas los?« fragte Reinhart.

»Wir haben gerade einen neuen Ansatz vorbereitet. Willst du hierbleiben und zusehen?« Das Mikroskop hatte eine elektronische Übertragungsanlage wie ein Fernsehschirm. »Du kannst dort mit ansehen, ob etwas geschieht.«

»Eine neue Kultur?« fragte einer ihrer Assistenten und steckte eine Nadel auf eine Spritze.

»Nehmen Sie von diesen da, und achten Sie auf die Temperatur Ihrer Nadel.«

Dawnay erklärte Fleming ihr Verfahren, während der Assistent aus einem Kühlschrank eine kleine Flasche holte.

»Wir machen die Synthese ungefähr auf dem Gefrierpunkt, und bei normaler Temperatur werden sie lebendig.« Sie machte einen völlig heiteren, von Flemings Bedenken unbeschwerten Eindruck. Der Assistent durchstach den Gummiverschluß der Flasche mit der Nadel und zog eine Flüssigkeit in die Spritze.

»Was für Lebewesen sind es?« fragte Fleming.

»Sie sind ein sehr einfaches Stückchen Protoplasma mit einem Kern. Was erwarteten Sie – Fühler und Köpfe?«

Sie nahm die Spritze, drückte einen Tropfen Flüssigkeit auf einen Objektträger und legte ihn unter das Mikroskop.

»Wie verhalten sie sich?«

»Sie bewegen sich kurze Zeit, dann sterben sie. Das ist eben das Problem. Vermutlich haben wir noch nicht den richtigen Nährboden gefunden.«

Sie schaltete das Mikroskop an und schaute hinein. Als sie sich den Objektträger unter das Objektiv rückte, konnte sie sehen, wie sich einzelne Zellen bildeten – helle Scheiben mit einem dunkleren Kern – und ein paar Sekunden auf dem Bildschirm hin und her schwammen. Als Dawnay auf eine stärkere Vergrößerung umschaltete, bewegten sie sich nicht mehr; offenbar waren sie eingegangen. Sie zog den Objektträger heraus.

»Wir wollen den anderen Ansatz versuchen.« Sie sah mit einem müden Lächeln auf. »Das geht wahrscheinlich die ganze Nacht so weiter.«

Kurz nach Mitternacht wurde Bridger beim Verlassen seines Bootes beobachtet. Die Wache auf der Klippe sah ihn den Weg zur Anlegestelle hinuntergehen. Sie hielten ihn nicht auf, sondern telephonierten von einer ehemaligen MG-Stellung oben am Weg in die Wachstube hinüber. Quadring und Judy waren schon bei ihnen, als Bridger von der Landungsbrücke abstieß. Die Nacht war mondhell, und sie konnten das Motorboot in die Bucht hinausfahren sehen.

Quadring rief leise die Wache an. »An die Plätze, volle Deckung. Es kann lange dauern.«

Judy sah auf die See hinaus, wo das kleine Boot langsam in den Wellen verschwand. Der Mond ging lange vor der Morgendämmerung unter, und sie froren erbärmlich, obwohl sie dicke Mäntel trugen.

»Warum kommt er nicht wieder?« fragte sie Quadring.

»Er will nicht im Dunkeln fahren.«

»Ob er weiß, daß wir hier sind?«

»Wie sollte er? Er wartet nur auf das erste Tageslicht.«

Um vier Uhr wechselte die Wache. Es war noch immer dunkel. Um fünf Uhr erschien das erste blasse Licht am Horizont. Der Koch, der den Nachtdienst versah, ging mit Teebehältern herum. Einen brachte er in die Wachstube, einen an den Haupteingang und einen weiteren in das Gebäude des Computers.

Dawnay schob die Brille auf die Stirne und trank geräuschvoll.

»Willst du jetzt nicht aufhören?« fragte Reinhart gähnend.

»Bald.« Sie schob einen weiteren Objektträger in das Mikroskop. Neben ihr auf dem Tisch stand eine Schale, die halbvoll war von gebrauchten Objektträgern. Fleming saß auf der Tischkante, mißbilligend, aber gespannt.

»Halt!« Sie verrückte den Objektträger ein wenig. »Da ist eine!«

Auf dem Bildschirm konnte man genau verfolgen, wie die Zelle wuchs.

»Die macht es besser als die anderen«, bemerkte Reinhart.

»Sie wird ganz schön groß.« Dawnay schaltete eine stärkere Vergrößerung ein.

»Siehst du – sie fängt an, sich zu teilen.«

Die Zelle vergrößerte sich zu zwei Lappen, die sich dehnten und auseinanderbrachen, und jeder Lappen brach wieder in neue Zellen auseinander.

»Sie vermehren sich!« Dawnay lehnte sich zurück und sah auf den Bildschirm. In ihrem Gesicht wechselten Ermüdung und Freude. »Wir haben Leben produziert. Wir haben tatsächlich eine Zelle hervorgebracht, die sich fortpflanzt. Sehen Sie – da – es geht weiter... Was sagen Sie dazu, Doktor Fleming?«

Fleming war aufgestanden und starrte mit höchster Aufmerksamkeit auf den Bildschirm.

»Wie wollen Sie das abstellen?«

»Ich werde es nicht abstellen. Ich will sehen, wie es weitergeht.«

Fleming ballte die Fäuste. »Töten Sie das!«

»Wie bitte?« Dawnay sah ihn überrascht an.

»Töten Sie es, solange Sie es noch können.«

»Es steht ganz unter unserer Kontrolle.«

»So? Sehen Sie doch, wie es wächst.« Fleming deutete auf die schnell sich verdoppelnde Zellenmasse auf dem Bildschirm.

»Das ist ganz normal. Man kann eine Amöbe im Laufe einer Woche bis zur Größe der Erde wachsen lassen, vorausgesetzt, man füttert sie schnell genug.«

»Das ist keine Amöbe.«

»Es hat eine erstaunliche Ähnlichkeit mit einer solchen.«

»Töten Sie es!« Fleming blickte in die ängstlichen, verständnislosen Gesichter um ihn und zurück auf den Bildschirm. Er griff nach dem schweren Gefäß, in dem der Tee gebracht worden war, und schmetterte es auf den Präparathalter des Mikroskopes. Ein Klirren von Metall und Glas erfüllte den stillen Raum. Das Mikroskop erlosch.

»Sind Sie verrückt geworden?« Dawnay weinte fast.

»John – was tun Sie!« Reinhart stürzte auf ihn zu, um ihn aufzuhalten, aber zu spät. Fleming riß die Reste des Objektträgers aus dem Mikroskop, schmetterte sie auf den Boden und trat darauf herum.

»Sie sind verrückt! Alle miteinander verrückt! Hoffnungslos verrückt!« schrie er sie an und rannte hinaus.

Er lief durch den Computerraum, den Korridor entlang und durch die Eingangstür ins Freie. Hier blieb er einen Augenblick keuchend stehen. Kalte Luft blies ihm ins Gesicht. Dieser Austritt ins Freie, in die blasse Morgendämmerung, nach einer Nacht in der bedrückenden Enge von Dawnays Arbeitsraum, war wie das Erwachen aus einem bösen Traum. Wieder und wieder zog er tief die Luft in die Lungen, dann ging er durch das Gras auf die Landzunge zu und versuchte, einen klaren Kopf zu bekommen. Von ferne glaubte er das Geräusch eines Außenbordmotors zu hören.

Er änderte die Richtung, ging wütend zu der Stelle, wo der Weg zur Anlegestelle die Spitze der Klippe erreichte. Immer näher war das Boot zu hören. Wie ein Magnet zog ihn das Geräusch an. Auf der Höhe der Klippe stieß er auf Quadring, Judy und zwei Soldaten, die in Deckung im Gras lagen. Mit einem Ruck blieb er stehen.

»Zum Teufel, was geht hier vor?« Wild und verständnislos starrte er sie an. Quadring stand auf, ein Fernglas baumelte an seinem Hals.

»Zurück da, machen Sie, daß Sie wegkommen.«

Der Motor hatte ausgesetzt. Unter ihnen glitt das Boot auf die Landungsbrücke zu. Judy wollte aufspringen, aber Quadring drückte sie nieder.

»Geh weg, John, bitte!« flüsterte sie mit kaum hörbarer Stimme.

»Geh weg? Geh weg? Verdammt noch mal, was ist denn hier los?«

»Ruhe!« befahl Quadring. »Und zurück von der Klippe!«

»Wir warten auf Dennis Bridger«, erklärte Judy.

»Auf Dennis?« Es war, als habe man ihm einen Schock versetzt. Nur langsam begriff er, was vorging.

»Gehen Sie jetzt?« herrschte ihn Quadring an. »Oder wollen Sie Zeuge seiner Verhaftung sein?«

»Seiner Verhaftung?« Fleming drehte sich langsam von Quadring zu Judy, ehe er ganz begriff, worum es sich handelte.

»Sie sind allesamt verrückt!«

»Zurück da, und Ruhe!« wiederholte Quadring.

Fleming näherte sich dem Rand der Klippe, aber auf einen Wink Quadrings griffen ihn die beiden Soldaten an den Armen und zogen ihn zurück. Er stand zwischen ihnen gefangen und verzweifelt. Kalter Schweiß lief ihm übers Gesicht, und nur Judy konnte er sehen.

»Gehörst du hier dazu?«

»Du weißt, was wir entdeckt haben.« Sie wich seinem Blick aus.

»Gehörst du dazu?«

»Ja«, erwiderte sie und stellte sich neben Quadring.

Sie ließen Bridger den ganzen Weg heraufkommen. Er trug die schwere Thermosflasche aus der Höhle. Als sein Kopf über der Klippe auftauchte, rief Fleming: »Dennis!«

Einer der Soldaten preßte seine Hand über Flemings Mund, aber Bridger hatte sie bereits gesehen. Bevor Quadring ihn erreichen konnte, hatte er die Thermosflasche von sich geworfen und lief.

Er rannte den Weg vorne an der Klippe entlang. Quadring und die Soldaten stürzten ihm hinterher. Fleming rannte ihnen nach und Judy ihm.

Es war eine Hetzjagd im kalten frühen Morgenlicht.

Sie konnten nicht sehen, wohin Bridger lief. Er erreichte die Spitze der Landzunge, wandte sich um und rutschte aus. Seine Gummistiefel fanden in dem feuchten Gras am Rande der Klippe keinen Halt. Er entschwand ihren Blicken. Wenig später fanden sie nur noch seinen zerschmetterten Körper auf den Felsbrocken am Wasser.

Fleming erreichte die Soldaten an der Spitze der Klippe, als sie hinuntersahen. Als Judy neben ihn trat, wandte er sich ab und ging langsam zu den Gebäuden zurück. Er hatte einen Glassplitter von dem Mikroskop im Finger. Er blieb stehen, zog ihn heraus und ging dann weiter.

General Vandenbergs alliiertes Hauptquartier war zu dieser Zeit in einem bombensicheren Bunker unter dem Verteidigungsministerium untergebracht. Seine Aufgaben als Koordinator hatten sich nach und nach erweitert, so daß er jetzt die eigentliche strategische Leitung für dieses Gebiet in der Hand hatte. Obwohl es ihr nicht sehr angenehm war, fügte sich die englische Regierung angesichts der immer gespannteren internationalen Situation in die Lage. Im Generalstabsraum neben Vandenbergs Privatbüro hing eine große Weltkarte, die die Umlaufbahnen einer besorgniserregenden Anzahl von Satelliten unbekannter Bestückung zeigte. Außer den amerikanischen und russischen Projektilen, von denen einige zweifellos nukleare Waffen trugen, gab es eine ständig wachsende Zahl solcher, die von anderen Mächten in Umlauf gebracht worden waren. Es waren Mächte, deren Beziehungen untereinander und dem Westen gegenüber manchmal an der Grenze des offenen Krieges lagen. Das Verantwortungsbewußtsein nahm in dem Maße ab, wie die Reichweite von Mensch und Maschine wuchs, und von Jahr zu Jahr rückte der zweifelhafte Burgfriede, der angeblich in der oberen Atmosphäre und dem höher gelegenen Bereich herrschte, näher an den Zustand der Anarchie.

Über das Verteidigungsministerium unterstanden Vandenberg jetzt alle Anlagen dieses Gebietes, auch Thorness. Seine Führung war nicht hart, aber bestimmt. Er hielt sich über alles gewissenhaft auf dem laufenden. Als er den Bericht über Bridgers Tod erhielt, ließ er Osborne rufen.

Osbornes Position hatte sich seit dem Beginn in Bouldershaw Fell wesentlich verändert. Er und Ratcliff mußten sich nun den Wünschen des Militärs fügen, und es war ihnen kaum möglich, einen Rest von Einfluß auf ihrem eigenen Gebiet zu wahren.

»Nehmen Sie Platz. Machen Sie es sich bequem.« Sie gingen die Umstände von Bridgers Tod durch, Schritt für Schritt, als spielten sie eine Partie Schach. Der General war im Angriff und Osborne in der Verteidigungsposition, aber sie vertuschten nichts, gebrauchten keine Ausflüchte.

»Sie müssen zugeben«, sagte Vandenberg schließlich, »daß Ihr Ministerium ganz kläglich versagt hat.«

»Das ist Ansichtssache.«

Vandenberg stieß seinen Stuhl zurück und trat vor die Wandkarte.

»Wir können uns keine Mätzchen leisten, Osborne. Wir könnten die Maschine gebrauchen. Sie ist zu militärischen Zwecken aus den Mitteln des Verteidigungsbudgets gebaut worden. Wir könnten sie im Interesse der Öffentlichkeit verwenden.«

»Und was zum Teufel, glauben Sie, tut Reinhart?« Osborne war leicht verärgert. »Ich kann mir denken, daß es Ihre Leute juckt, die Maschine in die Hand zu bekommen. Wahrscheinlich sind wir alle in Ihren Augen Anarchisten, weil wir nicht auf Kommando denken wie beim Militär. Ich weiß, daß es ein peinlicher Vorfall ist; aber trotzdem tun die da oben etwas Lebenswichtiges.«

»Und wir etwa nicht?«

»Sie können nicht plötzlich mitten drin die Arbeit unterbrechen lassen.«

»Ihr Kabinett wäre anderer Meinung.«

»Haben Sie es gefragt?«

»Nein, aber ich bin davon überzeugt.«

»Lassen Sie uns wenigstens –« Osborne sprach ruhiger – »wenigstens das laufende Projekt abschließen, wenn wir Ihnen gewisse Garantien geben.«

Zurück in seinem Büro, telephonierte er sofort mit Reinhart.

»Setzen Sie sich um Himmels willen mit Geers ins Einvernehmen«, beschwor er ihn.

Reinharts Gespräch mit dem Direktor war dem zwischen Osborne und Vandenberg verzweifelt ähnlich, nur daß Reinhart ein besserer Taktiker war als Geers. Nach zwei zermürbenden Stunden ließen sie Judy holen.

»Wir müssen die Sicherungsmaßnahmen hier verschärfen, Miß Adamson.«

»Sie verlangen doch nicht von mir –?« Sie brach ab und wandte sich hilfesuchend an Reinhart. »Meine Stellung hier ist doch unmöglich geworden. Alle haben mir vertraut, und alle wissen jetzt, daß ich für den Geheimdienst spioniere.«

»Ich habe es immer gewußt«, entgegnete Reinhart freundlich. »Und Frau Professor Dawnay hat es geahnt – und ist einverstanden.«

»Doktor Fleming nicht.«

»Das hat auch niemand erwartet«, versetzte Geers.

»Er hatte mich für etwas ganz anderes gehalten.«

»Jeder weiß, daß Sie hier eine bestimmte Aufgabe zu erfüllen hatten.« Reinhart sah unglücklich auf seine Hände. »Und jeder respektiert es.«

»Aber ich nicht.«

»Wie bitte?« Geers nahm die Brille ab und starrte sie völlig verständnislos an. Sie zitterte. Für sie stand jetzt alles auf dem Spiel. Sie sah Geers gerade ins Gesicht.

»Darf ich um meine Versetzung bitten?«

»Nein.«

»Kann ich einen anderen Auftrag bekommen?«

»Nein.«

»Und meine Entlassung einreichen?«

»Nicht in einer Zeit des Staatsnotstandes.« Ihr fiel auf, daß Geers' Augen zu nahe beieinanderstanden. Sie starrten sie direkt an, ausdruckslos, aber voller Autorität.

In der folgenden Zeit gab sich Geers ausgesprochen liebenswürdig. Er tat für Dawnay alles, was in seinen Kräften stand. Unterstützt von Christine, hatte sie sofort wieder ihre Arbeit aufgenommen. Im Laufe einer Woche gelang ihnen eine weitere Synthese; am späten Abend beobachteten sie die Vorgänge im reparierten Mikroskop. Das neue Experiment wuchs ungeheuerlich. Schon nach wenigen Stunden mußte Dawnay das neue Lebewesen von dem Glasplättchen des Mikroskops in ein kleines Nährbad setzen, und am nächsten Morgen wurde es in ein größeres Bad überführt. Es verdoppelte sich im Laufe des Tages ohne Unterbrechung, und gegen Abend sah sich Dawnay gezwungen, Geers um Hilfe zu bitten. Er nahm das Problem mit Besitzerstolz in die Hand und veranlaßte seine technische Abteilung, einen tiefen, elektrisch heizbaren Tank zu bauen, mit einer Flüssigkeitszuleitung zu der offenen Oberseite und einem Beobachtungsfenster in der Mitte der Vorderwand. Gegen Morgen wurde die neue Kreatur von vier Assistenten aus ihrem zu klein gewordenen Bad herausgehoben und in den Tank gelegt.

In dieser neuen Umgebung wuchs es noch bis zu der Größe eines Schafes und dann nicht mehr. Es schien völlig gesund und harmlos; aber hübsch war es nicht.

Reinhart war an diesem Morgen zu einem Entschluß gekommen und suchte Dawnay auf. Sie war noch immer im Laboratorium und mit der Nahrungszuführung beschäftigt. Er lief im Raum auf und ab, bis sie fertig war.

»Lebt es immer noch?«

»Und wie!« Außer dunklen Schatten um die Augen und einer müden Linie um den Mund zeigte sie keine Anzeichen von Erschöpfung. »Vor anderthalb Tagen war es ein Tropfen auf einem Objektträger. Habe ich dir nicht gesagt, daß es keinen Grund gibt, warum ein Organismus nicht wachsen soll, so schnell wie du willst, wenn du ihm nur genügend Nahrung verabreichst?«

»Aber jetzt wächst es doch nicht mehr.« Reinhart sah voll Respekt durch das Beobachtungsfenster und konnte eine dunkle Masse in der trüben Flüssigkeit des Tanks erkennen.

»Offenbar hat es eine vorherbestimmte Größe und Gestalt«, fuhr Dawnay fort und reichte ihm die Röntgenplatte. »Es ist nicht viel zu sehen darauf. Es hat keine Knochenformation, es ist wie eine große Qualle, aber es hat ein Auge und eine Art Rindenbildung – fast wie ein hochkompliziertes Nervenganglion.«

»Keine weiteren Merkmale?« Reinhart hob das Röntgenbild und sah es an.

»Möglicherweise einen ersten Ansatz zu einem Paar Beine, obwohl es kaum mehr als eine Teilung des Gewebes ist.«

Reinhart legte die Röngtenaufnahme weg und runzelte die Stirne. »Wie ernährt es sich?«

»Es nimmt Nahrung durch die Haut auf. Es lebt in der Nährflüssigkeit und absorbiert sie direkt in seine Körperzellen. Sehr einfach und sehr wirksam.«

»Und der Computer? Hat er irgendeine Reaktion gezeigt?«

»Wie sollte er?«

»Ich weiß nicht.« Reinhart sah sie unsicher mit gerunzelter Stirn an. »Hat es sich nicht geregt?«

»Nein. Es hat sich völlig ruhig verhalten.«

»Ich möchte, daß Fleming hier wieder mitmacht.«

Dawnay antwortete zuerst nichts, dann sagte sie: »Er steht vollkommen unter Kontrolle.«

»Unter wessen Kontrolle?«

»Unter meiner.«

»Du kannst es nicht von seinem Ursprung trennen – dem Computer.«

»Natürlich kann ich das nicht, aber Christine versteht den Computer, und sie arbeitet mit mir zusammen.«

»Sie versteht die grundlegende Arithmetik, aber es gibt noch eine höhere Logik oder so etwas Ähnliches. Und darin kennt sich nur Fleming aus.«

»Ich will nicht, daß Doktor Fleming sich hier herumtreibt, meine

Arbeit stört und meine Apparate zerschlägt. Er ist doch jetzt ständig betrunken.« Dawnay erhob die Stimme. Reinahrt sah sie ruhig an.

»Ich habe die Leitung dieses Projekts – immer noch.« Er sprach so schroff, daß Dawnay ihn überrascht ansah. »Und ich behalte sie, solange wir als Team arbeiten – und vernünftig arbeiten. Das bedeutet, daß Fleming hieran mitarbeitet.«

»Betrunken oder nüchtern?«

»Gott im Himmel, Madeleine, wenn wir uns untereinander nicht mehr vertrauen, wem wollen wir dann vertrauen?«

Dawnay wollte protestieren, ließ es aber. »Einverstanden. Solange er sich anständig benimmt und sich auf seine eigenen Aufgaben beschränkt.«

»Danke, meine Liebe.« Reinhart lächelte.

Er ging vom Laboratorium aus direkt zu Geers.

»Aber Fleming hat mich wissen lassen, daß er gehen will«, entgegnete Geers. »Ich habe eben Miß Adamson zum Computer hinübergeschickt, damit sie aufpaßt, daß er uns nicht noch zum Abschied einen Streich spielt.«

Aber Fleming war nicht beim Computer. Judy blieb zögernd im Kontrollraum, als Dawnay zu ihr herauskam.

»Hallo! Wollen Sie den Zyklopen sehen?«

»Warum nennen Sie es ›Zyklop‹?«

»Weil es die charakteristischen Merkmale hat.« Dawnay machte einen entspannten Eindruck. »Bekommen die Mädchen heutzutage keine Bildung mehr? Kommen Sie, hier ist er.«

»Muß ich?«

»Kein Interesse?«

»Doch, aber –« Sie folgte der älteren Frau hinüber in das Laboratorium.

Schon der Anblick des Tanks verwirrte sie. Sie hatte mit einer solchen Vorrichtung nicht gerechnet.

»Schauen Sie hinein«, sagte Dawnay ermunternd.

Judy sah durch die offene Oberseite in den Tank. Auf das Wesen darin war sie nicht vorbereitet. Das Geschöpf hatte eine gewisse Ähnlichkeit mit einer langgestreckten Qualle, ohne Gliedmaßen, ohne

Tentakel, aber mit der Andeutung einer Zweiteilung an dem einen Körperende und einer Verbreiterung, einem Kopf vielleicht, am anderen. Eine zuckende, wibbernde Protoplasmamasse, mit grüngelber Oberfläche, schleimig und glitzernd, schwamm es in der Flüssigkeit. Und in der Mitte dessen, was möglicherweise einen Kopf darstellte, befand sich – groß, lidlos und ohne Farbe – ein Auge.

Judy wurde von einer plötzlichen Übelkeit und einer Art Panik ergriffen. Sie wandte sich ab und starrte Dawnay an, als narre sie ein böser Traum; dann schlug sie die Hand vor den Mund und rannte hinaus.

Sie lief quer durch das Gebäude direkt zu Flemings Bungalow, riß die Tür auf und stürzte hinein.

Fleming verstaute gerade sein restliches Gepäck in eine Tasche; die Koffer waren alle gepackt und standen auf dem Boden. Er empfing sie mit einem kühlen Blick, als sie bleich und keuchend unter der Tür stand.

»Schon wieder?« sagte er.

»John!« Sie konnte kaum sprechen. Alles drehte sich vor ihren Augen, der Kopf brummte ihr, und mit jedem Atemzug schien sie eine schwere Last heben zu müssen. »John, du mußt kommen!«

»Kommen, wohin?« Er sah sie mit unverhohlener Feindseligkeit an.

Judy versuchte die Stimme zu beherrschen. »Ins Laboratorium.«

»Deinetwegen?« Leiser Hohn schwang in seiner Stimme.

»Nicht meinetwegen. Sie haben etwas Schreckliches gemacht. Eine Art Lebewesen.«

»Warum sagst du das nicht deiner fünften Kolonne?«

»John, du bist der einzige, der...«

»Wer ist daran schuld?«

Judy holte tief Atem.

»Ich habe Bridger nicht getötet.«

»Nicht? Hast du nicht deine Bande auf ihn gehetzt?«

»Ich habe dich zu warnen versucht.«

»Du hast versucht, mir etwas vorzumachen! Du hast mit mir geschlafen –«

»Nein! Nur einmal. Ich bin auch nur ein Mensch. Ich hatte einen Auftrag –«

»Du hattest einen schmutzigen Auftrag, und du hast ihn glänzend gemeistert.«

»Ich habe dir nie nachspioniert. Mit Bridger war es etwas anderes.«

»Dennis Bridger war mein ältester Freund und mein bester Mitarbeiter.«

»Er hat dich hintergangen.«

»Hintergangen!« Er sah sie mit einem kurzen Blick an. Dann begann er eine Flasche und Gläser aus einem Fach zu holen. »Bleib mir mit deinen Beamtenklischees vom Halse. Die Sache war zur Hälfte Dennis' Eigentum, sein und mein geistiges Eigentum; es gehörte nicht dir und nicht deinen Vorgesetzten. Und wenn Dennis sein Eigentum verkaufen wollte, bitte. Was ging dich das an?«

»Ich habe dir doch gesagt, daß ich meine Aufgabe gehaßt habe. Auch habe ich dir gesagt, daß du mir nicht vertrauen sollst. Glaubst du, daß ich nicht...« Judys Stimme brach ab, ohne daß sie es wollte.

»Oh, hör doch auf zu heulen; und geh jetzt.«

»Ich gehe nicht eher, als bis du zu Frau Professor Dawnay mitkommst.« Judy legte ihre Hand beschwörend auf seinen Arm, aber er schüttelte sie ab und ging zur Türe.

»Leb wohl.« Er drehte den Türgriff und öffnete.

»Du kannst jetzt nicht gehen.«

»Leb wohl«, wiederholte er ruhig und wartete, daß sie gehen würde. Einen Augenblick stand sie stumm da und überlegte, was sie ihm noch sagen könnte – und da erschien Reinhart.

»Hallo, John.« Er sah von einem zum anderen. »Hallo, Miß Adamson.«

Wortlos ging sie zwischen ihnen hindurch zur Tür hinaus und mußte die Augen zusammenkneifen, um nicht zu weinen. Reinhart wollte ihr nachsehen, aber Fleming schloß die Türe.

»Wußten Sie über diese Frau Bescheid?«

»Ja.« Reinhart ging zum Bett hinüber und setzte sich darauf. Müde und alt sah er aus.

»Hätten Sie mir das nicht sagen können?« fragte Fleming mit anklagendem Ton.

»Nein, John, unmöglich. Es ist wirklich überflüssig, das Mädchen verantwortlich zu machen.« Reinhart nahm ein Glas und goß sich einen Cognac ein.

»Ich mache niemanden verantwortlich! Wenn Sie nicht imstande sind zu begreifen, daß das, was wir durch reinen Zufall aufgenommen haben, unser aller Leben verändern wird, dann sollen Sie selbst erfahren, was dabei herauskommt. Wenn wir Glück haben, verpfuschen wir alles, und es kommt gar nichts dabei heraus.«

»Es ist etwas dabei herausgekommen.«

»Dawnays Monstrum.«

»Sie wissen schon?«

»Es gehört zu einem Nebenzweig des eigentlichen großen Programms – es ist eine Erweiterung der Maschinerie. Dawnay glaubt, die Maschine habe ihr die Macht gegeben, Leben zu erschaffen; sie täuscht sich. Der Computer selbst hat sich die Macht gegeben.«

»Dann müssen Sie hierbleiben und es kontrollieren, John.«

»Das ist nicht meine Aufgabe. Bei Gott, ich wünschte, ich hätte das Ding nie in Gang gesetzt!«

»Aber Sie haben es getan, Sie tragen die Verantwortung.«

»Wem gegenüber? Leuten, die nicht auf mich hören wollen?«

»Ich höre auf Sie.«

»Gut!« Er ging im Zimmer herum, suchte Abfälle zusammen und stopfte sie in den großen Papierkorb.

»Ich werde Ihnen erklären, womit Sie es zu tun haben, und dann gehe ich.«

»Wenn Sie irgend etwas Konstruktives dazu zu sagen haben –« Der Cognac hatte Reinhart einigermaßen gestärkt.

»Sehen Sie –«, Fleming blieb stehen und stützte sich mit seinem ganzen Gewicht auf den Bettrand. »Sie alle sind eifrig dabei, zu fragen: ›Was – was haben wir erreicht? Was leistet es?‹, und keiner außer mir fragt: ›Warum?‹ Warum macht sich eine fremde, zweihundert Lichtjahre von uns entfernte Intelligenz die Mühe, so etwas zu unternehmen?« Fleming richtete sich auf und ließ die Arme zu beiden Seiten herunterhängen. Reinhart nippte an seinem Cognac und wartete. Plötzlich lockerte sich Flemings Haltung, und er lächelte den Professor ein wenig verlegen an.

»Sie alter Teufel!« Er setzte sich neben den Professor aufs Bett. »Es handelt sich um eine logisch denkende Intelligenz. Sie sendet in einer absoluten Terminologie eine Reihe von Anweisungen, die eine technische Einrichtung fordern und die wir als Computer deuten. Warum tut sie das? Glauben Sie, daß sie sich gesagt hat: ›So, hier ist eine interessante technische Information, wir wollen sie in das übrige Universum ausstrahlen. – Es könnte ja irgend jemandem nützlich sein‹?«

»Sie sind offensichtlich anderer Meinung?«

»Weil da, wo Intelligenz ist, auch Wille ist, und wo Wille, auch Ehrgeiz. Angenommen, es handelt sich um eine Intelligenz, die den Willen zur Expansion hat?«

»Das ist eine Theorie wie jede andere.«

»Es ist die einzig logische Theorie!« Fleming schlug sich mit der Faust auf die Schenkel. »Denn was tut sie? Sie sendet eine Botschaft, die von anderen Intelligenzen aufgenommen, gedeutet und zur Ausführung gebracht werden kann. Welche Technik wir dazu verwenden, ist ebenso bedeutungslos wie die Frage, welchen Radioapparat man kauft. Man bekommt die gleichen Programme. Allein wichtig ist, daß wir ihr Programm akzeptieren: ein Programm, das die arithmetische Logik benutzt, um sich uns verständlich zu machen – entsprechend unseren herrschenden Bedingungen oder beliebigen anderen Bedingungen. Es kennt die Grundlage des Lebens. Es stellt fest, wie unser Leben beschaffen ist. Es stellt fest, wie unser Gehirn arbeitet, wie unser Körper aufgebaut ist, auf welche Weise wir Informationen aufnehmen. Wir geben ihm Auskunft über unser Nervensystem und unsere Sinnesorgane. Es stellt daraufhin eine Kreatur her mit einem Körper und einem Sinnesorgan – einem Auge. Es hat doch ein Auge?«

»Ja.«

»Wahrscheinlich ist es ziemlich primitiv, aber es ist der nächste Schritt. Dawnay glaubt, sie benutzt die Maschine; in Wahrheit benutzt die Maschine sie.«

»Der nächste Schritt wohin?« fragte Reinhart ruhig.

»Ich weiß nicht, zu irgendeiner Form der Machtübernahme.«

»Über uns?«

»Das ist die einzige Möglichkeit.«

Reinhart stand auf, ging langsam und nachdenklich durch das Zimmer und stellte sein leeres Glas zu den anderen.

»Ich weiß nicht, John.«

Fleming verstand seine Zweifel. »Die ersten Forschungsreisenden müssen den Eingeborenen auch harmlos genug erschienen sein.« Er sprach mit liebenswürdiger Stimme. »Freundliche alte Missionare mit lächerlichen Tropenhelmen, aber schließlich wurden sie von ihnen beherrscht.«

»Vielleicht haben Sie recht.« Reinhart lächelte ihn dankbar an; es war jetzt wieder wie früher zwischen ihnen, beide dachten sie in der gleichen Weise. »Es ist ja ein sehr seltsamer Missionar.«

»Was für eine Art Gehirn hat Dawnays Geschöpf?« Reinhart zuckte die Achseln und Fleming fuhr fort: »Denkt es wie wir, oder denkt es wie die Maschine?«

»Wenn es überhaupt denkt.«

»Wenn es ein Auge hat, besitzt es auch Nervenzentren. Sicher hat es ein Gehirn. Nur, was für eines?«

»Wahrscheinlich ein ebenso primitives.«

»Warum? Warum sollte die Maschine nicht eine Erweiterung ihrer eigenen Intelligenz herstellen: ein Nebengehirn, das in der gleichen Weise arbeitet, nur daß es auf einem organischen Körper basiert.«

»Was sollte ihr das nützen?«

»Der Wert eines organischen Körpers? Eine Maschine mit Sinnen? Eine Maschine mit einem Auge?«

»Davon werden Sie niemanden sonst überzeugen können.«

»Das brauchen Sie nicht zu betonen.«

»Sie müssen dabeibleiben, John, um das Elektronengehirn zu kontrollieren.« Reinhart sprach leise.

»Es ist klüger als wir. Ich will gar nichts mehr damit zu tun haben.«

»Das wäre genau das, was es gewollt hätte, Ihrer Theorie zufolge.«

»Wenn Sie mir nicht glauben –«

Reinhart hob leicht seine kleine Hand. »Ich bin bereit, Ihnen zu glauben.«

»Dann zerstören Sie es. Das ist das einzige, was uns Sicherheit geben kann.«

»Wenn nötig, werden wir es tun«, erwiderte Reinhart und ging zur Tür, als sei die Sache beschlossen. Fleming drehte sich mit einem Ruck nach ihm um.

»Werden Sie das? Glauben Sie wirklich, daß Sie dazu imstande sein werden? Sie wissen doch, was passierte, als ich es zu stoppen versuchte. Dawnay warf mich hinaus. Und wenn Sie es versuchen, wird man Sie hinauswerfen.«

»Sie wollen mich sowieso draußen haben.«

»Sie wollen was?« Fleming sah aus, als habe man ihm einen Schlag versetzt.

»Die Leute, die hier die Macht haben, wollen uns alle aus dem Wege räumen«, entgegnete Reinhart. »Sie warten nur darauf, daß wir von selber aufbrechen, um die Sache dann in ihre Hände zu nehmen.«

»Warum denn, um Gottes willen?«

»Sie glauben, sie wüßten besser, was man damit machen kann. Aber solange wir hier sind, John, sind wir es, die den Stecker herausziehen können. Und das werden wir auch tun, wenn es sein muß.« Er sah von Flemings verwirrtem Gesicht zu den Koffern. »Am besten, Sie packen Ihre Sachen wieder aus.«

Die Begegnung zwischen Dawnay und Fleming war spannungsgeladen, aber es geschah nichts Dramatisches. Fleming bewahrte Ruhe, und Dawnay behandelte ihn mit amüsierter Toleranz.

»Willkommen, Sie verlorener Sohn«, begrüßte sie ihn und führte ihn hinüber zu dem Monstrum.

Die Kreatur schwamm friedlich inmitten ihres Nährbades. Sie hatte das Beobachtungsfenster entdeckt und starrte die meiste Zeit mit ihrem großen lidlosen Auge hinaus. Fleming erwiderte ihren Blick, aber nichts deutete darauf hin, daß sie auffaßte, was sie sah.

»Kann er sich mitteilen?«

»Mein lieber Junge.« Dawnay sprach, als scherze sie mit einem jungen Studenten. »Wir haben noch kaum Zeit gehabt, etwas über ihn in Erfahrung zu bringen.«

»Hat er keine Stimmbänder oder etwas Ähnliches?«

»Nein.«

»Hm.« Fleming richtete sich auf und sah von oben in den Tank.

»Vielleicht ist es ein schwacher Versuch, einen Menschen hervorzubringen.«

»Einen Menschen? Wie ein Mensch sieht es nicht gerade aus.«

Fleming schlenderte zum Computerraum hinüber, wo Christine die Konsole beobachtete.

»Stößt es etwas aus?«

»Nein, nichts.« Christine sah unsicher aus. »Aber irgend etwas geht offenbar vor.«

Die Lämpchen der Steuereinheit flackerten beständig. Die Maschine arbeitete scheinbar für sich selbst, ohne Resultate auszustoßen.

In den nächsten drei Tagen geschah nichts, und dann legte Fleming eine magnetische Wicklung von der Maschine um den Tank herum. Er erklärte nicht, warum er das tat – er konnte es nicht erklären –, aber die Lämpchen des Computers begannen sofort, wie wild zu flackern. Christine kam vom Laboratorium hereingerannt. »Der Zyklop ist schrecklich aufgeregt. Er wirft sich in seinem Tank herum.«

Sie konnten das Schlagen und Spritzen der Kreatur vom anderen Raum herüber hören. Fleming zog den Steckkontakt der Wicklung heraus, und das Schlagen hörte auf. Als sie die Wicklung wieder anschlossen, reagierte die Kreatur wieder, die Ausgabeeinheit der Maschine aber schrieb immer noch nichts. Reinhart kam hinüber, und sie gingen gemeinsam den Arbeitsgang noch einmal durch. Doch sie konnten keinen Sinn in den Vorgängen erkennen.

Am nächsten Tag rief Fleming sie wieder zusammen. »Ich würde gern ein Experiment machen«, begann er.

Er ging zur Konsole hinüber und blieb mit dem Rücken dazu stehen. Sie stand genau zwischen den beiden Metallplatten, die sie noch nie benutzt hatten. Nach einer Minute nahm er die Isolierkappen aus Kunststoff ab und stellte sich wieder dazwischen. Nichts geschah.

»Würden Sie sich einen Augenblick hier hinstellen?« bat er Reinhart und trat beiseite. »Achten Sie darauf, daß Sie sie nicht berühren. Sie haben untereinander eine Spannung von tausend Volt oder noch mehr.«

Reinhart stand regungslos, den Kopf zwischen den Metallplatten und mit dem Rücken zu der Konsole.

»Spüren Sie etwas?«

»Ein ganz leichtes –«, Reinhart brach ab. »Eine Art Schwindel.«

»Und sonst?«

»Nichts.«

Reinhart trat von dem Computer weg.

»Ist es jetzt vorbei?«

»Ja«, erwiderte er. »Jetzt spüre ich nichts mehr.«

Fleming wiederholte das Experiment mit Dawnay, die aber nichts spürte.

»Die Höhe der elektrischen Entladungen im Gehirn ist bei den einzelnen Menschen verschieden«, sagte sie. »Bei mir liegt sie offenbar niedrig, ebenso bei Fleming. Bei dir, Ernest, muß sie höher sein, da sie eine flüchtige Verbindung zwischen den beiden Polen herstellt. Versuchen Sie es, Christine.«

Christine machte ein ängstliches Gesicht.

»Keine Angst«, ermunterte sie Fleming. »Stellen Sie sich mit dem Kopf zwischen die beiden Dinger, nur berühren Sie sie nicht, sonst verschmoren Sie.«

Christine stellte sich an die gleiche Stelle wie die anderen. Zunächst schien es, als spürte sie nichts, dann wurde sie ganz starr, ihre Augen schlossen sich, und sie stürzte wie tot nach vorne. Sie fingen sie auf und setzten sie auf einen Stuhl. Dawnay zog ihr die Lider hoch, um die Augen zu untersuchen.

»Sie wird sich gleich erholt haben, es ist nur eine Ohnmacht.«

»Was ist geschehen?« fragte Reinhart. »Hat sie die Platten berührt?«

»Nein«, sagte Fleming. »Trotzdem ist es besser, die Isolierkappen wieder darüberzustülpen.« Er tat es und blieb gedankenverloren stehen, während sich Dawnay und Reinhart um Christine bemühten.

»Wenn zwischen beiden Polen eine Entladung stattfindet und man dann das elektrische Feld eines arbeitenden Gehirns dazwischen bringt...«

»Einen Augenblick«, unterbrach Dawnay ungeduldig, »ich glaube, sie kommt zu sich.«

»Oh, sie wird vollkommen in Ordnung sein.« Fleming sah nachdenklich auf die Konsole und auf die zwei isolierten Pole, die daraus hervortraten. »Das Gehirn wird eine Reaktion spüren. Ein Aufnahmevorgang könnte sich abspielen; nach beiden Richtungen könnte das funktionieren.«

»Wovon sprechen Sie?« fragte Reinhart.

»Ich spreche von diesen beiden da...« Fleming wurde plötzlich aufgeregt. »Ich glaube, ich weiß, wozu sie da sind. Sie sind für die Maschine ein Mittel, etwas zu registrieren und etwas zu übertragen.«

Dawnay machte ein ungläubiges Gesicht. »Christine ist nichts weiter als eine neurotische junge Frau und wahrscheinlich ein geeignetes Medium für Hypnosezwecke.«

»Vielleicht.«

Christine erwachte und blinzelte. »Hallo.« Sie lächelte schwach. »War ich ohnmächtig?«

»Ja, das waren Sie«, antwortete Dawnay. »Sie müssen eine ungeheure elektrische Aura besitzen.«

»Wirklich?«

Reinhart reichte ihr ein Glas Wasser. Fleming grinste sie an.

»Sie haben eben der Wissenschaft einen großen Dienst erwiesen.« Er nickte zu den Metallplatten hin. »Halten Sie sich in Zukunft lieber davon fern.«

Er wandte sich wieder an Reinhart. »Das Entscheidende ist, daß es die richtige Art Gehirn – kein menschliches – ist. Eines, das so arbeitet, wie die Maschine es geplant hat – dann erst entsteht ein wirklicher Kontakt. Auf diese Weise ist sie angelegt, mit der Außenwelt in Verbindung zu treten. Unsere Methode, Fragen als Antworten wieder einzugeben, ist im Grunde schrecklich umständlich. Dieses ganze Verfahren mit den automatischen Druckern –«

»Wollen Sie behaupten, daß der Computer Gedanken lesen kann?« fiel Dawnay widerspenstig ein.

»Ich behaupte, daß zwei Gehirne auf elektrischem Wege miteinander in Verbindung treten können, wenn sie von der richtigen Beschaffenheit sind. Wenn Sie Ihre Kreatur nehmen und ihren Kopf zwischen die beiden Pole bringen –«

»Ich sehe nicht, wie das zu machen wäre.«

»Aber das ist das Ziel. Deshalb ist es unruhig. Deshalb sind sie beide unruhig. Sie wollen Verbindung miteinander aufnehmen. Die Kreatur befindet sich im elektromagnetischen Feld der Maschine, und die Maschine kennt die logischen Möglichkeiten der Kreatur. Das hat die Maschine allein ausgearbeitet, ohne es uns mitzuteilen.«

»Sie können den Zyklopen nicht aus seinem Nährbad nehmen«, erwiderte Dawnay. »Er würde sterben.«

»Das muß man bedenken.«

»Man könnte einen Elektroenzephalographen anbringen«, meinte Reinhart. »Von der Art, wie man sie zur Analyse der Gehirnströme verwendet. Bringen Sie zwei elektrische Pole am Kopfe des Zyklopen an, und lassen Sie von dort zu den Polen am Computer ein Doppelkabel laufen, das die Information leitet. Sie müssen den Strom aber heruntertransformieren, sonst tötet ihn die Stromstärke.«

»Was soll das bewerkstelligen?« Dawnay sah zweifelnd zu ihm hin.

»Dadurch kommt der Computer mit seiner Neben-Intelligenz in Berührung«, erklärte Fleming.

»Wozu?«

»Für seine eigenen Zwecke.« Fleming ging von ihnen weg und zur gegenüberliegenden Wand. Dawnay wartete, daß Reinhart etwas sagen würde, aber der alte Mann stand regungslos und sah mit gefurchter Stirn auf seine Hände.

»Fühlen Sie sich jetzt besser?« fragte er Christine.

»Ja, danke.«

»Glauben Sie, Sie könnten so etwas zustande bringen?«

»Ich denke, ja.«

»Doktor Fleming wird Ihnen helfen. Nicht wahr, John?«

Fleming stand auf der anderen Seite des Raumes, hinter seinem Rücken ragten düster die Schalteinheiten auf.

»Wenn Sie das wirklich wollen«, sagte er.

»Die andere Möglichkeit wäre«, fuhr Reinhart mehr zu Dawnay und zu sich selbst fort, »unsere Sachen zu packen und dies hier zu übergeben. Es bleibt uns keine große Wahl, nicht wahr?«

Judy hielt sich von Fleming so fern, wie sie konnte, und wenn sie ihm dennoch begegnete, war er gewöhnlich in Christines Begleitung. Das schmerzte sie zunächst so, daß sie über Geers hinweg ein Gesuch mit der Bitte um ihre Versetzung direkt nach Whitehall richtete. Eine weitere Predigt von Geers war das einzige Ergebnis.

»Sie haben Ihre Arbeit hier noch kaum begonnen, Miß Adamson.«

»Aber die Sache mit Bridger ist doch vorbei.«

»Bridger ja, aber die Angelegenheit selbst keineswegs.« Er schien nichts von ihrer Niedergeschlagenheit zu spüren. »Die Leute von Intel haben genug erfahren, was ihnen den Mund wäßrig gemacht haben wird; sie werden jetzt, da sie Bridger verloren haben, jemand anderen suchen – vielleicht einen seiner Freunde.«

»Sie glauben doch etwa nicht, daß Doktor Fleming sich dafür hergeben würde?« fragte sie verächtlich.

»Jeder würde es, wenn wir es zuließen.«

Aber gerade Fleming sollte es sein, der über die erneuten Versuche von Intel berichtete.

Er, Christine und Dawnay hatten herausgefunden, wie sie die Kontaktflächen eines Enzephalographen an dem mutmaßlichen Kopf des Zyklopen befestigen konnten, und Christine hatte Fleming geholfen, sie mit einem Kabel an die Hochspannungspole des Computers anzuschließen. Sie schalteten einen Transformator vor den Platten bei der Konsole dazwischen und leiteten den Strom hindurch. Die Stromstärke, die auf diese Weise den Zyklopen erreichte, hatte nur noch ungefähr die Stärke einer Taschenlampenbatterie. Dennoch war die Wirkung erstaunlich. Das erste Mal, als sie die Leitung schlossen, erstarrte die Kreatur gänzlich, und die Kontrollämpchen des Konsols flackerten heftig. Dann jedoch schienen sich beide, Maschine und Kreatur, aufeinander eingespielt zu haben. Die Datenverarbeitung lief regelmäßig – obwohl die Maschine keine Ergebnisse ausgab –, und der Zyklop schwamm ruhig in seinem Tank und starrte mit seinem Auge aus der Sichtluke.

Dies alles hatte mehrere Tage in Anspruch genommen, und Christine war während dieser Zeit die Aufsicht über den Kontrollraum und das Laboratorium übertragen worden mit der Anweisung, Dawnay oder Fleming zu benachrichtigen, falls sich irgend etwas Ungewöhnliches ereignen sollte. Dawnay nahm einige Tage wohlverdienten Urlaub; Fleming aber kam ab und zu in den Computerraum, um selber nachzusehen und um Christine zu besuchen. Er fand sie von Tag zu Tag nervöser, und am Ende der Woche war sie in einem so gereizten Nervenzustand, daß er sie daraufhin ansprach.

»Wissen Sie, mich beunruhigt diese Sache hier ja sowieso aufs äußerste, aber daß es Ihnen auch so geht, habe ich nicht gewußt.«

»Ich bin nicht beunruhigt«, entgegnete sie. »Ich fühle mich nur so sonderbar dabei.«

»Wobei?«

»Die Sache mit den Polen…«, sie zögerte und sah nervös zu dem anderen Raum hinüber. »Wenn ich dort drüben bin, habe ich immer das Gefühl, als beobachte mich das Auge unentwegt.«

»Es beobachtet uns alle.«

»Nein, mich besonders.«

Fleming grinste. »Daraus kann ich ihm keinen Vorwurf machen, ich tue nämlich das gleiche.«

»Ich dachte, Sie hätten anderes zu tun.«

»Hatte ich auch.« Er machte eine Bewegung, als wolle er sie berühren, ließ es dann aber und ging zur Tür. »Passen Sie gut auf sich auf.«

Er ging den Klippenweg hinunter zur Bucht, wo er in Ruhe nachdenken konnte. Er schlenderte bis zum Wasser hinunter und versuchte sich klarzumachen, was im Innern des Computers vor sich ging. Langsam schritt er zu der felsigen Küste zurück, so sehr in seine Gedanken vertieft, daß er den kleinen, kahlköpfigen Mann, der auf dem Felsvorsprung saß und einen Zigarillo rauchte, gar nicht bemerkte.

»Einen Augenblick, bitte, Sir.« Die kehlige Stimme riß ihn aus seinen Überlegungen.

»Wer sind Sie?«

Der Kahlköpfige zog eine Visitenkarte aus der Brusttasche und reichte sie ihm.

»Ich kann das nicht lesen«, versetzte Fleming.

Der Mann lächelte. »Sie sind auf jeden Fall Doktor Fleming.«

»Und Sie?«

»Das tut nichts zur Sache.« Offenbar war er etwas außer Atem.

»Wie sind Sie hierhergekommen?«

»Ich bin spazierengegangen, um die Landzunge herum. Bei Ebbe geht das, aber es ist ziemlich mühsam.«

»Das ist Privatgrund.«

»Nicht der Strand. In einem freien Land –« Er vollendete den Satz nicht. »Mein Name ist Servola. Sie haben ihn noch nie gehört?«

»Nein.«

»Ihr Freund, Doktor Bridger –«

»Mein Freund Bridger ist tot.«

»Ich weiß. Ich habe davon gehört.« Servola sog an seinem Zigarillo. »Bedauerlich.«

»Kannten Sie Dennis Bridger?« fragte Fleming überrascht und mißtrauisch.

»O ja, wir haben einige Zeit zusammengearbeitet.«

»Arbeiten Sie für –«, er versuchte sich an den Namen zu erinnern.

»Intel? Ja.«

Servola lächelte zu Fleming hoch und blies eine kleine Rauchwolke von sich. Fleming zog die Hände aus den Taschen.

»Wenn Sie das Gelände nicht innerhalb der nächsten fünf Minuten verlassen haben, rufe ich die Wachen.«

»Nein, bitte nicht.« Servola sah beleidigt aus. »Es war so ein Glück, daß ich gerade Sie getroffen habe.«

»War es für Bridger auch so ein Glück?«

»Niemandem hat es mehr leid getan als mir. Außerdem war er uns sehr nützlich.«

»Und jetzt ist er sehr tot.« Fleming sah auf seine Armbanduhr. »Ich brauche fünf Minuten, bis ich die Klippen hinaufgegangen bin – oben rufe ich die Wachen.«

Er wandte sich zum Gehen, aber Servola rief ihn zurück.

»Doktor Fleming! Wir könnten die nächsten fünf Minuten wesentlich einträglicher verbringen. Ich schlage Ihnen nichts Illegales vor.«

»Nett, was Sie da sagen.« Fleming blieb stehen.

»Wir hatten uns vielmehr gedacht, daß Sie womöglich gerne aus dem Regierungsdienst ausscheiden und einen ehrenvollen Posten bei uns übernehmen würden. Ich nehme an, Sie sind nicht sehr glücklich momentan.«

»Über eins wollen wir im klaren sein«, entgegnete Fleming und ging zurück und sah auf ihn herunter. »Es kann sein, daß ich von der Regierung nichts halte, es ist auch möglich, daß ich nicht glücklich bin. Aber selbst wenn ich die Regierung bis aufs Blut hassen würde, selbst wenn ich auf dem letzten Loch pfiffe und niemand auf der Welt wäre, an den ich mich wenden könnte, außer Ihnen, ich würde lieber auf der Stelle verrecken, als zu Ihnen kommen – verstanden?«

Damit drehte er sich endgültig um und stieg den Weg zur Klippe hinauf. Er ging direkt in Geers' Büro.

»Was haben Sie ihm denn erzählt?« fragte Geers, nachdem Fleming ihm den ganzen Vorfall geschildert hatte.

»Was soll das heißen?« Ein Ausdruck des Ekels verzerrte einen Moment lang Flemings Gesicht. »Oder glauben Sie nicht auch, daß es schon schwer genug ist, die ganze Sache von den ahnungslosen Kleinkindern fernzuhalten – wäre es da sinnvoll, sie in die Hände von Verbrechern zu geben?«

Er verließ das Büro und fragte sich, warum er sich die Mühe gemacht hatte, überhaupt dorthin zu gehen. Aber es sollte gerade eine der wenigen Handlungen sein, die in den kommenden Monaten zu seinen Gunsten sprach.

Patrouillen wurden in die Bucht geschickt, Stacheldraht von der Heide bis ins Wasser hineingezogen, Quadrings Sicherungsgruppe durchkämmte das umliegende Gebiet, und für lange Zeit war von Intel nichts mehr zu hören. Das Experiment im Gebäude des Computers lief ohne greifbares Ergebnis weiter. Dawnay kehrte aus den Ferien zurück. Eines Morgens begann der Computer plötzlich Daten auszugeben. Fleming zog sich mit den Ergebnissen in seinen Bungalow zurück, und nach ungefähr hundert Stunden Arbeit telefonierte er mit Reinhart.

Nach allem, was Fleming herausbekommen hatte, stellte der Computer eine ganz neuartige Reihe von Fragen, die alle das Aussehen, die Maße und die Funktionen des menschlichen Organismus betrafen. Es sei, wie Fleming erklärte, möglich, jede physikalische Erscheinung in mathematischen Begriffen auszudrücken, und das wurde offensichtlich verlangt.

»Zum Beispiel«, sagte er zu Reinhart und Dawnay, als sie zusammensaßen, um die Fragen zu bearbeiten, »will es Auskunft haben über das Gehör. Hier steht eine Menge über akustische Schwingungen, und offensichtlich will es wissen, wie wir Geräusche zustande bringen und wie wir sie hören können.«

»Wie kann es wissen, daß wir sprechen?« warf Dawnay zweifelnd dazwischen.

»Weil die Kreatur sehen kann, wie wir unseren Mund bewegen, wenn wir uns etwas mitteilen, und unsere Ohren gebrauchen, um es aufzufangen. Dieser ganze Fragenkomplex ist das Ergebnis der Beobachtungen unseres kleinen Ungeheuers. Wahrscheinlich kann es auch die Sprachschwingungen spüren, und jetzt, da es an die Maschine angeschlossen ist, kann es ihr seine Beobachtungen vermitteln.«

»Das ist eine Theorie.«

»Wie wollen Sie es sich sonst erklären?«

»Ich wüßte nicht, wie wir die gesamte Struktur des Menschen analysieren sollen«, meine Reinhart.

»Das ist auch gar nicht nötig. Es selbst stellte sehr schlaue Vermutungen auf, und wir haben nichts weiter zu tun, als die richtigen wieder einzugeben. Es ist das alte Spiel. Und trotzdem weiß ich nicht, warum es nicht inzwischen eine schnellere Methode entwickelt hat. Ich bin überzeugt, daß es dazu in der Lage ist. Vielleicht entspricht die Kreatur nicht seinen Erwartungen.«

»Wollen Sie es versuchen?« Reinhart fragte Dawnay.

»Ich versuche alles«, antwortete sie.

Die nächste Stufe des Experimentes wurde also in Angriff genommen, während Christine die Arbeit am Computer weiterführte, Formeln ablas und Ergebnisse eingab. Sie befand sich in dauernder Spannung, verlor aber kein Wort darüber.

»Wollen Sie irgendeine andere Arbeit übernehmen?« fragte Fleming sie, als sie eines Abends allein im Computerraum waren.

»Nein, es fasziniert mich.«

Nachdem Fleming gegangen war, durchquerte Christine den Raum und betrat das Laboratorium. Es kostete sie Mühe, zu dem Tank zu gehen, und einen Augenblick blieb sie mit gespanntem Gesicht an der Tür stehen, dann riß sie sich zusammen. Nichts war zu hören außer dem stetigen Brummen der Maschine. Als sie in die Nähe des Tanks kam, begann sich die Kreatur zu regen und schlug gegen die Wände, daß die Flüssigkeit aus der offenen Oberseite herausspritzte.

»Ruhig!« sagte sie laut zu sich selbst. »Nur ruhig!«

Mechanisch beugte sie sich nieder und blickte durch die Sichtluke in den Tank. Das Auge stierte sie unentwegt an, die Kreatur aber wurde immer erregter, schlug mit den Körperflossen hin und her wie eine Qualle. Christine strich sich über die Stirn; ihr war leicht schwindelig vom Bücken, aber das Auge hielt sie fest wie ein Magnet. Eine lange Weile blieb sie so und konnte keinen klaren Gedanken fassen. Langsam und ohne ihren Willen glitt ihre rechte Hand an der Seite des Tanks hoch, und ihre Finger tasteten nach dem Draht, der zu dem Kabel des Enzephalographen führte. Dann hatten sie ihn gefaßt, und sie zitterten, als der schwache Strom durch sie hindurchlief.

Im gleichen Moment beruhigte sich die Kreatur. Noch immer sah sie starr vor sich hin, rührte sich aber nicht mehr. Das ganze Gebäude war totenstill, nur die Maschine summte stetig. Langsam und wie in Trance richtete Christine sich auf, die Finger noch immer am Draht. Langsam liefen sie an ihm entlang, bis sie auf den Kabelansatz stießen, dann schlossen sie sich um das Kabel, und sie ließ es durch die hohle Hand laufen; es war nur locker gespannt. Vom Tank lief es zur Wand des Laboratoriums hinüber. An der Wand war es mit Bandschlingen befestigt, die im Abstand von wenigen Metern durch Nägel gehalten wurden. Sie folgte ihrer tastenden Hand die Wand entlang bis zur Tür, die Augen weit geöffnet, blicklos und starr. In einem Loch, das in den hölzernen Türrahmen gebohrt war, verschwand das Kabel, und sie zögerte, verwirrt und desorientiert. Dann hob sich die andere Hand und griff das Kabel auf der anderen Seite der Tür wieder auf.

Ihre rechte Hand fiel herunter, und sie betrat den anderen Raum, das Kabel in der Linken. Langsam tastete sie sich an der Wand mit den Steuereinheiten entlang. In dem Transformator unter der Konsole verschwand das Kabel. Stoßweise ging ihr Atem, als quälten sie schwere Träume. Die Lämpchen flackerten regelmäßig in einem hypnotisierenden Rhythmus und nahmen ihren Blick gefangen wie vorher die Kreatur. Einen Augenblick blieb sie bewegungslos vor der Konsole stehen, dann ließ sie langsam das Kabel los. Mit beiden Händen ergriff sie die Hochspannungsdrähte, die von dem Transformator zu den beiden Polen neben ihrem Kopf führten. Sie waren bis dicht an die Pole heran isoliert, dann lag der Kern bloß und war an den Platten festgeklammert. Zentimeter um Zentimeter glitten ihre Hände an ihnen hinauf.

Das Gesicht des Mädchens war weiß und angespannt, der Schweiß stand ihm auf der Stirn. Krampfhaft hielt sie die Drähte, immer höher glitten die Finger an ihnen entlang – bis sie das bloße Metall berührten.

Alles geschah sehr schnell. Ihr Körper krümmte sich, als der Strom mit voller Voltzahl durch ihn hindurchlief. Sie begann zu schreien, ihre Knie gaben nach, der Kopf fiel zurück, und wie gekreuzigt hing sie an ihren ausgestreckten Armen. Die Lämpchen leuchteten alle zugleich und beschienen ihr verzerrtes Gesicht – ein lautes und anhaltendes Schlagen kam aus dem anderen Raum.

Ungefähr zehn Sekunden dauerte der Schrei, eine laute Explosion erfolgte in dem Sicherungskasten über ihr, die Lichter erloschen, die Finger lösten sich von dem blanken Draht, und schwer, wie ein zusammengekrümmtes Bündel, fiel sie zu Boden. Einen Augenblick herrschte lautlose Stille. Die Kreatur hatte aufgehört zu schlagen und das Brummen des Computers, wie von einem Messerschnitt durchtrennt, ausgesetzt – da schrillte die Alarmglocke.

Judy erschien als erste am Schauplatz. Sie war gerade an dem Gebäude vorbeigegangen, als die Alarmglocke an der Wand des Haupteinganges zum Leben erwachte. Sie stieß die Türe auf, rannte den Korridor entlang und stürzte in den Kontrollraum. Zuerst sah sie gar nichts. Die Neonbeleuchtung an der Decke brannte noch, aber der Steuertisch verdeckte den Boden vor der Konsole.

Dann entdeckte sie Christine, eilte sofort hin und kniete sich neben das Mädchen.

»Christine!«

Sie drehte den Körper auf den Rücken. Das Gesicht des Mädchens starrte ihr leblos entgegen, widerstandslos fielen die Hände auf den Boden zurück: schwarz, bis auf die Knochen verbrannt. Judy tastete nach dem Herzschlag, nichts regte sich.

Reinhart war wieder in London, als er die Nachricht erhielt. Osborne reagierte anders, als er erwartet hatte; zwar fand er das Geschehene bedauerlich, war aber so mit anderen Problemen beschäftigt, daß er es wie einen Schlag unter vielen aufnahm. Reinhart war bedrückt und verwirrt zugleich: Nicht nur Osborne, alle, mit denen er sprach, während er in den Büros in Whitehall ein und aus ging, schienen etwas Geheimes und Schwerwiegendes mit sich herumzutragen. Er spielte mit dem Gedanken, nach Bouldershaw Fell zu fahren, um sich von dem beklemmenden Gefühl zu befreien, aber man sagte ihm sofort, daß das Radioteleskop unter militärische Kontrolle und von der Sicherungsgruppe des Verteidigungsministeriums unter schärfste Geheimhaltung gestellt worden sei. Ohne vorherige Ankündigung war es in der letzten Woche, während er sich in Thorness aufgehalten hatte, geschehen. Wütend, nicht um Rat gefragt worden zu sein, versuchte er, Osborne zu sprechen, aber dieser war zu beschäftigt, um ihn empfangen zu können.

Der Bericht über die Leichenschau und die Ergebnisse der Autopsie folgten nach einigen Tagen. Fleming schrieb einen kurzen, bitteren

Brief, der besagte, daß der Computer selbst keinen erheblichen Schaden genommen und er eine Theorie über Christines Tod habe. Ein längerer Brief folgte: Die beschädigte Leitung sei repariert worden, der Computer arbeite mit voller Kapazität und übertrage eine phantastische Anzahl von Informationen in seinen Speicher. Über die Beschaffenheit der Informationen gab Fleming keine Auskunft. Ein paar Tage später wurde Reinhart von Dawnay telefonisch benachrichtigt, daß der Computer Daten auszugeben begonnen habe. Eine große Menge Zahlen habe er von sich gegeben, und zwar, soweit sie und Fleming es beurteilen könnten, nicht als Fragen, sondern als Information.

»Es handelt sich um eine ganze Reihe von Formeln für die Biosynthese«, sagte sie. »Fleming meint, er verlange ein neues Experiment, und ich glaube, er hat recht.«

»Noch mehr Ungeheuer?« fragte Reinhart.

»Möglicherweise. Aber diesmal ist es weit komplizierter. Es wird eine ungeheuerliche Sache werden. Wir benötigen noch viel mehr Unterstützung und noch viel mehr Geld, fürchte ich.«

Er unternahm einen weiteren Versuch, Osborne zu sprechen, und zu seiner Überraschung wurde er ins Verteidigungsministerium zitiert.

Osborne erwartete ihn in Vandenbergs Büro. Vandenberg und Geers waren auch anwesend.

»Nehmen Sie Platz«, sagte Vandenberg automatisch und fügte nach kurzer Pause hinzu: »Ich habe gehört, daß Sie einen weiteren Todesfall zu verzeichnen haben.«

»Es war ein Unglücksfall«, antwortete Reinhart.

»Gewiß, gewiß. Zwei Unglücksfälle.«

»Das Kabinett hat die Untersuchungsergebnisse geprüft«, sagte Osborne und sah auf den Boden. Geers hustete nervös.

»Ja?« Reinhart sah den General an und wartete.

»Es tut mir sehr leid, Professor«, fuhr Vandenberg fort.

»Was?«

Osborne sah ihn zum erstenmal an. »Wir mußten uns mit einem Kontrollwechsel einverstanden erklären, einer allgemeinen Vereinfachung der Unterstellungsverhältnisse.«

»Warum?«

»Die Leute beginnen, Fragen zu stellen. Sie werden bald herausbekommen, daß Sie eine lebende Kreatur haben, mit der Sie experimentieren.«

»Sie meinen den Tierschutzverein? Es ist kein Tier. Es ist eine bloße Kombination von Molekülen, die wir selbst zusammengestellt haben.«

»Das wird niemanden beruhigen.«

»Wir können nicht mitten –«, Reinhart sah von einem zum anderen und versuchte zu erraten, was sie dachten. »Dawnay und Fleming beginnen gerade ein neues Experiment.«

»Das wissen wir«, entgegnete Geers und klopfte auf die Papiere, die er in die Mappe zurücksteckte.

»Dann –?«

»Es tut mir leid«, wiederholte Vandenberg. »Es bedeutet das Ende Ihres Weges.«

»Ich verstehe nicht.«

Osborne rutschte unbehaglich auf seinem Stuhl hin und her. »Ich habe mein Bestes getan. Wir alle haben so ernsthaft gekämpft wie nur möglich.«

»Gekämpft mit wem?«

»Die Entscheidung des Kabinetts ist unwiderruflich.« Osborne schien bemüht, Einzelheiten zu vermeiden. »Wir haben das Spiel verloren, Ernest. Die Auseinandersetzung und unsere Niederlage haben sich beide auf einer höheren Ebene als der unseren abgespielt.«

»Und jetzt«, fiel Vandenberg ein, »haben Sie einen weiteren Todesfall zu verzeichnen.«

»Das ist nur eine Ausrede! Sie möchten uns aus der Sache heraushaben, weil Sie die Maschine haben wollen. Sie erheben alle möglichen Vorwürfe gegen uns –«, versetzte Reinhart.

Vandenberg seufzte. »So laufen die Dinge eben. Ich verlange nicht, daß Sie unseren Standpunkt akzeptieren.«

»Sie machen es einem auch nicht leicht.«

Geers ließ seine Mappe zuschnappen und setzte ein dünnes Lächeln auf.

»Um ganz offen zu sein, Reinhart, man wünscht, daß Sie wieder nach Bouldershaw Fell zurückkehren.«

Reinhart sah ihn an. »Bouldershaw Fell? Dort läßt man mich nicht hinein.« Geers warf Vandenberg einen fragenden Blick zu, dann fuhr er fort: »Die Regierung hat einen Notruf erlassen – SOS. Sie wünscht, daß Sie mit Ihrem Team an den Verteidigungsaufgaben mitarbeiten.«

»Gleichgültig, woran wir gerade arbeiten?«

Sie übergingen die Frage. Vandenberg erhob sich und trat an die Wandkarte. Wie Osborne und Geers vermied er es, Reinhart anzusehen. »Die Westmächte sind in ihrem Lebensinteresse betroffen, und zwar auf Grund von Spuren, die wir mit Ihrem Radioteleskop aufgenommen haben. Es zeigt uns die Spuren einer großen Anzahl von Satelliten in Erdumlaufbahnen.«

»Irdischer Herkunft?« Reinhart blickte zu den auf der Karte eingezeichneten Umlaufbahnen hin. »Das also beunruhigt Sie?«

»Ja. Irgend jemand auf der anderen Seite des Erdballs schießt sie in schneller Reihenfolge hinauf, aber sie befinden sich außerhalb der Reichweite unseres Frühwarnsystems. Der Weltraumausschuß der UN besitzt keine Kenntnis von ihnen, und die westliche Allianz ebenfalls nicht. Niemand ist davon unterrichtet worden. Man wünscht, daß Sie die Sache bearbeiten.«

»Aber das ist nicht mein Gebiet.« Reinhart pflanzte sich entschlossen vor dem Tisch auf. »Ich bin Astronom.«

»Fällt Ihre jetzige Arbeit in Ihr Gebiet?« fragte Vandenberg.

»Sie hat darin ihren Ursprung – in der astronomischen Geräuschquelle.«

Zunächst antwortete niemand.

»Nun, das Kabinett wünscht es«, sagte Osborne schließlich.

»Und die Arbeit in Thorness?«

Vandenberg wandte sich an ihn: »Ihr Team – was davon übriggeblieben ist – wird Dr. Geers unterstehen.«

»Geers!«

»Ich bin der Direktor des Versuchsgeländes.«

»Aber Sie haben doch keine Ahnung –« Reinhart riß sich zusammen.

»Ich bin Physiker«, versetzte Geers. »Ich war es zumindest. Ich bin überzeugt, daß ich mein Fach bald wieder beherrschen werde.«

Reinhart sah ihn verächtlich an. »Das war schon immer Ihr Wunsch, nicht wahr?«

»Ich habe es nicht veranlaßt«, erwiderte Geers ärgerlich.

»Meine Herren!« wieherte Osborne vorwurfsvoll.

Vandenberg kehrte schwerfällig an seinen Tisch zurück. »Wir wollen es nicht zu einem persönlichen Problem ausweiten.«

»Und Dawnays und Flemings Arbeit?« fragte Reinhart. »Woran Dawnay und Fleming zur Zeit arbeiten, ist das bedeutendste Forschungsprojekt, das jemals in diesem Land bearbeitet worden ist.«

»Ich werde sie nicht hinauswerfen«, erklärte Geers. »Wir werden einen Teil der Arbeitszeit des Computers benötigen, aber das wird sich einrichten lassen. Und wir werden für die beiden tun, was wir können; vorausgesetzt, daß sie sich ordentlich benehmen.«

Fleming und Dawnay nahmen die Nachricht von Reinharts Versetzung beinahe kommentarlos hin. Dawnay war restlos in ihre Arbeit vertieft, und Fleming fühlte sich isoliert und einsam. Bei gelegentlichen Gesprächen hatte er Mühe, sie von seiner Theorie zu überzeugen.

»Ich vermute«, sagte sie, als sie vor der Ausgabeeinheit standen und neu ausgegebene Zahlenreihen untersuchten, »ich vermute, daß dies die Informationen sind, die der Zyklop eingegeben hat.«

»Ein Teil davon; und außerdem das, was die Maschine gelernt hat, als sie Christine an den Platten hatte.«

»Was konnte sie da lernen?«

»Erinnern Sie sich, daß ich sagte, es müßte einen schnelleren Weg geben, sich Informationen über uns zu beschaffen?«

»Ich erinnere mich, daß Sie ungeduldig waren.«

»Nicht nur ich. In wenigen Sekunden, bevor die Sicherungen durchbrannten, hat sie vermutlich mehr physiologische Daten aufgenommen, als Sie während Ihres ganzen Lebens eingeben könnten.«

Dawnay gab einen ihrer charakteristischen Schnauber von sich und überließ ihn seinen Gedanken. Er nahm ein Stück isolierten Draht auf und ging zur Steuereinheit hinüber. Nachdenklich blieb er vor den flackernden Lämpchen stehen, in jeder Hand ein freiliegendes Ende des Drahtes. Er hob die eine Hand zu einer der Platten, hakte ein Ende des Drahtes darüber, hielt den Draht da fest, wo er isoliert war, und näherte das andere Ende langsam der gegenüberliegenden Platte.

»Was machen Sie da?« Dawnay kam mit schnellen Schritten quer durch den Raum auf ihn zu. »Sie werden einen Blitz auslösen.«

»Das glaube ich nicht«, erwiderte Fleming und brachte das offene Ende des Drahtes mit dem Pol in Berührung. »Sehen Sie.« Nichts, nur einen schwachen Funken gab es, als sich die beiden Metalloberflächen berührten. Fleming ließ den Draht sinken, er blieb ein paar Sekunden gedankenverloren stehen. Dann hob er langsam seine eigenen Hände zu den Polen, wie Christine es getan hatte. Dawnay eilte auf ihn zu, um ihn zurückzuhalten. »Um Gottes willen!« »Keine Angst!« Fleming berührte gleichzeitig beide Pole. Nichts geschah. Er ließ die Arme sinken. »Er hat gelernt. Er wußte von der Wirkung der Hochspannung auf organische Gewebe nichts, bis zu dem Moment, als er Christine dort oben hatte. Er wußte auch nicht, daß er selbst Schaden dabei nehmen würde. Nun, da er es weiß, greift er zu Vorsichtsmaßnahmen. Stellen Sie zwischen diesen Elektroden Kurzschluß her, senkt er die Voltzahl. Wollen Sie es versuchen?«

»Nein, danke. Ich habe genug von Ihren verrückten Ideen.«

Fleming sah sie scharf an. »Sie haben es nicht einfach mit irgendeiner Maschine zu tun, wissen Sie, sondern mit einem Gehirn, und zwar mit einem verdammt guten.« Als sie keine Antwort gab, ging er hinaus.

Geers stürzte sich in die Arbeit und ließ ein neues Laboratorium an das Gebäude des Computers anbauen, in dem weitläufige und unendlich komplizierte Einrichtungen zur DNS-Synthese untergebracht und im Laufe der Woche immer mehr neu entworfene kristallographische Röntgeneinrichtungen und Einheiten zur chemischen Synthese aufgestellt wurden, um die Phosphatanteile, die Deoxyribose, das Adenin, Thymin, Zytosin, Tyrosin und die anderen Bestandteile herzustellen, die notwendig waren, um DNS-Moleküle, die Samen des Lebens, zu gewinnen. Nach ein paar Monaten hatten sie eine DNS-Spirale von fünf Billionen Nukleus-Codebuchstaben im Bau. Und gegen Ende des Jahres hatten sie eine genetische Einheit von fünfzig Chromosomen hergestellt. Sie glichen denen des Menschen; es waren nur ein wenig mehr, als der Mensch als genetische Voraussetzung braucht.

Anfang Februar meldete Dawnay das Entstehen eines lebenden Embryos von offenbar menschlicher Gestalt.

Hunter, der nun auch für Reinharts Leute verantwortliche Sanitätsoffizier, eilte zum Laboratoriumsgebäude hinüber, um ihn zu besichtigen. Im Laboratorium traf er Dawnay. Sie hatte sich über ein kleines Sauerstoffzelt gebeugt und war umgeben von Apparaten und Assistenten.

»Lebt es?«

»Ja.«

Dawnay richtete sich auf und sah ihn an.

»Wie sieht es aus?«

»Es ist ein Baby.«

»Ein menschliches Baby?«

»Meiner Meinung nach, ja; obwohl ich bezweifle, ob Fleming mir zustimmen würde.« Sie lächelte zufrieden. »Und es ist ein Mädchen.«

»Ich kann kaum glauben –«, Hunter beugte sich über das Sauerstoffzelt. »Darf ich es sehen?«

»Da ist nicht viel zu sehen; bloß ein eingewickeltes Bündel.«

Unter der durchsichtigen Kunststoffdecke des Zeltes lag etwas, das möglicherweise menschliche Gestalt besaß; aber der Körper war in einer Decke dick verpackt und das Gesicht durch eine Maske verdeckt. Ein Gummischlauch verschwand hinter seinem Hals in dem Tuch.

»Es atmet?«

»Mit Unterstützung. Puls und Atmung sind normal, Gewicht: sechseinhalb Pfund. Als ich das erstemal herkam, hätte ich nie geglaubt...« Sie brach ab, von einer plötzlichen und heftigen Bewegung übermannt. Als sie weitersprach, klang ihre Stimme weicher. »Die ganze Alchimie des Goldmachens wird Wirklichkeit. Leben machen!« Sie berührte den Gummischlauch und nahm wieder ihre schroffe Sprechweise an. »Wir ernähren es intravenös. Es könnte sein, daß sie keinen Sauginstinkt besitzt. Man wird es ihr beibringen müssen.«

»Da haben Sie uns eine große Sache geliefert«, meinte Hunter gerührt, aber bereits wieder um die dienstliche Verantwortung besorgt.

»Ich habe Ihnen ein von menschlichen Wesen hergestelltes menschliches Leben geliefert. Die Natur brauchte dazu zweitausend Millionen Jahre – wir haben es in vierzehn Monaten soweit gebracht.« Hunter nahm wieder seine gewohnte Krankenbettmiene an. »Darf ich Ihnen als erster gratulieren?«

»Das klingt, als handle es sich um eine normale Geburt«, erwiderte Dawnay und schnaubte und lächelte in einem.

Die kleine Kreatur in dem Zelt schien bei der intravenösen Ernährungsweise gut zu gedeihen. Sie wuchs ungefähr anderthalb Zentimeter am Tag und machte allem Anschein nach nicht die normale Kindheit eines menschlichen Wesens durch. Geers berichtete dem Abteilungsleiter für Forschung im Verteidigungsministerium, daß es bei dem gegenwärtigen Tempo in ungefähr drei bis vier Monaten die volle Größe eines Erwachsenen erreichen könne.

Als Fleming vom Wissenschaftsministerium um eine Stellungnahme gebeten wurde, bestand seine Antwort aus drei Worten: »Töten Sie es.«

Nach geraumer Zeit wurde er in Geers' Büro beordert mit der Aufforderung, sich zu rechtfertigen.

»Ich verstehe nicht recht«, begann Geers, und seine Augen hinter der Brille verengten sich zu zwei schmalen Schlitzen, »wieso Sie irgend etwas mit der Sache zu tun haben.«

Fleming schlug mit der Faust auf den Tisch. »Bin ich noch Mitglied des Teams oder nicht?«

»In gewisser Weise.«

»Dann werden Sie vielleicht auch auf mich hören. Es ist möglich, daß es wie ein menschliches Wesen aussieht, aber es ist keines. Es ist eine Erweiterung der Maschine wie die vorige Kreatur auch, nur ist sie höher entwickelt.«

»Beruht diese Theorie auf irgendeiner...?«

»Sie beruht auf der Logik. Die vorangegangene Kreatur war ein erster Versuch, ein erster Ansatz, einen Organismus hervorzubringen, der wie wir beschaffen sein sollte, und darum annehmbar für uns. Dies ist ein besserer Versuch, er beruht auf gründlicheren Informationen. Ich habe die Informationen bearbeitet; ich weiß, wie durchdacht das Ganze ist.«

Geers öffnete die Augen ein wenig. »Und Sie schlagen jetzt vor, nachdem wir das Wunder vollbracht haben, es zu töten?«

»Wenn Sie es jetzt nicht tun, werden Sie nie mehr die Möglichkeit dazu haben. Die Leute werden sich daran gewöhnen, die Kreatur für ein menschliches Wesen zu halten. Man wird später sagen, wir hätten sie gemordet. Sie wird uns – die Maschine wird uns dahin bringen, wo sie uns haben will.«

»Und wenn wir Ihren Rat nicht annehmen?«

»Dann halten Sie das Geschöpf von dem Computer fern.«

Geers erhob sich zum Zeichen, daß das Gespräch beendet sei.

»Sie sind hier nur geduldet, Fleming, aus Gefälligkeit dem Wissenschaftsminister gegenüber. Die Entscheidung in dieser Sache liegt nicht bei Ihnen, sondern bei mir. Wir werden tun, was wir für richtig halten, und es wird hier geschehen.«

Das Mädchen war, wie Geers vorausgesagt hatte, gegen Ende des vierten Monats völlig ausgewachsen. Es verbrachte die meiste Zeit in einem Sauerstoffzelt, obwohl es gelernt hatte, immer längere Zeit hindurch aus eigener Kraft zu atmen. Gegen Ende des ersten Monats war es der durch den Schlauch zugeführten Nahrung entwöhnt und trank aus der Flasche. Abgesehen davon unternahm man nichts, was seine geistige Entwickung beschleunigt hätte. Untätig, wie ein Baby, lag es und starrte zur Decke. Geers war etwas besorgt, als es immer weiterwuchs. Doch bei einem Meter und siebzig hörte es auf. Zu dieser Zeit war sie eine voll entwickelte junge Frau.

»Und eine ausgesprochen gutaussehende junge Frau«, meinte Hunter und ließ die Zunge über die Lippen gleiten.

Geers gestattete außer Hunter, Dawnay und ihren Assistenten niemandem, sie zu sehen. Täglich sandte er vertrauliche Berichte an das Verteidigungsministerium. Äußerste Vorsichtsmaßnahmen wurden getroffen, um die Existenz des Mädchens geheimzuhalten; und jeder, der Kenntnis von dem Ereignis erhielt, wurde zu strengster Verschwiegenheit verpflichtet. Außer Reinhart, den Osborne privat informierte, und einer Handvoll führender Beamter und Politiker wußte niemand außerhalb des Forschungsteams in Thorness von der Existenz des Mädchens.

Fleming war Geers' Meinung nach die unsicherste Stelle in der Abdichtung, und Judy erhielt spezielle Anweisungen zu seiner Überwachung. Tatsächlich hatten sie seit letztem Frühjahr kaum miteinander gesprochen, und sie mußte allen Mut zusammennehmen, um ihn im Computerraum aufzusuchen. Ihre Hand zitterte, als sie ihm das Schreiben, das die neuen Anweisungen für sie enthielt, entgegenstreckte.

»Würdest du das lesen?« fragte sie ohne Umschweife.

Er warf einen Blick darauf und reichte es ihr wieder. »Es trägt den Briefkopf des Verteidigungsministeriums – lies du es vor. Ich bin wählerisch geworden, ich nehme nicht mehr alles in die Hand.«

»John!« Judy wurde rot. »Müssen wir immer auf verschiedenen Seiten des Zaunes stehen?«

»Sieht so aus, oder?« Er sagte es mit einem Ausdruck, der halb Sympathie, halb Gleichgültigkeit verriet.

»Ich tue nur meine Pflicht. Ich bin nicht dein Gegner.«

»Nein. Du gehörst nur einfach zu den Madchen, die man herumschubst.« Er sah sich hilfesuchend im Raum um. »Oh, ich habe gesagt, was ich zu sagen hatte.«

Sie machte einen letzten Versuch, ihn zu erreichen. »Es ist sehr lange her, daß wir segeln waren –«

In diesem Augenblick kam Hunter herein. »Wir holen sie heraus.«

»Wen?« Fleming wandte sich erleichtert von Judy ab.

»Das kleine Mädchen – aus seinem Sauerstoffzelt.«

»Dürfen wir dabeisein?« fragte Judy.

»Dies ist eine besondere Gelegenheit – Debütantinnenball!« Hunter warf ihr ein fades, zweideutiges Lächeln zu und ging in den anderen Raum hinüber. Fleming sah ihm verdrießlich nach.

»Lebensgroßes Monstrum. Gratisbeilage zu jedem Paket.«

Judy ertappte sich dabei, wie sie kicherte. Sie spürte, daß sie sich plötzlich einen großen Schritt nähergekommen waren.

»Ich kann den Mann nicht ausstehen, er ist so arrogant.«

»Ich hoffe nur, daß er sie umbringt«, sagte Fleming. »Unfähig genug als Arzt ist er wahrscheinlich.«

Gemeinsam gingen sie ins Laboratorium hinüber. Hunter hatte die Leitung übernommen und öffnete das obere Ende des Sauerstoffzeltes. Dawnay sah ihm gespannt zu. Unter dem Zelt kam ein schmales Rollbett zum Vorschein; zwei Assistenten zogen es sanft heraus. Die anderen standen im Kreis herum und sahen gebannt, wie das Bett mit der ausgewachsenen Mädchen-Kreatur darauf herausglitt. Zuerst erschienen die Füße, bedeckt von einem Tuch, dann der übrige Körper, ebenfalls bedeckt. Sie lag auf dem Rücken, und als man das Gesicht enthüllte, stieß Judy hörbar den Atem aus. Es war ein starkes und schönes Gesicht mit hohen Backenknochen. Die langen, hellen Haare lagen auf dem Kissen ausgebreitet, sie hatte die Augen geschlossen und atmete friedlich wie im Schlaf.

»Christine!« flüsterte Judy. »Es ist Christine.«

»Sie kann es nicht sein«, sagte Hunter schroff.

»Es besteht eine leichte Ähnlichkeit«, gab Dawnay zu.

Hunter unterbrach sie. »Wir haben an dem anderen Mädchen eine Autopsie vorgenommen. Außerdem war sie brünett.«

Judy wandte sich an Fleming.

»Ist das eine Art schrecklicher Scherz?«

Er schüttelte den Kopf. »Laß dich nicht irremachen. Niemand soll sich irremachen lassen. Christine ist tot. Christine war nur die Vorlage.«

Eine Zeitlang sprach niemand ein Wort; Dawnay fühlte dem Mädchen den Puls und beugte sich hinunter, um ihm ins Gesicht zu sehen. Die Augen öffneten sich und blickten verschwommen zur Decke.

»Was bedeutet das?« fragte Judy.

»Es bedeutet«, erwiderte Fleming, als gebe er ihnen allen die Antwort, »daß der Computer ein menschliches Wesen benutzte, um eine Kopie davon herzustellen. Ein paar Sachen sind ihm falsch geraten – die Haare zum Beispiel –, aber im großen und ganzen hat er erstaunlich gute Arbeit geleistet. Man kann die menschliche Anatomie in Zahlen ausdrücken, und nichts anderes hat er getan. Uns hat er dann veranlaßt, die Zahlen wieder in einen Menschen zu verwandeln.«

Hunter warf Dawnay einen Blick zu und gab den Assistenten ein Zeichen, das Rollbett in einen abgetrennten Raum zu schieben.

»Auf jeden Fall hat er uns geliefert, was wir gewünscht haben«, erklärte Dawnay.

»Hat er das? Das Gehirn ist von Bedeutung, auf den Körper kommt es nicht an. Er hat kein menschliches Wesen gemacht, sondern eine fremdartige Kreatur, die wie ein menschliches Wesen aussieht.«

»Doktor Geers hat uns von Ihrer Theorie unterrichtet«, brummte Hunter und setzte sich in Bewegung, um dem Bett zu folgen. Dawnay zögerte einen Augenblick.

»Vielleicht haben Sie recht«, sagte sie. »In diesem Fall wird die Sache nur um so interessanter sein.«

Fleming beherrschte sich unter Aufwendung aller Kraft. »Was wollen Sie damit anfangen?«

»Wir werden es erziehen – sie.«

Fleming drehte sich um und verließ das Laboratorium. Er kehrte zum Computer zurück, und Judy folgte ihm.

»Was ist Schlimmes daran?« fragte sie. »Alle anderen –«

Er drehte sich ihr zu. »Immer, wenn eine höhere Intelligenz auf eine geringere trifft, zerstört sie sie. Der Mensch der Eiszeit zerstörte den der Steinzeit; die Weißen vernichteten den Indianer. Was blieb von Karthago, nachdem die Römer es eingenommen hatten?«

»Aber ist das auf die Dauer gesehen so schlimm?«

»Für uns ist es schlimm.«

»Warum sollte dieses –«

Sie legte schüchtern die Hand auf seinen Arm. »Dann sollten die Schwachen lieber zusammenhalten.«

»Das hättest du dir früher überlegen können«, erwiderte er.

Judy hütete sich, ihn weiterzutreiben; sie wandte sich ihrer Aufgabe zu und überließ ihn seinen Gedanken und Zweifeln.

In diesem Jahr dauerte das unfreundliche Wetter bis Ende April und verstärkte die graue, trostlose Atmosphäre innerhalb des Versuchsgeländes. Von Dawnays Experiment abgesehen, schlug nichts zum Guten aus. Geers' ständiger Stab und die Teams zur Raketenentwicklung arbeiteten unter Druck, aber ohne sichtbaren Erfolg. Es wurden mehr Raketenversuche denn je gemacht; sie brachten jedoch keine befriedigenden Ergebnisse. Nach jedem mißlungenen Versuch schloß sich der dunkle Vorhang der Atlantikwolken wieder um die Landzunge, als wollten sie zeigen, daß sich nichts je ändern, geschweige denn verbessern würde.

Nur die Mädchen-Kreatur blühte wie eine exotische Pflanze in einem Treibhaus. Ein Teil von Dawnays Laboratorium wurde als Pflegestation mit Wohnräumen für das Mädchen eingerichtet. Hier sorgte man für sie und bereitete sie auf ihre Rolle vor, wie eine Prinzessin im Märchen. Man nannte sie nach ihrem Herkunftsort Andromeda und lehrte sie zu essen und zu trinken, zu sitzen und sich zu bewegen. Nur langsam lernte sie, ihren Körper zu gebrauchen – sie besaß, wie Dawnay sagte, nichts von den Instinkten eines Kindes –, aber bald zeigte sich, daß sie Wissen in erstaunlichen Mengen aufnehmen konnte. Man brauchte ihr nie etwas zweimal zu sagen. Sobald sie die Sache begriffen hatte, beherrschte sie sie in all ihren Möglichkeiten mit Leichtigkeit und ohne Zögern.

Mit der Sprache war es das gleiche. Zunächst schien ihr die Möglichkeit einer solchen gänzlich unbekannt; nie hatte sie geschrien wie ein Baby. Man mußte sie lehren wie ein taubes Kind, mußte ihr die Schwingungen ihrer Stimmbänder und deren Wirkung bewußt machen. Sobald sie aber den Zweck der Sprache begriffen hatte, erlernte sie sie so schnell, wie sie ihr beigebracht wurde. Nach einigen Wochen konnte sie lesen und schreiben und sich anderen mitteilen.

Ebenso hatte sie bald gelernt, sich wie ein Mensch zu bewegen. Sie ging ein wenig steif, als werde sie dirigiert und folge keinem eigenen Bedürfnis, aber graziös und ohne jede Unbeholfenheit.

Was immer man mit ihr tat, sie beklagte sich nie. Sie ließ die medizinischen Untersuchungen, den Unterricht und die ständige Bewachung wunsch- und willenlos über sich ergehen. Außer dem Hunger vor dem Essen und der Müdigkeit am Ende des Tages zeigte sie keinerlei menschliche Empfindungen, und auch die Müdigkeit war rein körperlicher, nie geistiger Natur. Immer war sie freundlich, immer gehorsam und ungewöhnlich schön. Sie lebte wie eine Traumgestalt.

Geers und Dawnay organisierten gemeinsam ihre Erziehung, und zwar gestalteten sie sie mit einem Schwierigkeitsgrad und in einer Geschwindigkeit, die einem in einen Ferienkurs zusammengedrängten Universitätsprogramm gleichkam. Nachdem sie die Grundlagen der denarischen Arithmetik aufgefaßt hatte, gab es für sie im Bereich der Mathematik keine Schwierigkeiten mehr. Ihr Verstand glich einer Rechenmaschine. Sie durchjagte die Zahlen mit der Geschwindigkeit eines Schnellrechners, und sie irrte sich nie. Die kompliziertesten Rechenvorgänge konnte sie scheinbar im Kopf übersehen, ohne daß es ihr Schwierigkeiten bereitete. Auf den restlichen Wissensgebieten fütterte man sie mit Tatsachen wie eine Enzyklopädie. Geers und die Gelehrten, die in endloser Reihe, mit eindrucksvollen Universitätswürden behaftet, nach Thorness geschickt wurden – nicht, um sie direkt zu unterrichten, was der strengen Geheimhaltung wegen nicht möglich war, sondern nur ihre Lehrer –, legten den Grund für ein allgemeines, unspezialisiertes Bildungsniveau, so daß Andromeda am Ende des Sommerkurses, der zugleich auch das Ende vom ersten Sommer ihres Lebens war, ein ebenso großes theoretisches Allgemeinwissen über die Welt besaß wie ein begabter Abiturient. Was ihr einzig fehlte, war jede Art menschlicher Erfahrung oder spontaner Haltung dem Leben gegenüber. Obwohl sie schnell begriff und mitteilsam war, hätte sie ebensogut im Schlaf gehen und sprechen können, und tatsächlich machte sie den Eindruck einer Schlafwandlerin.

»Sie haben recht«, sagte Dawnay zu Fleming, »sie hat keinen menschlichen Verstand, sie hat eine Rechenmaschine in sich.«

»Ist das nicht das gleiche?« Er sah zu dem schlanken, hübschen Mädchen hin, das im Nebenraum lesend am Tisch saß.

»Sie ist unfehlbar«, erklärte Dawnay. »Sie vergißt nichts, sie begeht nie einen Irrtum. Schon jetzt weiß sie mehr als die meisten Leute.«

»Und Sie werden so lange Informationen in sie hineinstopfen, bis sie mehr weiß als Sie.«

»Wahrscheinlich. Die Leute, denen wir unterstehen, haben ihre Pläne.«

Geers' Plan war ganz offensichtlich. Die dringenden Probleme der Verteidigungseinrichtungen blieben ungelöst, obwohl der neue Computer benutzt worden war. Die Hauptschwierigkeit war, daß sie nicht recht wußten, wie sie ihn gebrauchen sollten. Wenn nun die Kreatur, wie Fleming behauptete, mit dem Computer in enger Beziehung stand, mußte sie auch als Vermittlerin gebraucht werden können. Und dann müßten umwälzende Ergebnisse möglich sein.

Der Verteidigungsminister hatte gegen diese Idee nichts einzuwenden, und Fleming konnte nur dabeistehen und untätig zusehen, wie die Menschen trotz seiner Warnung ahnungslos den Zwecken der Maschine dienten. Und dabei konnte auch er sich nur auf eine gewundene Kette logischer Gedankenvorgänge stützen. Irrte er sich, so hatte er sich von Anfang an geirrt, und der Lauf der Welt war anders, als er glaubte. Aber hatte er recht, so mußten sie sich auf das Schlimmste gefaßt machen.

Er hielt sich im Computerraum auf, als Geers und Dawnay das Mädchen zum erstenmal hereinführten.

»Um Gottes willen!« Er sah erst Geers, dann Dawnay mit einem letzten hoffnungslos beschwörenden Blick an.

»Wir alle kennen Ihre Meinung, Fleming«, sagte Geers.

»Dann lassen Sie sie nicht hinein.«

»Wenn Sie Beschwerden vorzubringen haben, wenden Sie sich an das Ministerium.« Er wandte sich zur Tür.

Dawnay zuckte die Achseln; ihr schien, daß Fleming viel Lärm um nichts machte.

Geers hielt die Tür für Andromeda auf. Sie bewegte sich steif, machte jedoch einen hellwachen Eindruck, ihr Gesicht war ruhig, und ihre Augen verfolgten alles.

»Dies ist der Kontrollraum des Computers«, sagte Geers, als sie stehenblieb und sich umsah. Er sprach wie ein freundlicher, aber unnachgiebiger Vater. »Du erinnerst dich, daß ich dir davon erzählt habe?«

»Warum sollte ich es vergessen haben?«

Obwohl sie langsam und umständlich sprach, war ihre Stimme wie ihr Gesicht stark und anziehend.

Geers führte sie durch den Raum. »Dies ist die Eingabe. Die einzige Art, dem Computer Informationen einzugeben, ist, sie hier zu tippen. Der Zyklop in dem anderen Raum kann durch dieses Doppelkabel direkt eingeben.«

»Und was soll ich tun?«

»Das möchten wir gern herausfinden«, erwiderte Geers.

Das Mädchen sah auf und begegnete Flemings Blick. Sie hatte ihn bisher nie mit Bewußtsein gesehen und gab den Blick ausdruckslos zurück.

»Wer ist das?«

»Doktor Fleming«, sagte Dawnay. »Er hat den Computer gebaut.«

Das Mädchen ging steif zu ihm hinüber und reichte ihm die Hand.

»Guten Tag.« Sie sagte es wie etwas Auswendiggelerntes.

Fleming nahm die dargebotene Hand nicht, starrte sie nur unentwegt an. Sie erwiderte seinen Blick, ohne die Augen zu senken, dann ließ sie ihre Hand sinken.

»Sie müssen ein kluger Mann sein«, sagte sie leise. Fleming lachte, und sie fragte: »Warum tun Sie das?«

»Was?«

»Lachen – ist das nicht das richtige Wort?«

Fleming erwiderte: »Menschen lachen, wenn sie glücklich sind, und weinen, wenn sie traurig sind. Manchmal lachen wir, wenn wir unglücklich sind.«

»Warum?« Sie sah ihm unverwandt ins Gesicht. »Was ist glücklich oder traurig?«

»Es sind Gefühle.«

»Ich fühle sie nicht.«

»Nein. Wie sollten Sie.«

»Warum fühlen Sie sie?«

»Weil wir unvollkommen sind.«

Fleming gab ihren Blick nicht frei, er empfand ihn wie eine Herausforderung. Geers machte eine ungeduldige Bewegung.

»Funktioniert alles normal, Fleming? Es zeigt sich nichts an der Konsole.«

»Was ist die Konsole?« fragte sie und wandte sich ab. Geers zeigte es ihr. Still stand sie vor den Reihen der dunklen Lämpchen, und Dawnay und Geers erklärten ihr auch den Zweck der beiden Pole.

»Wir möchten gern, daß du dich dazwischen stellst.«

Langsam trat sie auf die Konsole zu, und bei ihrem Nähertreten leuchteten die Lämpchen auf. Sie blieb stehen.

»Es ist alles in Ordnung«, sagte Dawnay. Geers nahm die Isolierplatten von den Polen und drängte das Mädchen nach vorne. Fleming wartete gespannt, ohne ein Wort zu sagen. Widerstrebend, mit starrem Gesicht ging Andromeda vorwärts. Als sie die Konsole erreicht hatte, stellte sie sich so hin, daß der jeweilige Pol wenige Zentimeter von ihrem Kopf entfernt war. Die Lämpchen begannen heftiger zu flackern. Das Brummen des Computers erfüllte den Raum. Langsam, ohne Aufforderung, hob sie die Hände zu den Metallplatten hinauf.

»Sind Sie sicher, daß es neutralisiert ist?« Ängstlich sah Geers zu Fleming hin.

»Es neutralisiert sich selbst.«

Als die Hände des Mädchens die Metallplatten berührten, schauderte es. Mit weißem Gesicht, wie in Trance, stand sie, ließ dann los und schwankte unsicher zurück. Dawnay und Geers fingen sie auf und setzten sie auf einen Stuhl.

»Ist alles in Ordnung?« fragte Geers.

Dawnay nickte. »Aber schauen Sie sich das an.«

Die Lämpchen leuchteten alle zugleich, und das Brummen verstärkte sich.

»Was ist geschehen?«

»Es spricht zu mir«, antwortete das Mädchen. »Es weiß von mir.«

»Was sagt es?« fragte Dawnay. »Was weiß es von dir? Wie spricht es?«

»Wir… wir verständigen uns.«

Geers sah unsicher und verwirrt aus. »In Zahlen?«

»Man könnte es in Zahlen ausdrücken«, erwiderte sie und starrte blicklos vor sich hin. »Es würde lange dauern, es zu erklären.«

»Und kannst du dich verständigen?« Dawnay wurde durch eine laute Explosion im Nebenraum unterbrochen. Die Lämpchen erloschen, das Brummen verstummte.

»Was ist passiert?« fragte Geers.

Fleming ging, ohne zu antworten, in die erste Abteilung des Laboratoriums hinüber, wo die Kreatur in ihrem Tank untergebracht war. Rauch stieg auf von den Kontaktdrähten über dem Tank. Er zog sie heraus: Sie waren schwarz. Fetzen von verkohltem Gewebe hingen daran. Er blickte in den Tank, und sein Mund zog sich zu einer schmalen Linie zusammen.

»Was ist geschehen?« Dawnay kam hereingestürzt, gefolgt von Geers.

»Es ist durch einen elektrischen Schlag getötet worden.« Fleming schwenkte die Drähte vor ihren Augen. »Es hat einen weiteren Kurzschluß gegeben, und es ist getötet worden.«

Geers warf einen Blick in den Tank und wich angewidert zurück. »Was haben Sie mit der Kontrollschaltung gemacht?« fragte er.

Fleming ließ die verkohlten Reste der Drähte sinken. »Ich habe nichts gemacht. Der Computer kann seine Spannung selbst regulieren. Er weiß, wie man Gewebe verbrennt – er weiß, wie man tötet.«

»Aber warum?« fragte Geers.

Sie sahen alle instinktiv zur Tür. Dort stand das Mädchen.

»Weil sie es war.« Fleming ging wütend zu ihr hinüber. »Sie haben es ihm mitgeteilt, nicht wahr? Er weiß, daß er jetzt einen besseren Sklaven hat. Er braucht diese arme Kreatur nicht mehr. Das hat er doch gesagt, nicht wahr?«

Sie erwiderte ruhig seinen Blick. »Ja.«

»Sehen Sie!« Er wirbelte zu Geers herum. »Sie haben einen Mörder gemacht. Bridger war vielleicht ein Unfall, vielleicht auch Christine, obwohl ich es Totschlag nennen würde. Aber das hier war reiner, wohlüberlegter Mord.«

»Es war nur eine primitive Kreatur«, entgegnete Geers.

»Und sie war überflüssig.« Fleming wandte sich wieder an das Mädchen. »Ja?«

»Sie war im Weg«, antwortete Andromeda.

»Und das nächstemal können Sie es sein, der im Wege ist, oder ich, oder irgendeiner von uns.«

Sie zeigte noch immer keine Spur eines Gefühls.

»Wir haben nur unerwünschtes Material eliminiert.«

»Wir?«

»Das Gehirn und ich.« Sie berührte mit der Hand ihren Kopf. Fleming folgte mit den Augen ihrer Bewegung.

»Sie sind das gleiche, nicht wahr? Ein Teil seiner Intelligenz.«

»Ja«, sagte sie tonlos, »ich verstehe –«

»Dann verstehen Sie erst dies!« Fleming erhob vor Erregung die Stimme und drängte sein Gesicht dicht an ihres. »Was ich Ihnen sage, ist eine Information: Man darf nicht morden, es ist Unrecht!«

»Unrecht? Was ist ›Unrecht‹?«

»Sie haben doch vor kurzem selbst vom Töten gesprochen«, warf Geers ein.

»O Gott!« stöhnte Fleming auf. »Ist denn hier niemand mehr bei Verstand?« Er starrte noch einen Augenblick zu Andromeda hin, dann verließ er fluchtartig den Raum.

Bouldershaw Fell hatte sich seit der Zeit, als Reinhart Judy zu einer Besichtigung mitgenommen hatte, kaum verändert. Das einzige Zeichen der unerfreulichen Vorgänge, mit denen man sich beschäftigte, war eine große Weltkarte unter Glas an der Wand, auf der die Bahnen von Projektilen in der Erdumlaufbahn mit Tusche eingezeichnet waren. Sie verriet, worüber die äußere Ruhe des Ortes hinwegtäuschte, die fiebernde Angst, mit der man verfolgte, wie die Bedrohung aus dem Himmel über ihnen erbarmungslos wuchs. Reinhart nannte es die Schrift Gottes an der Wand und arbeitete Tag und Nacht mit dem Team des Observatoriums zusammen, zeichnete jede neue Geräuschquelle, die in die Erdumlaufbahn kam, ein und schickte immer düsterere und dringendere Berichte nach Whitehall.

Fast hundert der Geschosse unbekannter Herkunft waren während der vergangenen Monate festgestellt worden, und das Abschußgebiet mußte in einem Dreieck von mehreren hundert Kilometern Ausdehnung im Ozean zwischen der Mandschurei, Wladiwostok und der nördlichsten Insel Japans liegen. Keines der benachbarten Länder bekannte sich zu ihnen. Wie Vandenberg meinte, könnten sie jedem der drei den Vereinten Nationen angehörigen Staaten gehören.

Vandenberg stattete dem Teleskop häufige Besuche ab und hatte mit Reinhart lange und ergebnislose Besprechungen. Alles, was sie ihren Beobachtungen mit Sicherheit entnehmen konnten, war, daß es sich um Projektile mit eigenem Antrieb handelte, daß sie Rußland, Westeuropa und die Britischen Inseln mit einer Geschwindigkeit von 26000 Stundenkilometern in einer Höhe zwischen 550 und 720 Kilometern überflogen. Welche Bahn sie auch nahmen, sie wurde ausgebogen, um Schottland oder England zu erreichen. Sie waren offensichtlich steuerbar und wahrscheinlich mit Vorbedacht auf dieses begrenzte Ziel gerichtet. Obwohl nichts Genaues über Größe und Aussehen bekannt war, gaben sie ein feststellbares Geräusch von sich und waren vermutlich groß genug, um nukleare Waffen zu tragen.

»Ich sehe ihren Zweck nicht recht ein«, gab Reinhart zu. Vandenberg vertrat eine einleuchtende und vernünftige Theorie. »Ihr Zweck besteht darin, daß irgendwer im Osten uns deutlich machen will, daß er uns technisch überlegen ist. Sie schießen die Dinger über unsere Köpfe hinweg, um der Welt zu beweisen, daß wir keinerlei Möglichkeit haben, uns zur Wehr zu setzen. Eine neue Form von Säbelgerassel.«

»Aber warum immer über unser Land?«

Vandenberg sah den Professor leicht bedauernd an. »Weil Sie klein genug sind – und wichtig genug –, um als eine Art Geisel zu dienen.«

»Ja.« Reinhart nickte zu der Karte hin. »Da haben Sie ihr Beweismaterial. Wird es der Westen nicht vor den Sicherheitsrat bringen?«

Vandenberg schüttelte den Kopf. »Nicht bevor wir von einer Position der Stärke aus verhandeln können. Sie würden nichts lieber sehen, als daß wir zur UNO laufen, uns beklagen und unsere Schwäche eingestehen. Dann hätten sie uns in der Hand. Was wir am meisten benötigen, ist ein Mittel, um uns zu verteidigen.«

Reinhart machte ein skeptisches Gesicht.
»Wie wollen Sie das erreichen?«
»Wir arbeiten, so schnell wir können. Geers hat eine Theorie.«
»Oh, Geers.«
»Geers meint«, Vandenberg überging die Zwischenbemerkung, »daß wir eine ungeheuer schnelle Denkvorrichtung haben werden, wenn wir diese Mädchen-Kreatur mit ihrem Computergehirn zusammenarbeiten lassen können.«
»Es war mein Computer«, versetzte Reinhart bitter. »Ich wünsche Ihnen viel Vergnügen.«

Spät am Abend, nach Vandenbergs Abreise, kam Fleming auf Besuch. Reinhart führte ihn zu einigen Lehnstühlen, die zusammen mit einem kleinen Tisch in einer Ecke des Observatoriums standen.
»Ich sagte Ihnen schon am Telephon, John, daß ich in der Sache nichts tun kann. Sie werden die Kreatur zur Unterstützung des Computers einsetzen, um Geers' Raketenprobleme zu lösen.«
»Und genau das will er ja.«
Reinhart zuckte die Achseln. »Ich habe jetzt nichts mehr damit zu tun.«
»Keiner von uns. Ich hänge gerade noch mit knapper Not daran, und von der Möglichkeit, den Stecker rechtzeitig herauszuziehen, kann keine Rede mehr sein, nicht wahr?« Fleming fingerte nervös an der Streichholzschachtel herum, die er hervorgeholt hatte, um sich eine Zigarette anzuzünden. »Es steht jetzt unter eigener Kontrolle. Wäre dieses Wesen, das aussieht wie eine Frau, mit einem Raumschiff gelandet, man hätte es längst vernichtet, weil man es als das erkannt hätte, was es wirklich ist. Aber weil es auf viel subtilere Weise eingeschmuggelt worden ist, weil man ihm menschliche Gestalt verliehen hat, wird es auf den bloßen Augenschein hin akzeptiert. Es hat ja so ein hübsches Gesicht! Und sich an Geers oder seine Leute zu wenden hat keinen Sinn. Ich habe es versucht. – Professor, ich habe Angst.«
»Wir haben alle Angst«, entgegnete Reinhart. »Je mehr wir über das Universum erfahren, um so erschreckender ist es.«
»Sehen Sie.« Fleming beugte sich mit ernstem Gesicht nach vorn.

»Lassen Sie uns einmal nachdenken. Die Maschine – dieses Gehirnprodukt einer anderen Welt – hat sein eigenes einäugiges Monstrum ausgelöscht. Es hat Christine ausgelöscht. Und es wird mich auslöschen, wenn ich ihm im Wege bin.«

»Dann gehen Sie ihm aus dem Wege«, sagte Reinhart müde. »Wenn Sie in Gefahr sind, halten Sie sich doch fern.«

»Gefahr!« Fleming schnaufte hörbar. »Glauben Sie, ich lege Wert darauf, wie Dennis Bridger auf irgendeine fürchterliche Weise umzukommen – für die Regierung oder für Intel? Aber ich wäre nur der nächste auf der Liste. Wenn ich hinausgedrängt oder umgebracht werde, was geschieht dann?«

»Zunächst geht es um die Frage, was als nächstes kommt.« Reinhart sprach wie ein Arzt über einen hoffnungslosen Fall. »Ich kann Ihnen nicht helfen, John.«

»Was ist mit Osborne?«

»Er hat die Sache nicht mehr unter sich.«

»Er könnte aber seinen Minister veranlassen, mit dem Premierminister zu sprechen.«

Reinhart schüttelte den Kopf. »Sie haben nichts Handfestes vorzubringen, John.«

»Ich habe Argumente.«

»Ich bezweifle, daß Ihnen irgend jemand zuhören wird.« Reinhart deutete mit seiner kleinen Hand auf die Wandkarte. »Darüber machen wir uns im Augenblick Sorgen.«

»Was soll das alles?«

Reinhart erklärte es ihm. Fleming hörte ihm angespannt und unglücklich zu.

»Wir können nicht immer die Führung behalten, nicht wahr?« Er ließ für die Erklärungen des Professors keinen Raum. »Mit menschlichen Wesen läßt sich wenigstens eine Einigung erzielen –«

»Was für eine Einigung?« fragte der Professor.

»Die Art der Einigung selbst ist nicht von Bedeutung – verglichen mit dem, was wahrscheinlich auf uns zukommen wird. Eine Bombe ist ein rascher und schmerzloser Tod für eine Kultur, aber die langsame Unterjochung eines Planeten...« Er verstummte.

Der Premierminister hielt sich in seinem eichengetäfelten Zimmer im Unterhaus auf. Er war ein sportlicher alter Herr mit funkelnden Augen. Er saß an der Längsseite eines Tisches, der das halbe Zimmer füllte, und hörte den Verteidigungsminister Burdett an.

»Ah, jetzt kommen die Vertreter der Wissenschaft!« Der Premierminister lächelte liebenswürdig, als man Ratcliff und Osborne hereinführte. Er forderte sie auf, Platz zu nehmen, und wandte sich dann an Burdett. »Wollen Sie für uns das Panier ergreifen, mein Lieber?«

»Es handelt sich um Thorness«, sagte Burdett, zu Ratcliff gewandt. »Wir wollen den Computer ganz übernehmen – und alles, was damit zusammenhängt.«

Ratcliff sah ihn kühl an. »Sie haben bereits das Gebrauchsrecht.«

»Wir brauchen jetzt mehr als das. Wir brauchen eine neue Abfangrakete, und zwar möglichst schnell, meine Herren. Denn im Augenblick haben weder wir noch unsere westlichen Verbündeten irgend etwas, um die Dinger abzuschießen, die über unseren Köpfen herumschwirren.«

»Wir könnten doch zusammenarbeiten, nicht wahr?« fragte Ratcliff Osborne. »Bei der Entwicklungsarbeit –«

Burdett liebte es nicht, Zeit zu vertun. »Wir werden allein damit fertig, wenn wir Ihre Maschine samt dem Mädchen in Thorness ganz übernehmen.«

»Die Kreatur?« Osborne hob gekonnt die Brauen, aber der Premierminister warf ihm einen beruhigenden Blick zu.

»Doktor Geers ist der Meinung, daß wir eine Menge Probleme sehr rasch lösen könnten, wenn wir die junge Dame dazu benutzten, dem Computer unsere Wünsche zu übermitteln und seine Berechnungen zurückzuübersetzen.«

»Bis jetzt, Sir, stand die Kreatur unter Beobachtung unseres Teams. Frau Professor Dawnay –«

»– könnte bleiben.«

»In einer beratenden Funktion«, fügte Burdett eilig hinzu.

»Und Doktor Fleming?« fragte Ratcliff.

Der Premierminister wandte sich wieder an Burdett. »Fleming könnte nützlich sein, nicht wahr?«

Burdett runzelte die Stirn. »Wir verlangen strengste Kontrolle und schärfste Sicherungsmaßnahmen.«

Ratcliff spielte seine letzte Karte aus. »Glauben Sie, daß das Mädchen den Anforderungen gewachsen ist?«

»Ich schlage vor, sie zu fragen«, meinte der Premierminister. Er drückte auf einen kleinen Klingelknopf auf dem Tisch, und unverzüglich erschien ein junger Mann in der Tür. »Bitten Sie Doktor Geers, seine Freundin hereinzuführen, seien Sie so freundlich.«

»Sie haben sie hier?« Ratcliff warf Osborne einen anklagenden Blick zu, als trüge er Schuld daran.

»Ja, mein Bester.« Der Premierminister sah Osborne gleichfalls mit einem fragenden Blick an. »Ist sie, hm –«

»Sie sieht ganz normal aus.«

Der Premierminister seufzte erleichtert und erhob sich, als die Tür geöffnet wurde und Geers und Andromeda hereinkamen. »Kommen Sie, Doktor Geers. Kommen Sie, meine Liebe.«

Andromeda erhielt den Platz ihm gegenüber zugewiesen. Sie saß ruhig, mit leicht gesenktem Kopf, die Hände im Schoß zusammengelegt. Sie sah aus wie eine Sekretärin, die sich vorstellte.

»Das alles wird Ihnen ziemlich sonderbar vorkommen«, begann der Premierminister. Sie antwortete langsam und in korrekten Sätzen.

»Doktor Geers hat mir alles erklärt.«

»Hat er Ihnen gesagt, warum Sie hierhergebracht wurden?«

»Nein.«

»Burdett?« Der Premierminister erteilte dem Verteidigungsminister das Wort.

»Unser Land wird durch Flugkörper in Erdumlaufbahnen bedroht.«

»Wir wissen von Satelliten.«

»Wir?« Burdett sah sie mit verschärftem Blick an.

Sie reagierte überhaupt nicht; ihr Gesicht blieb ohne jeden Ausdruck. »Der Computer und ich.«

»Woher weiß es das Elektronengehirn?«

»Wir tauschen Informationen aus.«

»Das hoffen wir ja gerade«, fiel der Premierminister ein.

Burdett fuhr fort. »Wir haben Abwehrgeschosse – Raketen verschiedener Art –, aber nichts, was die Geschwindigkeit und Treffsicherheit vereint, um...«

Er suchte nach dem Fachausdruck.

»Um sie zu treffen?« fragte sie einfach.

»Genau. Wir können Ihnen jede Angabe über Geschwindigkeit, Höhe und Verlauf der Bahn machen; wir können Ihnen wahrhaftig eine große Zahl von Angaben machen, aber sie müssen in praktische, technisch verwendbare Angaben umgesetzt werden.«

»Ist das schwierig?«

»Für uns, ja. Wir suchen eine hochspezialisierte Abwehrrakete, die in kürzester Zeit eigene Berechnungen anstellen kann.«

»Ich verstehe.«

»Wir hätten gern, daß Sie gemeinsam mit uns daran arbeiten«, sagte der Premierminister liebenswürdig, als erbitte er von einem Kind einen Gefallen. »Doktor Geers wird Ihnen sagen, was erforderlich ist. Er wird ihnen auch alles zur Verfügung stellen, was nötig ist, um die Pläne für die Raketen zu zeichnen.«

»Und Doktor Fleming«, fügte Ratcliff hinzu, »kann Ihnen mit dem Computer behilflich sein.«

Andromeda sah zum erstenmal auf.

»Wir werden Doktor Fleming nicht benötigen«, erwiderte sie, und etwas in ihrer ruhigen, beherrschten Stimme wirkte wie ein kalter Schatten im Sonnenschein.

Nach ihrer Rückkehr aus London verbrachte Andromeda die meiste Zeit in dem Planungsbüro, das ein oder zwei Gebäude von dem des Computers entfernt lag. Sie stellte Daten für den Computer zusammen und schickte sie zur Durchrechnung hinüber. Manchmal kam sie selbst, um in direkte Verbindung mit ihm zu treten. Lange und komplizierte Berechnungen wurden ausgestoßen, die sie mitnahm und in technische Anweisungen umwandelte. Der Erfolg war noch größer, als Geers sich hatte träumen lassen. Ein neues Steuerungssystem und neue ballistische Formeln sprangen gebrauchsfertig vom Reißbrett, und testete man sie, zeigte sich, daß sie allen Anforderungen gerecht wurden. Die Maschine konnte im Verein mit dem Mädchen die theoretische Entwicklungsarbeit eines Jahres an einem Tag bewerkstelligen.

In der folgenden Woche gab Downing Street Nr. 10 ein Kommuniqué heraus:

»Die Regierung Ihrer Majestät ist seit einiger Zeit darauf aufmerksam geworden, daß eine wachsende Anzahl von Flugkörpern – vermutlich handelt es sich um Raketen – auf ihrer Erdumlaufbahn die Britischen Inseln überqueren. Obwohl die Flugkörper, die unbekannter, aber irdischer Herkunft sind, uns mit großer Geschwindigkeit und in großer Höhe überfliegen, besteht kein unmittelbarer Grund zur Beunruhigung. Dennoch sieht sich die Regierung Ihrer Majestät gezwungen zu betonen, daß sie eine bewußte Verletzung des nationalen Luftraums darstellen und daß Schritte unternommen werden, dieselben abzufangen und zu identifizieren.«

Fleming sah sich die Fernsehübertragung auf seinem Kofferapparat in seinem Bungalow in Thorness an. Er war für den Computer nicht mehr verantwortlich, und Geers hatte durchblicken lassen, daß es besser wäre, wenn er das Versuchsgelände verließe. Dennoch blieb er, teils aus Trotz, teils wegen der Ahnung einer bevorstehenden Katastrophe.

Nachdem Fleming die Sendung gehört hatte, ging er zum Computer hinüber mit dem unbestimmten Gefühl, daß etwas unternommen werden mußte.

Judy fand ihn vor, wie er brütend auf dem Drehstuhl vor dem Steuertisch saß. Sie war ihm seit dem letzten Zusammenstoß ausgewichen, hatte ihn aber trotzdem mit Sorge und verborgener Zuneigung, die nie erloschen war, beobachtet. Sie ging zum Steuertisch und blieb vor ihm stehen. »Warum gibst du es nicht auf, John?«

»Das würde dir so gefallen, was?«

»Es würde mir nicht gefallen, aber es gibt nichts für dich hier zu tun, außer dich zu quälen.«

»Sie sind ihrer Sache alle so verdammt sicher.« Nachdenklich sah er zur Steuereinheit hinüber. »Vielleicht ist mir etwas entgangen, an ihm – oder an ihr.«

Andromeda kam herein, während sie sich unterhielten. Sie blieb in der Tür stehen und wartete, bis sie geendet hatten. Sie war ganz ruhig, hatte aber auch nichts Bescheidenes an sich. Wenn sie mit Judy oder den anderen Mitarbeitern sprach, ging eine unzweifelhafte, überlegene Autorität von ihr aus. Selbst Geers gegenüber war sie zu keinen Konzessionen bereit; sie war vollendet höflich, behandelte aber alle wie intellektuell Unterlegene.

»Ich möchte mit Doktor Geers über dieses hier reden, bitte«, sagte sie von der Tür her und klopfte auf die Papiere in ihrer Hand.

»Jetzt?« Judy versuchte, ihr durch ruhige Verachtung gewachsen zu sein.

»Jetzt.«

»Ich will sehen, ob er Zeit hat«, entgegnete Judy und ging hinaus. Andromeda kam langsam auf die Konsole zu, ohne Fleming zu beachten. Etwas veranlaßte ihn, sie aufzuhalten.

»Gefällt Ihnen Ihre Arbeit?«

Sie drehte sich um und sah ihn an, gab jedoch keine Antwort.

»Sie werden ganz unentbehrlich, nicht wahr?« sagte er im gleichen Ton, den er vorhin Judy gegenüber gebraucht hatte.

Sie sah ihn unbeweglich an. Einer Statue glich sie mit ihrem schön geschnittenen Gesicht, ihren langen Haaren, den locker herabhängenden Armen und in ihrer einfachen, hellen Kleidung. »Bitte sehen Sie sich mit Ihren Worten vor«, sagte sie.

»Ist das eine Drohung?«

»Ja.« Sie sagte es ausdruckslos, als stelle sie eine Tatsache fest. Fleming stand auf.

»Ach, Gott, ich werde nicht –«, er unterbrach sich und lächelte. »Vielleicht habe ich wirklich etwas übersehen.«

Was er auch dachte, sie konnte es nicht erraten. Sie drehte sich um und wollte hinausgehen.

»Warten Sie einen Augenblick.«

»Ich habe zu tun.« Trotzdem drehte sie sich wieder um und wartete. Langsam kam er auf sie zu und sah sie von Kopf bis Fuß an, als mache er sich über sie lustig.

»Wenn Sie Männer beeinflussen wollen, müssen Sie etwas aus sich machen.« Sie stand regungslos. Er hob eine Hand und strich ihr das Haar aus dem Gesicht. »Sie sollten Ihr Haar aufstecken, dann könnten wir sehen, wie hübsch Sie eigentlich sind.«

Sie wich von ihm zurück, so daß ihr Haar wieder ins Gesicht fiel; ihre Augen aber blieben auf ihn gerichtet, verwirrt und gespannt.

»Oder Sie müßten Parfüm benützen wie Judy.«

»Ist es das, was so riecht?«

Er nickte. »Kein schweres, aber Lavendel oder so etwas, nur raffinierter im Duft.«

»Ich verstehe Sie nicht.« Eine kleine Falte zeigte sich auf ihrer glatten Stirn. »Hübsch – häßlich. Gut – schlecht. Das ist doch keine logische Unterscheidung.«

Er lächelte noch immer. »Kommen Sie her.«

Zögernd trat sie auf ihn zu. Langsam und mit Bedacht kniff er sie in den Arm.

»Au!« Mit angstvollen Augen wich sie zurück und rieb sich die Stelle, an der er ihr weh getan hatte.

»Hübsch oder häßlich?« fragte er.

»Häßlich.«

»Weil Sie gemacht sind, Schmerz zu empfinden.« Wieder hob er die Hand, und sie wich zurück. »Diesmal will ich Ihnen nicht weh tun.«

Er strich ihr über die Stirn. Erstarrt hielt sie still, aber bereit zu entfliehen, wie ein Reh, das von einem Kind gestreichelt wird. Seine Finger glitten ihr Gesicht entlang und weiter zu ihrem bloßen Nacken.

»Häßlich oder hübsch?«

»Hübsch.« Sie beobachtete ihn, um zu sehen, was er als nächstes tun würde.

»Sie sind gemacht, angenehme Empfindungen zu registrieren, wußten Sie das?« Sanft zog er seine Hand weg und trat einen Schritt beiseite. »Ich zweifle, ob das beabsichtigt war, aber dadurch, daß Sie menschliche Gestalt erhalten haben ... Menschliche Wesen leben nicht nach logischen Gesichtspunkten.«

»Das habe ich gemerkt.« Sie hatte sich wieder gefaßt und ihre Selbstsicherheit zurückgewonnen. Noch immer aber galt ihm ihre Aufmerksamkeit.

»Wir leben durch unsere Sinne. Sie bestimmen unsere Vorstellungen von Gut und Schlecht – unsere ästhetischen und moralischen Urteile. Ohne diese hätten wir uns wahrscheinlich schon längst gegenseitig vernichtet.«

»Sie geben sich die größte Mühe, nicht wahr?« Mit einem verächtlichen Lächeln blickte sie auf die Papiere in ihrer Hand. »Sie sind wie Kinder mit Ihren Geschossen und Raketen.«

»Dabei dürfen Sie mich nicht mitrechnen.«

»Nein, das tue ich nicht.« Nachdenklich sah sie ihn an. »Trotzdem werde ich sie retten. Im Grunde ist es sehr einfach.« Mit einer kleinen Handbewegung deutete sie auf die Papiere.

Judy kam zurück und blieb bei der Tür stehen.

»Doktor Geers hat Zeit für Sie.«

»Danke.« Plötzlich waren die Rollen vertauscht. Auf unerklärliche Weise befanden sich alle drei in einer veränderten Beziehung zueinander. Fleming, der Andromeda noch immer beobachtete, fand ihren Blick mit besonderer Aufmerksamkeit auf sich gerichtet.

»Rieche ich häßlich?«

Er zuckte die Achseln. »Das müssen Sie selbst herausfinden.«

Sie folgte Judy den Betonweg entlang zu Geers' Büro. Die Berechnungen für die Rakete waren abgeschlossen.

Die neue Rakete wurde in Thorness gebaut und erprobt. Nachdem sie abgeschossen, wieder geborgen und in mehreren Exemplaren hergestellt worden war, beauftragte der Premierminister Burdett, Vandenberg aufzusuchen.

Der General war über das in Thorness vorangetriebene Projekt höchst beunruhigt. Es schien ihm zu schnell voranzugehen, als daß es tauglich sein könnte. Obwohl seine Vorgesetzten eine rasche Tat forderten, wünschte er, daß die Rakete zur Erprobung in die USA geschickt würde; er hatte dem Produkt dieser ausländischen Techniker gegenüber ernste Bedenken. Aber die Regierung Ihrer Majestät gab unerwarteterweise keine Erlaubnis.

»Ausnahmsweise verfügen wir über die Mittel, die Rakete fertigzustellen.« Der Minister sprach bestimmt. »Natürlich werden wir uns mit Ihnen koordinieren, wenn wir soweit sind, die Rakete einzusetzen.«

»Reinhart wird uns auf Bouldershaw Fell die Zielinformationen geben, und Geers' Mannschaft wird den Abschuß übernehmen.«

»Und wenn er fehlschlägt?«

»Er wird nicht fehlschlagen.«

Unnachgiebig standen sich die beiden Männer gegenüber.

»Plötzlich ist das für Sie zu einer inneren Angelegenheit geworden.«

Dabei ließen sie es bewenden, und Burdett gab Geers und Reinhart Anweisungen, weiterzuarbeiten.

Fast jeden Tag wurden in Bouldershaw Fell neue Spuren aufgenommen.

»... 12. August, 03.50 Uhr, Greenwichzeit. Ballistisches Objekt, Nummer eins-eins-sieben überfliegt auf Kurs 2697/451. Höhe 700 Kilometer. Geschwindigkeit 28300 Stundenkilometer ...«

Die weite Schale, die scheinbar leer und ruhig draußen unter ihrem hohen Überbau lag, nahm in Wirklichkeit dauernd Signalreflexe auf. Jeder Flugkörper gab sein eigenes Signal von sich, wenn er über den Horizont kam, und man konnte hören, wie er sich von der anderen Seite der Erdkugel näherte. Elektronische Abtastungsvorrichtungen im Observatorium zeigten auf einem Kathoden-Strahlen-Schirm die Bahn der Flugkörper an, auch das automatische Ortungs und Lokalisierungssystem war durch eine Überlandleitung mit Thorness verbunden.

Eine Anzahl von Raketen wurde auf der Landzunge von Thorness aufgestellt; ein »erster Schuß«, wie sie es nannten, und zwei Reserveraketen. Jede war mit Treibstoff vollgetankt und mit Präzisionsinstrumenten ausgerüstet, und jede trug eine kleine nukleare Ladung in der Spitze.

Die Bodenkontrolle wurde vom Computer übernommen, und dieser wieder von Andromeda und ihren Assistenten bedient. Die Ortungssignale aus Bouldershaw wurden im Kontrollraum eingegeben, sofort ausgewertet und der Abwehrrakete übermittelt. Die Flugbahn der Rakete war auf Haaresbreite steuerbar.

Der Zugang zum Kontrollraum war während dieser Zeit nur Geers und seinem Mitarbeiterstab gestattet. Fleming und Dawnay bekamen – eine pure Höflichkeitsgeste – in einem anderen Gebäude ein Monitorgerät zur Verfügung gestellt. Andromeda leitete mit großer Ruhe die Arbeit am Computer, und Geers lief aufgeregt und wichtigtuerisch zwischen der Abschußrampe, dem Computer und dem Abschußraum hin und her.

Der Abschußraum war eine kleine technische Zentrale, von wo aus die Abschußeinrichtungen kontrolliert wurden. Durch eine direkte Telephonleitung stand er mit dem Verteidigungsministerium in Verbindung. Judy wurde durch Major Quadring in Atem gehalten, der jeden, der aus und ein ging, überprüfen ließ.

Am letzten Tag des Oktobers hatte Burdett eine Konferenz mit dem Premierminister; danach telephonierte er mit Geers und Reinhart.

»Das nächste Projektil«, sagte er.

Reinhart und sein Team mußten sechsunddreißig Stunden warten, ehe sie eine neue Spur aufnehmen konnten. Dann empfingen sie im frühen Morgenlicht ein sehr schwaches Signal. Das automatische Verbindungssystem wurde in Gang gesetzt.

Die verschlafene Mannschaft in Thorness riß sich zusammen, und Andromeda, die keine Spur von Aufregung zeigte, beaufsichtigte die Techniker, die die Information durch den Computer analysieren ließen. Sofort wurde die günstigste Abschußzeit ausgegeben, in den Abschußraum übermittelt, und der Countdown begann. Bald darauf konnte man die Spur des Flugkörpers auf dem Radarschirm sehen. Ein Schirm stand für Andromeda im Computerraum, ein anderer im Abschußraum für Geers, ein dritter im Generalstabsraum des Verteidigungsministeriums in London sowie ein großes Suchgerät, das Reinhart beobachtete, in Bouldershaw. Dort konnte man auch das Signal des Satelliten hören: ein regelmäßiges blip-blip-blip-blip, das, verstärkt und durch Lautsprecher übertragen, das Observatorium erfüllte.

In Thorness übertrugen die Lautsprecher den Countdown. Bei Null sollte der »erste Schuß« abgefeuert werden, dann, falls dieser fehlschlug, der zweite, und, wenn erforderlich, der dritte, alle mit neuen, auf ihre Abschußzeit abgestimmten Flugbahnberechnungen. Andromeda hatte zwar betont, daß das nicht nötig sei, die anderen aber waren sich der Möglichkeit menschlichen Versagens nur allzu bewußt. Weder Geers noch seine Vorgesetzten konnten sich einen Fehlschlag leisten.

Der Countdown führte zu einfachen Zahlen und schließlich zu Null. Graues Morgenlicht lag über der Landzunge, als die erste Raketenstufe des »ersten Schusses« plötzlich rot zu leuchten begann. Die Luft erfüllte sich mit Lärm, die Erde erbebte, und die lange, bleistiftschmale Rakete glitt in den Himmel. Nach wenigen Sekunden war sie in den Wolken verschwunden. In den Kontrollräumen, im Generalstabsraum und im Observatorium verfolgten besorgte Augen ihre Bahn auf dem Radarschirm. Nur Andromeda blieb gelassen und ihrer Sache sicher.

In Bouldershaw beobachteten Reinhart und sein Team, wie die Bahn des Satelliten und die der Abwehrrakete aufeinander zuliefen, hörten, wie das blip-blip-blip des Satelliten sich verstärkte und deutlicher wurde, als er sich näherte. Dann stießen die Bahnen aufeinander, und das Geräusch verstummte im gleichen Moment.

Reinhart drehte sich mit einem Ruck zu seinem Assistenten herum und schlug ihm wild und ganz gegen seine sonstige Art auf den Rükken. »Wir haben es geschafft...!«

»Ein Treffer!« Geers hob den Hörer seines Londoner Telephons ab. Andromeda drehte ihrem Radarschirm im Kontrollraum den Rücken, als sei etwas Nebensächliches geschehen. In London wandte sich Vandenberg an seine englischen Kollegen im Generalstabsraum.

»Ha, so was!«

Am gleichen Abend wurde der Presse eine offizielle Erklärung übermittelt.

»Das Verteidigungsministerium gibt bekannt, daß ein in der Erdumlaufbahn befindliches Geschoß von einer neuartigen britischen Rakete über dem englischen Territorium abgefangen worden ist. Die Reste des Geschosses unbekannter Herkunft sowie die der Abwehrrakete verglühten bei Wiedereintritt in die Erdatmosphäre. Der Abschuß wurde mit Radargeräten verfolgt und konnte daher nach Angaben des Ministeriums bis ins Detail überprüft werden.«

Ein allgemeiner Seufzer der Erleichterung ging durch Whitehall, begleitet von einer Welle der Selbstbeglückwünschungen. Das Kabinett hielt eine ungewöhnlich vergnügte Sitzung ab, und nach einer Woche ließ der Premierminister wieder Burdett rufen.

Der Verteidigungsminister erschien: elegant, lächelnd, umgeben von einer Aura des Selbstvertrauens und eines guten Rasierwassers.

»Irgendwelche neuen Spuren?« fragte der Premierminister.

»Nichts ist seit dem Abschuß über unser Land geflogen, Sir.«

»Gut.« Der Premierminister dachte nach. »Ich meine«, sagte er ernst, »wenn diese eigenartige Kombination schon diese Rakete fertiggebracht hat, dann kann sie noch eine ganze Menge anderer Dinge für uns erledigen. Natürlich müßte sie sich weiterhin in erster Linie mit Verteidigungsaufgaben befassen, aber gleichzeitig sollten sich ungeheure industrielle Möglichkeiten mit ihrer Hilfe verwirklichen lassen. Wir wollen ebenso reich sein wie stark. Die Wissenschaftler haben uns – und ich bin ihnen sehr zu Dank verpflichtet – das fortschrittlichste Denkinstrument der Welt beschert. Es wird unserer Nation einen gewaltigen Sprung nach vorn ermöglichen. Und genau zur richtigen Zeit.« Er schwieg einen Augenblick, und Burdett wartete höflich. »Ich werde selbst, sobald ich kann, nach Thorness hinauffahren.«

Bereits nach einigen Tagen war der Besuch festgesetzt. Offenbar war er für den Premierminister von großer Wichtigkeit. Judy und Quadring hatten Mühe, ihn vor der Presse geheimzuhalten. Geers hatte sich seit seinem Erfolg spürbar verändert. Selbstvertrauen war etwas Neues für ihn. Er gab sich schroff, aber nicht unzugänglich, und er hatte Dawnay und Fleming nicht nur den Zugang zum Computer wieder gestattet, er hatte sie auch aufgefordert, an dem Rundgang des Premierministers teilzunehmen. Er wünsche, sagte er, daß jeder nach seinem Verdienst behandelt werde. Am Tage des Besuches ging Fleming früh in das Gebäude des Computers und fand dort Andromeda allein vor. Sie hatte ihr langes Haar aufgesteckt, und statt ihrer üblichen Kleidung trug sie eine Art griechisches Gewand, das Brust und Hüften eng umschloß.

»Toll!« rief er aus. »Es wird Ihnen durchaus etwas Menschliches passieren, wenn Sie so herumlaufen.«

»Meinen Sie meine Kleidung?« fragte sie mit halbem Interesse.

»Sie werden einen phantastischen Eindruck machen, aber den haben Sie ja bereits gemacht. Jetzt wird Ihnen überhaupt nichts mehr im Wege stehen, oder?« sagte er mürrisch. Andromeda sah ihn wortlos an. »Wahrscheinlich wird er Sie bitten, die Staatsführung zu übernehmen; und Sie glauben, wir werden friedlich in unseren Betten schlafen, jetzt, da wir gesehen haben, wie mächtig Sie sind. Sie halten uns doch alle für Idioten, nicht wahr?«

»Sie sind kein Idiot.«

»Wenn ich kein Idiot wäre, wären Sie jetzt nicht hier. Sie schießen ein kleines Stück Metall am Himmel ab – ein Kinderspiel, wenn man weiß, wie man so was macht –, und schon sind Sie in der ersten Reihe.«

»So war das auch geplant.« Ausdruckslos sah sie ihn an.

»Und was ist als nächstes geplant?«

»Das hängt vom Programm ab.«

»Ja.« Er ging einen Schritt auf sie zu. »Sie sind eine Sklavin, nicht wahr?«

»Warum gehen Sie nicht?« fragte sie.

»Gehen?«

»Ja, jetzt, solange Sie noch können.«

»Wollen Sie mich zwingen?« Kalt und feindselig starrte er sie an, aber sie wandte den Kopf ab.

»Vielleicht muß ich es«, erwiderte sie. Er blieb vor ihr stehen und versuchte, sie zum Sprechen zu bewegen, bekam aber nichts weiter aus ihr heraus. Er blickte auf die Uhr und brummte.

»Ich wünschte, dieser diplomatische Zirkus würde endlich erscheinen, damit die Sache ein Ende findet.«

Der Premierminister kam in Begleitung von Beamten, Politikern und Geheimpolizisten von Scotland Yard. Geers führte ihn herein.

Burdett und Hunter und ein ganzer Zug geringerer Größen folgte. Er verjüngte sich immer mehr, bis Judy am Schluß allein erschien und die Türen schloß. Geers deutete mit einer ausladenden Bewegung auf den Kontrollraum.

»Das ist also der Computer, Sir.«

Nachdem Geers mit strahlendem Gesicht die Anlage erklärt hatte und Andromeda ausgiebig bestaunt und beglückwünscht war, schlängelte sich die Prozession in das Laboratorium, um danach die Raketen zu besichtigen.

»Kommst du?« fragte Judy Fleming, der stehengeblieben war. Er schüttelte den Kopf.

»War das eben nicht die Höhe?«

Judy zupfte an ihrem Taschentuch. »Man hätte dich wenigstens mit ihm sprechen lassen sollen.«

Er warf ihr ein schwaches Lächeln zu und sah von Judy weg auf die Steuereinheit. »Ich habe eine Idee.«

»Eine, die ich begreifen kann?«

»Sieh nur, wie er arbeitet – wie regelmäßig und wie rhythmisch.« Der Computer arbeitete unter ständigem leisen Brummen und mit regelmäßig aufleuchtenden Lämpchen. »Und in seinem Innern schmiedet er Todespläne. Wenn ich nun jetzt den Stecker herauszöge?«

»Das würden sie nicht erlauben.«

»Oder ein Brecheisen nähme und ihn zusammenschlüge?«

»Du würdest nicht weit kommen wegen der Wachen. Und sie würden ihn auf jeden Fall wiederaufbauen.«

Er nahm Papiere aus der Schublade des Steuertisches. »Dann bleibt uns nichts übrig, als ihn intellektuell zu schädigen, nicht wahr? Die junge Dame habe ich schon ein bißchen durcheinandergebracht, nun wollen wir es doch einmal mit ihm versuchen.« Er sah ihren zweifelnden Blick. »Keine Sorge, du brauchst nicht die Wachen zu holen. Kommen die anderen auf dem gleichen Weg wieder zurück?«

»Nein, sie verlassen das Gebäude durch den Laboratoriumseingang.«

»Gut!« Er begann, Zahlen von den Papieren auf einen Block abzuschreiben.

»Was soll das?«

»Eine verkürzte Formel für die Kreatur.«

»Andromeda?«

»Nenn sie, wie du willst.« Er schrieb weiter. »Das hier ist die Bezeichnung, die ihr die Maschine gibt. Im Grund nicht mal eine Formel – bloß ein Benennungscode.«

»Was willst du tun?«

»Ein bißchen umgruppieren.«

»Du wirst doch keine Dummheiten machen?«

Er lachte ihr ins Gesicht. »Geh lieber zu deiner Fremdenführung; das hier braucht Zeit.«

»Ich werde die Wachen informieren.«

»Wenn du meinst.«

Sie zögerte, dann eilte sie der Gesellschaft nach. Nachdem sie gegangen war, überprüfte er die Zahlen und ging mit dem Block zur Eingabe hinüber.

»Ich werde dir etwas zu kauen geben«, sagte er laut zu der Maschine, setzte sich und begann, die Botschaft einzugeben. Er war kaum fertig, als Andromeda hereinkam.

»Ich dachte, Sie wären gegangen, um die Raketen zu besichtigen.«

Sie zuckte die Achseln. »Das ist so langweilig.«

Die Lämpchen an der Konsole begannen schneller zu flackern, und plötzlich fing der Drucker an, wie rasend Daten auszustoßen.

Andromeda sah überrascht auf. »Was ist los?«

Fleming ging schnell zur Ausgabeeinheit hinüber und las die Zahlen, die auf dem Papier geschrieben wurden. Er lächelte. »Ihr Freund scheint verstimmt zu sein.«

Sie kam und sah ihm über die Schulter. »Das ist Unsinn.«

»Genau!«

So plötzlich, wie die Maschine ausgestoßen hatte, hörte sie wieder auf. Völlige Stille herrschte.

»Was haben Sie getan?« fragte das Mädchen. Sie las verständnislos die Zahlen. »Das bedeutet doch gar nichts.«

Fleming lachte. »Nein, er ist im Augenblick verwirrt, ich glaube seelisch ein bißchen durcheinander.«

»Was haben Sie gemacht?« Sie wollte zu den Polen gehen, aber er hielt sie zurück.

»Gehen Sie weg da.«

Sie blieb unentschlossen stehen. »Was haben Sie getan?«

»Ihm nur eine kleine Information gegeben.«

Sie sah sich um und entdeckte den Block auf dem Tisch. Langsam ging sie dorthin und las.

»Das ist ja mein Benennungscode – umgekehrt.«

»Negativ gesetzt«, sagte Fleming.

»Er wird glauben, daß ich tot bin.«

»Das sollte er auch.«

Sie sah ihn verwirrt an. »Warum?«

»Ich wollte ihm zeigen, daß nicht alles so geht, wie er sich das denkt.«

»Das war sehr unbedacht.«

»Er scheint großen Wert auf Sie zu legen«, versetzte er geringschätzig.

Sie wandte sich wieder den Polen zu. »Ich muß ihm sagen, daß ich am Leben bin.«

»Nein!« Er ergriff sie bei den Armen.

»Ich muß! Er glaubt, ich sei tot, und ich muß ihm unbedingt sagen, daß ich lebe.«

»Dann sage ich ihm, daß Sie doch tot sind. Ich kann dieses Spiel so lange treiben, bis er zum Schluß nicht mehr weiß, woran er wirklich ist.«

Er ließ ihren Arm los und nahm den Block vom Tisch.

»Geben Sie mir das.« Sie riß sich los. »Sie können nicht gewinnen, das müssen Sie wissen.« Sie wandte sich ab, und als Fleming wieder versuchte, sie zurückzuhalten, schrie sie ihn plötzlich an: »Lassen Sie mich allein! Gehen Sie weg!«

Sie standen sich gegenüber, zitternd, unfähig, sich zu bewegen. Dann ergriff Fleming sie fest bei den Händen und zog sie an sich. Überrascht hob er die Nase. »Sie tragen Parfüm.«

»Lassen Sie mich los! Ich rufe die Wache!«

Fleming lachte. »Öffnen Sie den Mund, los!«

Ihre Lippen öffneten sich, und im gleichen Moment drückte er einen Kuß darauf. Dann hielt er sie auf Armeslänge von sich und betrachtete sie. »Hübsch oder häßlich?«

»Lassen Sie mich bitte in Ruhe.« Ihre Stimme war unsicher. Verwirrt blickte sie ihn an und senkte dann den Kopf. Immer noch hielt er sie fest.

»Wem gehören Sie?«

»Ich gehöre dem, der meinen Verstand ruft.«

»Dann sagen Sie ihm dies –« Er küßte sie lange und hingebungsvoll, aber ohne Leidenschaft. Sie zog sich zurück, aber er hielt sie eng an sich gepreßt und sprach mit sanfter Stimme. »Mögen Sie den Geschmack von Küssen nicht? Oder den Geschmack von Essen oder den Geruch und die Frische des Windes draußen oder die Hügel hinter dem Stacheldraht mit der Sonne darauf und den Gesang der Lerchen? Und die Gesellschaft menschlicher Wesen?«

Sie schüttelte den Kopf. »Das hat nichts zu bedeuten.«

»Nichts?« Er sprach, und sein Gesicht war dicht vor dem ihren. »Es darf Ihnen nichts bedeuten, weil irgendeine körperlose Intelligenz dort oben, der Sie hörig sind, es nicht so haben will. Aber für das organische Leben ist es von Bedeutung, wie Sie erfahren werden.«

»Alles kann zugelassen werden.«

»Aber in seiner Kalkulation ist so etwas nicht vorgesehen.«

»Man kann es in die Kalkulation aufnehmen.« Sie sah zu ihm auf. »Sie können gegen uns nicht gewinnen, Doktor Fleming. Geben Sie es auf, bevor Sie zu Fall kommen.«

Er ließ sie los. »Ist es möglich, daß ich zu Fall komme?«

»Ja.«

»Und warum warnen Sie mich?«

»Weil ich Sie gernhabe«, sagte sie. Er lächelte schwach.

»Sie reden wie ein Mensch.«

»Dann ist es Zeit, daß ich aufhöre. Bitte, gehen Sie jetzt.« Er blieb hartnäckig stehen. Ein bitterer Ton hatte in ihrer Stimme geklungen, und ihr Gesicht trug einen unglücklichen Ausdruck. »Bitte – oder wollen Sie, daß ich bestraft werde?«

»Wodurch?«

»Wodurch wohl?« Sie warf einen Blick zu den beiden Polen des Computers. Fleming war überrascht – daran hatte er nie gedacht.

»Bestraft? Das ist mir ganz neu.« Er steckte den beschriebenen Block in die Tasche und ging zur Tür. Dort drehte er sich noch einmal um und feuerte seinen letzten Schuß ab. »Zu wem gehören Sie?«

Sie ließ ihn nicht aus den Augen, bis er gegangen war, dann erst wandte sie sich widerstrebend der Konsole zu und näherte sich ihm, als folge sie einem Zwang. Sie hob die Hände zu den Polen, um die Verbindung aufzunehmen, zögerte aber. Ihr Gesicht war starr. Dann hob sie ein zweites Mal die Hände und berührte die Metallplatten. Einen Augenblick lang geschah nichts, nur die Lämpchen flackerten schneller, während die Maschine die Information, die sie erhielt, verarbeitete. Dann schlug das Voltmeter unter der Konsole mit einem Male aus.

Andromeda stieß einen klagenden Schrei aus und versuchte, die Hände von den Platten zu lösen, aber der Strom hielt sie fest. Das Voltmeter sank, um wieder auszuschlagen, und wieder stieß sie einen Schmerzensschrei aus... Und ein drittes und ein viertes Mal und wieder und wieder und wieder...

Wieder war es Judy, die sie fand. Sie war ein paar Minuten später gekommen, um nach Fleming zu sehen, und entdeckte mit Schrecken das Mädchen. Zusammengekrümmt lag es am Boden, genau an der gleichen Stelle, an der sie Christine gefunden hatte.

»O nein!« entfuhr es ihr unwillkürlich. Sie lief hin und drehte das Mädchen um. Andromeda war noch am Leben.

Sie stöhnte, als Judy sie berührte, drehte sich weg und wimmerte leise, wobei sie die Hände gegeneinander drückte. Sie waren schwarz verbrannt, und an einigen Stellen lag das rote Fleisch bis auf die Knochen entblößt.

Judy ließ sie behutsam nach hinten gleiten. »Wie ist das gekommen?« Andromeda stöhnte und öffnete die Augen. »Ihre Hände«, sagte Judy.

»Wir können sie leicht wiederherstellen.« Die Stimme des Mädchens war kaum vernehmbar.

»Was ist geschehen?«

»Irgend etwas hat nicht richtig funktioniert, das ist alles.«
Judy verließ sie, um Doktor Hunter zu rufen.

Von diesem Augenblick an überstürzten sich die Ereignisse. Hunter legte einen Notverband an und versuchte, Andromeda zu bewegen, sich in das Krankenrevier des Versuchsgeländes zu begeben, aber sie weigerte sich, den Computer zu verlassen, ehe sie nicht Madeleine Dawnay gesprochen hatte.

»Es geht rascher so«, erklärte sie ihnen, und obwohl sie unter den Folgen des Schocks litt, durchwühlte sie mit großer Energie Dawnays Papiere, bis sie gefunden hatte, was sie suchte. Sie schob sie Dawnay hin. Sie betrafen die Bildung von Enzymen in der DNS-Formel.

»Was sollen wir damit anfangen?« Dawnay blickte zweifelnd darauf nieder.

»Eine isolierte Formel für Gewebe finden«, antwortete Andromeda und trug die Blätter zum Computer. Sie war schwach und blaß und hielt sich nur mit Mühe aufrecht. Dawnay, Hunter und Judy beobachteten voller Angst, wie sie sich wieder zwischen die Pole stellte und die bandagierten Hände hob; aber es ereignete sich nichts, und nach kurzer Zeit begann die Maschine auszustoßen.

»Es ist eine Enzym-Formel. Sie können sie mühelos herstellen.« Sie hielt Dawnay den Papierstreifen hin. Dann wandte sie sich an Hunter. »Ich würde mich jetzt gern hinlegen, bitte. Das Enzym kann, medizinisch angewandt, für meine Hände benutzt werden, wenn Frau Professor Dawnay es hergestellt hat; es sollte sobald wie möglich geschehen.«

Andromeda lag mehrere Tage hindurch krank und wurde von Hunter mit einer Salbe behandelt, die das Enzym, das Dawnay hergestellt hatte, enthielt. Der Heilungsprozeß glich einem Wunder. Neues Gewebe – geschmeidiges, natürliches Fleisch, nicht das harte Gewebe des üblichen Vernarbungsprozesses – wuchs in wenigen Stunden über die Wunden und bildete eine frische blaßrosa Hautschicht auf den Handflächen. Bis der Schock abgeklungen war, waren auch die Hände des Mädchens gänzlich wiederhergestellt.

Hunter hatte unterdessen Geers Bericht erstattet, und dieser ließ

Fleming rufen. Der Direktor, von dem guten Ausgang des Unfalls noch nicht unterrichtet, fühlte sich krank vor Zorn. Mit zusammengekniffenen Lippen und ohne einen Rest der früheren kameradschaftlichen Haltung empfing er Fleming.

»Sie beschließen also, das Ding aus dem Gleichgewicht zu bringen!« Er schleuderte die Worte Fleming entgegen, und seine Faust sauste auf die polierte Platte hinunter. »Sie ziehen niemanden hinzu – dazu sind Sie viel zu gerissen. So gerissen, daß die Maschine einen Fehler begeht und um ein Haar das Mädchen tötet.«

»Wollen Sie nicht erst einmal anhören, was passiert ist?« Fleming erhob seine Stimme zur gleichen Lautstärke, aber Geers ließ ihn nicht reden.

»Ich weiß, was passiert ist.«

»Waren Sie dabei? Sie hat gewußt, daß sie bestraft würde. Sie hätte annullieren müssen, was ich dem Computer zuvor eingegeben hatte, aber sie hat es nicht getan – oder jedenfalls nicht schnell genug. Sie zögerte und warnte mich und befahl mir zu gehen, und dann erst ging sie hin und berührte die Verständigungspole.«

»Ich denke, Sie sind hinausgegangen«, erinnerte ihn Geers.

»Natürlich bin ich gegangen, ich sage Ihnen nur, was unvermeidlich geschehen mußte. Sie teilte der Maschine mit, daß sie noch am Leben sei, daß man ihr eine falsche Information eingegeben habe, daß die Quelle der Information in der Nähe sei und daß sie, Andromeda, die Eingabe nicht verhindert habe. Und deshalb wurde sie daraufhin von der Maschine bestraft – sie erteilte ihr eine Anzahl von elektrischen Schlägen. Wie man das macht, weiß sie ja; sie hat es an Christine gelernt.«

Der Direktor wahrte nur mit Mühe die Ruhe. »Das alles sind Vermutungen, die Sie da anstellen«, stieß er schließlich hervor.

»Es sind keine Vermutungen, Geers. Es mußte so kommen, ich habe es nur nicht rechtzeitig gemerkt.«

»Haben Sie Ihren Ausweis bei sich?« Geers blitzte ihn durch die Brille hindurch an. »Zum Gebäude des Computers?«

Fleming wühlte in seinen Taschen. »Auf diese Weise können Sie mir nichts nachweisen, er ist völlig in Ordnung.«

Er reichte ihn über den Tisch. Geers nahm ihn, sah ihn prüfend an und riß ihn langsam in Stücke.

»Was soll das?«

»Sie sind nicht tragbar, Fleming. Unmöglich!«

Jetzt war es Fleming, der auf den Tisch schlug. »Ich bleibe im Versuchsgelände!«

»Bleiben Sie, wo Sie wollen, aber der Zutritt zu dem Computer ist Ihnen ein für allemal untersagt! Tut mir leid!«

Ungefähr eine Woche nach dem Unfall – oder der Strafe, wie Fleming das Ereignis nannte – kehrte Fleming von einem Spaziergang in der Heide zurück und fand ein überdimensionales und luxuriöses Auto vor Geers' Büro. Als er daran vorbeikam, stieg ein kleiner, vierschrötiger Mann mit Glatze aus.

»Doktor Fleming!« Der Mann hielt ihm die Hand zur Begrüßung hin.

»Was machen Sie hier?«

»Ich hoffe, Sie haben nichts dagegen«, erwiderte Servola. Fleming sah sich um, ob jemand in der Nähe sei. »Verschwinden Sie!«

»Bitte, Herr Doktor, regen Sie sich nicht auf.« Servola lächelte ihn an. »Ich bin ganz offiziell hier. AI bei Lloyds. Ich kompromittiere Sie nicht.«

»Bridger haben Sie auch nicht kompromittiert, wie?« Fleming zeigte mit dem Kopf nach dem Haupteingang. »Dort ist der Ausgang.«

Servola lächelte erneut und zog sein Zigarettenetui heraus. »Rauchen Sie?«

»Allmählich, ja. Und bald bis zur Weißglut! Ich bin an keinem Angebot interessiert! Versuchen Sie es an der nächsten Tür!«

»Ich bin gerade dabei!« Servola lachte und steckte den Zigarillo zwischen die Zähne. »Und ich habe Sie nur aufgehalten, Herr Doktor, um Ihnen mitzuteilen, daß ich Sie nicht länger belästigen werde. Ich habe andere Mittel, sehr viel bessere, und sehr viel anständigere.«

Er lächelte wieder, zündete seinen Zigarillo an und betrat den Vorraum von Geers' Büro.

Fleming eilte zu dem Gebäude der Sicherheitsabteilung, aber Quadring war irgendwo unterwegs, ebenso Judy. Schließlich erreichte er Judy telephonisch, aber als sie bei Geers' Büro ankam, führte der Doktor Servola gerade hinaus. Die beiden Männer schienen im besten Einvernehmen; Geers rauchte einen Zigarillo und hatte sein liebenswürdigstes Lächeln aufgesetzt. Er streckte Servola die Hand hin. »Auf Wiedersehen.«

Judy sah, wie Servola die dargebotene Hand schüttelte und zu seinem Auto zurückging. Als der Direktor eben in sein Büro zurückkehren wollte, sagte sie: »Kann ich Sie einen Augenblick sprechen?«

Geers ließ sein Lächeln fallen. »Ich bin sehr beschäftigt.«

»Es ist wichtig. Wissen Sie, wer der Herr ist? Er ist von Intel. Bridger hatte ihnen damals Geheimmaterial verkauft...«

Geers öffnete die Tür. »Mir kauft man kein Geheimmaterial ab«, entgegnete er von oben herab.

»Aber –« Sie folgte ihm unaufgefordert. Im Büro fand sie Dawnay vor, die offenbar in aller Ruhe wartete. Sie wurde plötzlich unsicher und murmelte, zu der älteren Frau gewandt, eine Entschuldigung.

»Keine Ursache«, antwortete Dawnay gleichmütig und verzog sich in die andere Ecke des Zimmers. Geers nahm wieder hinter seinem Tisch Platz und musterte Judy mit einem unpersönlichen, abweisenden Blick.

»Wir treffen eine Handelsvereinbarung.«

»Mit Intel?« Die wahnsinnige Absurdität der Sache überwältigte Judy. Sie starrte ihn über den Tisch hinweg an. »Ich wurde damals in dieser Sache eingesetzt, weil wir Intel nicht trauten. Doktor Bridger wurde in den Tod getrieben – auch durch mich –, weil er...«

»Die Zeiten haben sich geändert.« Plötzlich wurde er eisig. »Im Grunde genommen geht Sie die ganze Sache gar nichts an. Was die Regierung jetzt braucht, sind Weltmärkte. Als Andromeda sich die Hände verbrannte, lieferte sie auf diese Weise Frau Professor Dawnay und ihren Leuten eine Synthese. Haben Sie die Hände gesehen?«

»Ich habe sie gesehen, als sie verbrannt waren.«

»Jetzt sehen Sie nicht die geringste Spur einer Verbrennung mehr an ihnen. Keine Vernarbung, nichts. Über Nacht!«

»Und das wollen Sie Intel verkaufen?«

»Durch die Vermittlung von Intel, wohlgemerkt, und zwar jedem, der es benötigt.«

Sie versuchte dahinterzukommen, was daran faul war. Und dann wurde es ihr klar. »Warum nicht durch den Weltgesundheitsdienst?«

»Wir sind doch kein allgemeines Wohltätigkeitsunternehmen. Wir legen Wert auf eine vernünftige Handelsbilanz.«

»Und da ist es Ihnen ganz egal, wem Sie die Hand geben?« fragte sie angeekelt. Sie ließ jede Rücksicht außer acht und wandte sich an Dawnay. »Machen Sie da mit?«

Dawnay zögerte. »Das Enzym ist noch nicht ganz marktreif. Wir benötigen eine verfeinerte Formel. André – das Mädchen – bereitet die Daten zur Durchrechnung vor.« Alle hatten die Gewohnheit angenommen, sie André zu nennen.

»Also arbeitet das ganze Team sozusagen für Intel?«

»Ich hoffe nicht«, meinte Dawnay, und es klang fast, als ergreife sie Judys Partei.

Geers unterbrach sie. »Bitte, Madeleine, es reicht jetzt.«

»Dann will ich nicht länger Ihre Zeit in Anspruch nehmen.« Judy ging zur Tür. »Aber ich mache da nicht mit, und Doktor Fleming auch nicht.«

»Wir kennen Flemings Ansichten«, antwortete Geers gehässig.

»Und wo ich stehe, wissen Sie jetzt auch!« Judy lief hinaus. Ihr Instinkt riet ihr, direkt zu Fleming zu gehen, aber das Risiko einer weiteren Brüskierung war im Augenblick zuviel für sie. Und so war es Dawnay, die ihn am Abend in seinem Bungalow aufsuchte. Er verfolgte gerade die Sendung des Premierministers im Fernsehen.

»Kommen Sie herein«, sagte er und machte ihr am Fußende des Bettes Platz.

»Seit den Tagen Königin Viktorias«, verkündete das körperlose Gesicht auf dem Schirm, »hat unser Land niemals einen so klaren Vorsprung auf dem Gebiet der Industrie, der Technik und – vor allem – der Verteidigung gehabt, wie wir ihn in unmittelbarer Zukunft erreichen werden...«

Dawnay spürte ihre Aufmerksamkeit nachlassen. »Entschuldigen Sie die Störung.«

»Sie stören nicht.« Er machte eine Grimasse zum Fernsehschirm hin. »Schalten Sie den alten Idioten ab.« Er stand auf und mixte einen Cocktail. »Nur ein Höflichkeitsbesuch?«

»Ich wollte gerade zum Computer hinübergehen, und da sah ich Licht bei Ihnen. Danke.« Sie nahm ihm das Glas ab und sah ihn über den Rand hinweg an. »Doktor Fleming, ich habe früher ziemlich unfreundliche Dinge über Ihre Einstellung gesagt. Jetzt fange ich an, unsicher zu werden.«

Er gab keine Antwort, und sie fügte hinzu: »Und Judy Adamson geht es genauso.«

»Das wird uns ungeheuer nützen«, brummte er.

»Sie hat heute nachmittag eine scharfe Auseinandersetzung mit Geers gehabt. Ich muß sagen, das alles gibt mir zu denken.« Sie nippte an ihrem Glas. »Es scheint völlig in Ordnung, Gebrauch zu machen von dem, was wir – was Sie geschaffen haben.«

»Lassen Sie doch das.«

»Und trotzdem, ich weiß nicht. Diese Art von Macht kommt einem irgendwie korrupt vor. Man sieht doch, wie sie auf die Leute hier wirkt – und auf die Regierung.« Sie nickte zum Fernsehapparat. »Es ist gerade, als wären ganz gewöhnliche, normal empfindende Menschen plötzlich von einer Zielstrebigkeit besessen, die gar nicht ihre eigene ist. Und dabei sieht alles so harmlos aus, aber wo wird uns das alles hinführen?« Eigentlich war es eine rhetorische Frage, aber er antwortete ihr.

»Vor einem Jahr hatte die Maschine keinerlei Macht außerhalb ihres Gebäudes, und auch dort hatten wir sie noch völlig unter Kontrolle.«

Er sprach ohne Erregung, als wiederhole er eine längst bekannte Tatsache. »Jetzt hat sie bereits ein ganzes Land von sich abhängig gemacht. Was kommt als nächstes? Sie haben es ja gehört: Wir werden Fortschritte machen, wieder zu einer großen Weltmacht aufsteigen – und wer wird die Macht hinter dem Thron in Händen haben?«

Fleming schien keine Lust zu weiteren Ausführungen zu haben. Er schaltete den Plattenspieler ein.

»Hätten Sie es unter Kontrolle halten können?« Dawnay wollte an dem Thema festhalten.

»Nicht auf die Dauer.«

»Was hätten Sie tun können?«

»Ihn soviel wie möglich täuschen.« Er suchte aus einem Stapel Langspielplatten eine heraus. »Und jetzt, wo er seine Kreatur hat, die ihn über mich informieren kann, weiß er das. Er hat mich hinausgedrängt. ›Sie können nicht gewinnen‹, hat sie zu mir gesagt.«

»Hat sie das gesagt?«

Fleming nickte, und Dawnay sah nachdenklich in das halb leere Glas. »Ich weiß nicht. Vielleicht ist es unabänderlich. Vielleicht ist es die notwendige Entwicklung.«

»Sehen Sie.« Er legte die Platte hin und drehte sich ihr zu. »Ich kann mir für die Zukunft eine höhere Form von Intelligenz denken, die, von uns geschaffen, schließlich die Entscheidungen fällt. Und wahrscheinlich wird sie eine anorganische Form haben, wie diese hier auch. Aber wir werden sie selbst geschaffen haben, können sie also zu unserem Nutzen einsetzen oder für gute Dinge, wie wir sie verstehen. Diese Maschine aber ist nicht zu unserem Besten programmiert worden oder, wenn sie es ist, dann funktioniert sie nicht richtig.«

Sie trank ihr Glas aus. Was er da sagte, war durchaus annehmbar – mehr als das, es war eine gesunde Logik, die sie lange vermißt hatte. Als empirische Wissenschaftlerin suchte sie sofort in ihren Gedanken nach einer Möglichkeit, das alles experimentell zu beweisen. »Könnte außer Ihnen jemand das mit Sicherheit feststellen?«

Fleming schüttelte den Kopf. »Niemand von denen hier.«

»Könnte ich es? Ich habe Zugang zu allem.«

Sein Interesse an der Platte war endgültig vorbei. Sein Gesicht leuchtete, als gerate etwas in ihm in Bewegung. »Ja – warum nicht? Wir könnten ein kleines Experiment vornehmen.« Er nahm den Block, auf dem der negativ gesetzte Namenscode stand, vom Tisch. »Haben Sie drüben irgend jemanden, der das hier eingeben könnte?«

»André?«

»Nein, sie nicht. Was Sie auch tun, ziehen Sie sie nicht ins Vertrauen.«

Dawnay dachte an den Techniker. Sie nahm den Block, und Fleming zeigte ihr die Zahlen, die eingegeben werden mußten.

»Ich kenne mich nicht mehr aus – muß ich zugeben«, sagte sie. Dann stellte sie ihr Glas hin und ging.

André und ein junger Techniker waren im Kontrollraum. André verhielt sich noch scheuer seit dem Unfall mit ihren Händen. Sie war bleich und wirkte abwesend. Als Dawnay den Raum betrat, sah sie nur flüchtig auf. Dawnay ging zu dem Techniker, der an der Eingabe saß. Es war ein junger Mann mit eben bestandenem Examen, der keine Fragen stellte, sondern tat, was man von ihm verlangte.

»Geben Sie dies bitte auch mit ein?« Dawnay reichte ihm den Block. Er legte ihn hin und begann zu tippen.

»Was ist das?« fragte André bei dem Geräusch.

»Etwas, das ich berechnet haben will.« Dawnay hielt sie von der Eingabe fern, bis die Lämpchen heftig zu flackern begannen.

»Was geben Sie da ein?« André griff nach dem Block und las. »Wo haben Sie das her?«

»Das ist meine Sache.«

»Warum halten Sie sich nicht heraus?«

»Lassen Sie uns bitte allein«, bat Dawnay den Techniker. Er erhob sich gehorsam und verließ den Raum. André wartete, bis er gegangen war.

»Ich möchte nicht, daß Ihnen etwas zustößt«, sagte sie dann, und ihre Stimme verriet keine Empfindung, nur eine große Kraft ging von ihr aus. »Warum halten Sie sich nicht heraus?«

»Wie können Sie es wagen, so mit mir zu sprechen?« Dawnay empfand ihre eigene Stimme schwach und lächerlich, aber sie konnte nicht anders antworten. »Ich habe Sie geschaffen, ich habe Sie gemacht!«

»Sie mich gemacht?« André sah sie hochmütig an, dann ging sie zur Konsole hinüber und legte die Hände an die Pole. Sofort beruhigten sich die Lämpchen, flackerten aber weiter, solange das Mädchen dort stand. Nach geraumer Zeit löste sie die Hände von den Polen und sah zu Dawnay hinüber.

»Wir sind dieses – dieses kleine Spiel ziemlich leid«, sagte sie ruhig, als übermittle sie eine Botschaft. »Weder Sie noch Doktor Fleming, noch irgend jemand sonst kann sich zwischen uns stellen.«

»Wollen Sie mir Angst einjagen?«

»Ich weiß nicht, was Sie jetzt ausgelöst haben, ich kann keine Verantwortung übernehmen.« Andromeda sah durch sie hindurch. Die Maschine begann geräuschvoll Daten auszugeben, und Dawnay fuhr erschreckt zusammen. Sie folgte Andromeda, und als sie die Ausgabeeinheit erreicht hatten, war die Botschaft bereits zu Ende. André überprüfte sie, riß das Papier ab und gab es ihr.

»Ihre Enzymformel.«

»Ist das alles?« Dawnay fühlte sich erleichtert.

»Ist das nicht genug für Sie?« entgegnete André und sah ihr mit feindlichem und gespanntem Gesicht nach, bis sie gegangen war.

Dawnay beschäftigte zu dieser Zeit drei Assistenten: einen älteren Forschungschemiker und einen jungen Mann und ein Mädchen, die gerade von der Universität gekommen waren. Gemeinsam machten sie die chemische Synthese, die auf der Enzymformel beruhte.

Nach einigen Tagen zeigten sie Ermüdungs- und Schwächeerscheinungen. Da sie sich aber nicht wirklich krank fühlten, arbeiteten sie weiter, bis am Ende des dritten Tages das Mädchen zusammenbrach. Am folgenden Morgen klappten auch Dawnay und der Chemiker zusammen.

Hunter ließ sie in das Krankenrevier bringen, und bald darauf folgte ihnen der junge Mann. Was immer auch die Ursache ihrer Erkrankung sein mochte, sie entwickelte sich ungeheuer schnell. Es gab kein Fieber und keine Entzündung, ihre Opfer fielen einfach zusammen. Zellen starben ab, die Grundvorgänge des Stoffwechels verlangsamten sich oder versagten ganz, und einer nach dem anderen verfiel, bis schließlich das Koma eintrat. Hunter war verzweifelt und wandte sich an Geers. Geers gebot strengstes Stillschweigen.

Fleming hörte keine näheren Einzelheiten, bis Judy am vierten Tag die Schweigepflicht brach und ihm alles erzählte. Sofort rief er Reinhart in Bouldershaw an und bat ihn zu kommen. Judy veranlaßte er, ihm ein bestimmtes Papier zu suchen, mit dem er sich, nachdem sie es gebracht hatte, eine Nacht lang in sein Zimmer einschloß. Am Morgen erschien er, verbissen, aber zufrieden. Das junge Mädchen war unterdessen gestorben.

Man bedeckte gerade ihr Gesicht, als Fleming im Krankenrevier erschien. Die anderen lagen stumm und reglos, und ihre Gesichter waren eingefallen und weiß wie die Kissen. Dawnay lag neben dem Mädchen und wurde mühsam mit Bluttransfusionen am Leben erhalten.

Hunter war am Ende seiner Kräfte und gereizt vor Erschöpfung. Er ließ Fleming gegenüber die Maske der Höflichkeit fallen.

»Es ist meine Schuld«, sagte Fleming und blickte wieder auf das eingefallene Gesicht in den Kissen.

Hunter versuchte zu lachen. »Demut ist ein ganz neuer Ton in Ihrem Register.«

»Na – gut, dann war es eben nicht meine Schuld.« Fleming warf sich zu ihm herum und zog, rot vor Zorn, zusammengefaltete Papiere aus der Tasche. »Ich bin trotzdem gekommen, um Ihnen das hier zu geben.«

Hunter nahm mißtrauisch die Papiere.

»Was ist das?«

»Die Formel für das Enzym.«

»Wie, zum Teufel, haben Sie die bekommen?«

Fleming seufzte. »Illegal. So wie ich alles illegal machen muß.«

»Ich nehme sie an mich, wenn Sie nichts dagegen haben«, sagte Hunter und blickte erneut auf die Formel. »Warum ist sie durchgestrichen?«

»Weil sie falsch ist.« Fleming schlug das obere Blatt zurück und deutete auf das darunter geheftete. »Das hier ist die richtige Formel, und es wäre gut, wenn Sie sie so schnell wie möglich herstellten.«

»Die richtige Formel?« Hunter sah völlig verständnislos aus.

»Was der Computer Dawnay gegeben hat, war eine Umkehrung dessen, was sie haben wollte. Er stellte Positiv in Negativ um, und das, um ihr ein kleines Spiel heimzuzahlen, zu dem ich sie veranlaßt hatte.«

»Was für ein Spiel?«

»Er gab die Anti-Enzymformel statt der Enzymformel – statt eines zellregenerierenden ein zellzerstörendes Mittel. Wahrscheinlich wirkt es durch die Haut, und sie haben es aufgenommen, während sie an der Synthese gearbeitet haben.« Er hob Dawnays Hand, die schlaff auf der Decke lag. »Nichts wird hier helfen, wenn Sie das richtige Enzym nicht sofort herstellen.«

»Wenn die Maschine so verdammt gescheit ist, warum ist ihr ein solcher Fehler unterlaufen?« sagte Hunter verächtlich.

»Es war kein Fehler. Der einzige Fehler war der, daß sie die falschen Personen getroffen hat. Sie hatte es auf mich abgesehen, und es war ihr ganz egal, wie viele andere dabei zugrunde gehen würden. Eines Ihrer Handelsabkommen mit Intel – und die halbe Welt wäre betroffen gewesen.«

Er ließ Hunter zweifelnd zurück. Aber offensichtlich hatte er ihn so weit gebracht, die Formel herzustellen.

Am gleichen Nachmittag starb der Mann; aber gleichzeitig war auch das neue Enzym hergestellt und bei den beiden Überlebenden angewandt worden. Zunächst geschah nichts Auffälliges, aber schon am Abend war offenbar, daß der Verfall sich verlangsamt hatte. Judy besuchte das Krankenrevier nach dem Abendessen und ging dann zum Haupteingang, um Reinhart zu empfangen, der mit dem Abendzug kommen sollte.

Judy führte Reinhart gleich in Flemings Bungalow, und sie berichteten ihm dort die letzten Ereignisse.

»Und Madeleine?« fragte der alte Mann. Er sah müde aus und unentschlossen.

»Noch am Leben, Gott sei Dank«, erwiderte Fleming. »Vielleicht können wir beide noch retten.«

Reinhart sank erleichtert in sich zusammen, und die große Erschöpfung wich langsam von ihm.

»Haben Sie Geers schon benachrichtigt?«

»Was denn sollte Geers dabei tun?« fragte Fleming. »Er könnte höchstens bedauern, daß es mich nicht erwischt hat. Wenn er könnte, würde er mich aus dem Versuchsgelände, aus England sogar rauswerfen lassen. Ich predige schon seit ewigen Zeiten, daß das Ding bösartig ist. Was muß denn noch passieren, damit ich die Leute endlich überzeugen kann?«

»Mir brauchen Sie nichts mehr zu beweisen«, gestand Reinhart bitter.

»Mir auch nicht«, sagte Judy.

»Ausgezeichnet, ausgezeichnet. Da stehen wir schon zu dritt gegen die ganze Bande.«

»Was, glauben Sie, könnte ich tun?« fragte Reinhart.

»Keine Ahnung. Sie haben doch eine ganze Generation hindurch die Wissenschaft des ganzen Landes unter Ihrer Regie gehabt – die gute Hälfte mindestens. Da wird doch sicher irgend jemand auf Sie hören.«

»Osborne vielleicht?«

»Solange er sich nicht den Anzug staubig macht dabei.« Fleming dachte einen Augenblick nach. »Könnte er mir wieder Zugang zum Computer verschaffen?«

»Aber John, bedenken Sie doch. Er ist der Regierung verantwortlich.«

»Könnten Sie ihn hierherholen?«

»Ich könnte es versuchen. Was haben Sie vor?«

»Darüber später.«

Reinhart zog einen kombinierten Flug-Bahn-Fahrplan aus der Tasche. »Wenn ich morgen nach London führe –«

»Könnten Sie nicht heute nacht fahren?«

»Professor Reinhart ist müde«, wandte Judy ein.

Reinhart lächelte ihr zu. »Ich nehme einen Nachtflug«, entgegnete er und erhob sich. »Grüßen Sie Madeleine, wenn Sie...«

»Natürlich«, sagte Fleming und half dem alten Mann in den Mantel. Reinhart ging zur Tür, dabei fiel ihm etwas ein. »Übrigens, die Botschaft hat aufgehört.«

Judy sah von ihm zu Fleming. »Die Botschaft?«

»Von oben.« Reinhart zeigte zum Himmel. »Aufgehört, sich zu wiederholen – vor ein paar Wochen. Vielleicht werden wir sie nie mehr hören.«

»Möglicherweise haben wir gerade das Ende einer langen Sendung erwischt«, meinte Fleming ruhig. »Ohne diesen Zufall in Bouldershaw hätten wir sie wahrscheinlich nie gehört, und nichts von alledem hier wäre geschehen.«

»Das wollte ich noch sagen.« Reinhart lächelte sie müde an und ging.

Fleming schritt im Zimmer auf und ab, setzte sich dann neben Judy und legte den Arm um ihre Schultern.

»Ich tue alles, was du willst«, sagte sie. »Wenn sie wollen, können sie mich vors Kriegsgericht stellen.«

»Schon gut.« Er nahm den Arm von ihrer Schulter.

»Du kannst mir vertrauen John.«

Er sah ihr gerade ins Gesicht, und sie versuchte ihm mit den Augen zu sagen, daß sie die Wahrheit sprach.

»Na, gut.« Es klang nicht ganz überzeugt. »Ich will dir etwas sagen. Nimm die Düsenmaschine nach London, privat, gleich morgen früh. Versuch, Osborne zu erwischen, während der Professor bei ihm ist, und sag ihm, daß er einen Sonderbesuch mitbringen soll.«

»Wen?«

»Das ist mir ganz egal. Den Obersten Wappenherold – den Präsidenten der Königlichen Akademie – irgendein hohes Tier aus dem Ministerium. Es genügt, wenn er die Kleider mitbringt.«

»Nur die Kleider, niemand darin?«

Er lachte. »Hut, Aktentasche und Regenschirm genügen. Ach, und den Mantel. Du läßt in der Zwischenzeit einen Sonderpaß für ihn ausstellen. Klar?«

»Ich will es versuchen.«

»Braves Mädchen!« Er legte den Arm wieder um sie und küßte sie. Es machte sie glücklich, und sie lehnte sich zurück.

»Was hast du vor?«

»Das weiß ich noch nicht.« Er küßte sie wieder und löste sich dann von ihr. »Ich muß jetzt ausruhen, es war ein höllischer Tag. Du gehst jetzt lieber – ich brauche Schlaf.« Er lachte sie an, und sie drückte ihm die Hand und ging hinaus, leichtfüßig und innerlich singend vor Glück.

Er fiel geradezu in sein Bett, und kaum, daß er das Licht gelöscht hatte, schlief er auch schon ein.

Nachdem Reinhart und Judy gegangen waren, herrschte tiefe Stille auf dem Versuchsgelände. Die Nacht war dunkel; schwere Wolken trieben von Nordosten heran und brachten kalte Luft und den Geruch von Schnee. Sie bedeckten den Vollmond. Als sie ihn für kurze Zeit freigaben, glitt eine schmale, bleiche Gestalt in dem fahlen Licht aus einem Fenster an der Rückseite des Gebäudes für den Computer und eilte wie ein Schemen über das Gelände; zielstrebig suchte sie sich ihren Weg zwischen den Gebäuden hindurch zu Flemings Bungalow. Ein doppeltes isoliertes Kabel hielt sie in den Händen.

Schwaches Mondlicht fiel in Flemings Zimmer; er hatte die Vorhänge zurückgezogen, bevor er sich hinlegte. Lautlos öffnete sich die Tür, und André glitt herein. Sie war barfuß und bewegte sich sehr vorsichtig. Ihre Hände waren durch ein Paar dicke Gummihandschuhe geschützt. Nachdem sie sich überzeugt hatte, daß Fleming schlief, kniete sie sich an der Wand neben seinem Bett nieder, steckte die bloßen Kabelenden in eine Starkstromsteckdose in der Wandverkleidung, befestigte sie und schaltete den Strom ein. Das andere Ende des Kabels hielt sie von sich gestreckt, beide Drähte zwischen Daumen und Zeigefinger ein paar Zentimeter außerhalb der Isolierung auseinandergebogen, die bloßen Metallenden nach vorne gerichtet. Sie erhob sich und ging langsam auf das Bett zu. Flemings Chancen, die volle Stromstärke zu überleben, waren gering; er schlief, und sie konnte die Pole so lange an ihn halten, bis sie seinen Herzschlag zum Stehen gebracht haben würde.

Geräuschlos näherte sie die Drahtenden seinen Augen. Es gab keinen Grund dafür, doch plötzlich, irgendwie, erwachte er. Alles, was er erkennen konnte, war der Schatten einer Gestalt, die über sein Bett gebeugt war, und instinktiv versetzte er ihr mit aller Kraft einen Fußtritt unter der Decke hervor.

Er mußte sie in den Magen getroffen haben, mit einem klagenden Laut fiel sie ins Dunkel des Zimmers zurück. Er tastete nach der Nachttischlampe und knipste das Licht an. Einen Augenblick war er geblendet. Er war verwirrt und atmete schwer. Das Mädchen rappelte sich hoch. Noch immer hielt es den Draht in den Händen. Plötzlich begriff er, sprang aus dem Bett, riß den Draht aus der Steckdose und ging auf sie zu. Sie war auf die Füße gekommen und schon halb aus dem Zimmer hinaus.

»Nein, so nicht!« Er warf sich vor die Tür. Sie wich zur Seite und ging mit den Händen auf dem Rücken zu dem Tisch, an dem er zu Abend gegessen hatte. Einen Moment lang sah es aus, als gäbe sie sich geschlagen; aber plötzlich fuhr ihre rechte Hand auf ihn zu – ein Brotmesser blitzte auf.

»Sie Hexe!«

Er packte ihr Handgelenk, entwand ihr das Messer und zwang sie zu Boden.

Sie keuchte und wand sich auf der Erde, hielt mit der einen Hand das verdrehte Gelenk der anderen und starrte mehr verzweifelt als wütend zu ihm auf. Er bückte sich und hob das Messer auf, ließ sie aber nicht aus den Augen.

»Also – töten Sie mich.« Furcht lag auf ihrem Gesicht und in ihrer Stimme. »Es wird Ihnen nichts einbringen.«

»Nichts?« Seine Stimme zitterte, und er atmete schwer.

»Die Dinge werden dadurch ein wenig verzögert, aber das ist auch alles.« Sie sah ihm aufmerksam zu, wie er eine Schublade öffnete und das Messer hineingleiten ließ. Es machte ihr Mut, und sie richtete sich auf.

»Warum wollen Sie mich beseitigen?« fragte er.

»Es war der nächste Schritt, ich hatte Sie gewarnt.«

»Danke.« Er drehte sich langsam um, knöpfte seinen Pyjama zu, schob die Füße in Pantoffeln.

»Alles, was Sie tun, ist vorhersagbar.« Sie hatte ihre Fassung wiedergewonnen. »Nichts, was Sie sich ausdenken, bleibt unberücksichtigt.«

»Was ist nun der nächste Schritt?«

»Wenn Sie gehen wollen, gehen Sie gleich – und mischen Sie sich nicht mehr ein –«

Er unterbrach sie. »Stehen Sie auf!« Sie sah ihn überrascht an.

»Stehen Sie auf!« Er wartete, bis sie sich ganz erhoben hatte, und deutete auf einen Stuhl. »Setzen Sie sich dorthin.«

Sie warf ihm einen beunruhigten Blick zu und setzte sich. Er stellte sich vor sie.

»Warum tun Sie nur, was die Maschine verlangt?«

»Sie sind solche Kinder«, entgegnete sie. »Sie glauben immer, wir – die Maschine und ich – seien Herr und Sklave. Aber wir sind Sklaven, Behältnisse, die Sie für etwas gemacht haben, das Sie nicht begreifen können.«

»Begreifen Sie es?«

»Ich erkenne den Unterschied zwischen Ihrer Intelligenz und der unsrigen, ich sehe, daß die unsrige die Herrschaft übernehmen wird und daß die Ihrige zum Scheitern verurteilt ist. Sie meinen, der Höhepunkt und die Krönung aller Dinge zu sein, das letzte Wort –« Sie hielt inne und massierte ihr schmerzendes Handgelenk.

»Das glaube ich nicht«, sagte er. »Habe ich Ihnen weh getan?«

»Nicht sehr. Sie sind intelligenter als die meisten; aber nicht intelligent genug. – Sie werden zugrunde gehen wie die Dinosaurier, die auch einmal die Erde beherrscht haben.«

»Und Sie?«

Sie lächelte, und es war das erste Mal, daß er sie lächeln sah. »Ich bin das fehlende Bindeglied.«

»Und wenn wir Sie vernichten?«

»Werden sie ein neues herstellen.«

»Und wenn wir die Maschine vernichten?«

»Das gleiche.«

»Und wenn wir Sie beide und die Botschaft und unsere sämtlichen Arbeiten darüber zerstören – daß nichts übrigbleibt? Die Botschaft hat ausgesetzt – wußten Sie das?« Sie schüttelte den Kopf. Das, was er immer befürchtet hatte, wurde ihm plötzlich zur Gewißheit, aber ebenso die Erkenntnis, wie man ihm beikommen könnte. »Ihre Freunde da oben haben es satt, mit uns zu reden. Sie sind jetzt auf sich allein angewiesen, Sie und der Computer. Angenommen, wir vernichten Sie beide?«

»Dann halten Sie eine Zeitlang eine höhere Intelligenz von der Erde fern.«

»Dann müssen wir genau das tun.«

Sie sah ihn unbewegt an. »Das können Sie nicht.«

»Wir können es versuchen.«

Wieder schüttelte sie den Kopf, langsam und fast bedauernd. »Gehen Sie – leben Sie doch das Leben, das Sie möchten, solange Sie können. Etwas anderes können Sie nicht tun.«

»Außer, Sie helfen mir.« Er hielt ihrem Blick stand. »Sie sind keine bloße Denkmaschine, Sie sind nach menschlichen Gesetzen gebaut.«

»Nein!«

»Sie haben Sinne – Empfindungen. Sie sind zu drei Viertel ein menschliches Wesen und durch Zwang an etwas gekettet, das dabei ist, uns zu zerstören. Um uns zu retten und sich selbst zu befreien, brauchen Sie nur die Parteien zu wechseln.« Er nahm sie bei den Schultern, im Begriff, sie zu schütteln, aber sie wehrte seine Hände ab.

»Warum sollte ich?«

»Weil Sie es wollen, drei Viertel von Ihnen –«

Sie stand auf und entfernte sich von ihm. »Drei Viertel von mir sind Zufall. Wissen Sie denn nicht, daß ich auch so schon genug zu leiden habe? Wissen Sie nicht, daß ich schon dafür bestraft werde, daß ich Sie überhaupt anhöre?«

»Werden Sie für diese Nacht bestraft?«

»Nicht, wenn Sie gehen.« Zögernd ging sie zur Tür, als erwarte sie, daß er sie zurückhalte, aber er tat es nicht. »Ich war geschickt worden, Sie zu töten.« Sehr blaß und sehr schön stand sie in der Dunkelheit des Eingangs, und sie sprach ohne Leidenschaft oder Genugtuung. Fleming sah sie böse an.

»Gut, jetzt spielen wir wenigstens mit offenen Karten.«

Im kleinen Bahnhofsrestaurant von Thorness ließ Judy Fleming zurück, während sie an den Zug aus Aberdeen ging. Es war der folgende Abend; Reinhart hatte sich sehr beeilt. Fleming suchte das kleine Hinterzimmer auf, das man für sie reserviert hatte, und wartete.

Kurze Zeit später führte Judy Reinhart und Osborne herein. Winterlich vermummt waren sie, und Osborne trug einen großen Handkoffer. Einen unglücklichen, verlorenen Eindruck machte er, als habe man ihn aus seinem gewohnten Fahrwasser gerissen.

»Können wir hier ungestört reden?«

»Wir sind ganz unter uns«, erwiderte Judy. »Ich habe es mit dem Wirt vereinbart.«

»Und der Techniker vom Dienst?« fragte Reinhart.

»Auch mit ihm ist alles besprochen. Er weiß, was er zu tun hat, und wird auch seinen Mund halten.«

»Was haben Sie vor mit dem Computer?« wollte Osborne von Fleming wissen. Erschöpfung schwang in seiner Stimme.

»Ich möchte versuchen, ihm auf die Sprünge zu kommen, andernfalls –«

»Andernfalls, was –?«

»Das müssen wir wissen. Entweder ist es von Natur aus bösartig, oder aber etwas stimmt nicht. Entweder war es programmiert, daß es so funktioniert, oder aber es ist ein Fehler unterlaufen. Ich glaube, ersteres ist der Fall; ich habe es schon immer geglaubt – und ich habe auch einen Beweis: In der vergangenen Nacht hat es mich umzubringen versucht.«

»Und wie?«

Fleming erzählte. »Schließlich bekam ich die Wahrheit aus ihr heraus. Machen Sie doch selbst einmal den Versuch – ich bin überzeugt, daß Sie mir glauben würden.«

»Es muß etwas Wissenschaftlicheres sein, damit kann Osborne den Minister nicht überzeugen.«

»Dann geben Sie mir ein paar Stunden Zeit.«

Er sah Judy an. »Hast du mir einen Ausweis besorgt?«

Judy zog drei Pässe aus ihrer Handtasche und verteilte sie. Fleming las den seinen durch und grinste.

»Ich bin also Beamter im Ministerium. Das wäre etwas!«

»Ich habe meinen guten Namen dafür aufs Spiel gesetzt«, sagte Osborne unglücklich. »Es darf nur eine Überprüfung sein, keine direkte Aktion.«

Fleming nahm den Koffer und stellte ihn auf den Tisch. Er entnahm ihm einen dunklen Wollmantel, einen schwarzen Homburg und eine Aktentasche; er zog sich für seine Rolle um. Für eine dunkle Nacht reichte das alles, zu seinem Gesicht aber wollte es gar nicht passen.

»Sie sehen darin wie eine Vogelscheuche aus, nicht wie ein Beamter«, meinte Reinhart.

Judy unterdrückte ein Lachen. »Wenn Sie in meiner Begleitung sind, wird man Sie nicht so genau ansehen.«

»Bist du dir im klaren, daß man dich dafür erschießen lassen kann?« Flemings Stimme klang warnend.

»Nicht, solange man uns nicht entdeckt.«

Osborne fand an diesen Scherzen keinen Gefallen. »Genug, wirklich!« Er schob den Mantelärmel zurück, um auf die Uhr zu sehen.

»Wir müssen warten, bis es dunkel ist und die Wache abgelöst worden ist«, mahnte Judy.

Fleming wühlte unter seinem Mantel und zog die Reiseflasche hervor. »Einen Schluck auf den Weg?«

Als sie das Versuchsgelände erreichten, brach ein heftiges Schneegestöber los. Der Nordwind trieb spitze Eisnadeln vor sich her. Die beiden Wachen vor dem Gebäude des Computers hatten die Kragen ihrer Überhänge hochgeschlagen und sich an der einzigen geschützten Stelle unter dem Türbogen postiert. Durch einen weißen Schleier traten sie auf die vier Personen zu, die sich ihnen näherten. Judy ging vor und zeigte die Ausweise, die drei Männer warteten hinter ihr.

»Guten Abend, das ist Besuch aus dem Ministerium.«

»'n Abend.« Die Wache prüfte die Ausweise.

»In Ordnung«, sagte einer der Männer und gab die Ausweise zurück.

»Irgend jemand drin?« fragte Judy.

»Nur der Techniker vom Dienst.«

Die Wachen öffneten die Tür und traten zur Seite. Judy ging voraus, dann folgten Reinhart und Osborne mit Fleming zwischen sich.

»Was ist mit dem Mädchen?« fragte Reinhart, als sie schon ein Stück den Korridor entlanggegangen waren.

»Sie hat heute nacht keinen Dienst«, antwortete Judy. »Dafür haben wir gesorgt.«

Außer einem jungen Mann, der lesend an einem Tisch saß, befand sich niemand im Kontrollraum. Er erhob sich, als sie eintraten.

»Hallo!« rief er Judy zu. »Ging alles gut?«

Es war der jüngste Assistent, und die Situation machte ihm offenbar Vergnügen.

»Nehmen Sie lieber Ihre Ausweise an sich.« Judy gab Reinhart und Osborne die ihrigen, Flemings aber dem Techniker. Fleming nahm seinen Homburg ab und setzte ihn dem Jungen auf.

»Das tragen die Leute ganz oben.«

»Machen Sie keine Witze«, stieß Osborne hervor und sah unbehaglich nach der Tür, während der Techniker mit Flemings Mantel und Aktentasche ausstaffiert wurde. Selbst mit hochgeschlagenem Kragen unterschied er sich deutlich von dem Mann, der in den gleichen Sachen hereingekommen war, aber es war, wie Judy meinte, keine Nacht, in der man deutlich sehen konnte. Außerdem war es ja ihre Aufgabe, die Wachen abzulenken, die wahrscheinlich nur die Personen zählen würden.

Als sie gegangen waren, zog Fleming den bekannten Block aus der Tasche und ging zur Steuereinheit hinüber, warf einen Blick darauf und lachte vor innerer Erregung, dann setzte er sich und gab die Zahlen ein, die er mitgebracht hatte. Er war fast fertig, als Judy zurückkam.

»Was machst du?« fragte sie. Ihre Stimme klang nervös, obwohl sie erleichtert war, die Männer sicher durch die Wachen geschleust zu haben.

»Ich versuche, es bis zur Weißglut zu reizen.« Er gab die letzten Zahlen ein. »Der gleiche, erprobte Benennungscode genügt für den Anfang vollkommen.«

Der Computer brauchte einen Augenblick, bevor er reagierte, dann begannen die Lämpchen an der Konsole wieder heftig zu flackern. Sie warteten und lauschten auf das Rasseln der Ausgabeeinheit, statt dessen aber hörten sie Schritte den Korridor entlangkommen. Judy erstarrte vor Schreck, und Fleming mußte sie am Arm nehmen, um sie in das Dunkel des Laboratoriums zu ziehen, von wo aus sie durch die halboffene Tür beobachten konnten, ohne selbst gesehen zu werden. Vor dem gegenüberliegenden Eingang zum Kontrollraum hielten die Schritte an. Sie sahen, wie sich der Griff an einer der Doppeltüren drehte, die Türe sich öffnete und André den Raum betrat.

Judy stieß einen leisen Schrei aus, der im Brummen des Computers unterging. Fleming ergriff warnend ihren Arm. Sie sahen, wie André die Tür schloß und langsam auf den Steuertisch zuging. Offensichtlich beunruhigte sie das Flackern und Brummen der Maschine, denn ungefähr einen Meter von dem Konsol entfernt blieb sie bewegungslos stehen. Widerstrebend bewegte sie sich darauf zu. Immer wieder blieb sie stehen, als ahne sie eine besonders heftige Reaktion – als verstünde sie die Zeichen und werde trotzdem magisch von der Maschine angezogen.

Ihr Gesicht glänzte von Schweiß. Noch einen Schritt machte sie nach vorn, dann hob sie langsam die Hände zu den Polen. Trotz ihrer Abneigung hatte Judy den heftigen Wunsch, zu ihr zu eilen; aber Fleming hielt sie zurück. Vor ihrer beider Augen hob das Mädchen langsam und angstvoll die Hände und berührte die geladenen Platten.

Ihr Schrei und der von Judy fielen zusammen. Fleming legte Judy die Hand auf den Mund. André aber schrie weiter und weiter, wimmerte, wenn die Voltnadel zurücksank, und schrie erneut, wenn diese aufs neue ausschlug.

»Um Gottes willen!« stammelte Judy hinter Flemings Hand. Sie versuchte sich zu befreien, aber er hielt sie eisern, bis Andrés Schreie erstarben und die Maschine ihren Zugriff gelöst hatte, nachdem sie registriert haben mußte, daß ihr Opfer nicht mehr reagierte. Lautlos sank das Mädchen auf den Boden. Kein Stöhnen, kein Lebenszeichen gab sie von sich. Judy riß sich los und rannte zu ihr hin. Andrés Augen waren glasig, und kraftlos hing der Kiefer nach unten. »Ich glaube, sie ist tot.«

»Was hast du erwartet?« Fleming näherte sich von hinten. »Du hast die Voltzahl gesehen. Es geschah, weil sie mich nicht losgeworden ist – weil ich sie überspielt hatte. Armer kleiner Teufel!«

Er blickte auf den zusammengekrümmten Körper, und seine Augen wurden hart. »Das nächste Mal wird es das besser anstellen. Es wird etwas produzieren, das uns ganz unzugänglich sein wird.«

»Es sei denn, du findest heraus, was nicht in Ordnung ist mit der Maschine.« Judy wandte sich um, nahm Flemings Block und hielt ihn ihm hin.

Er riß ihn ihr aus der Hand und schleuderte ihn durch den Raum. »Dazu ist es zu spät! Es ist alles tadellos in Ordnung.« Er deutete auf die zusammengesunkene Gestalt des Mädchens. »Das ist die einzige Antwort, die ich brauche. Morgen wird ein neues Experiment verlangt, und übermorgen ein weiteres und so fort und so fort –«

Schnell eilte er auf die Alarm- und Sicherungspole an der Doppeltür zu, ergriff die Drähte mit beiden Händen und zog. Sie gaben nach, aber sie rissen nicht. Er stemmte einen Fuß gegen die Wand und lehnte sich mit seinem ganzen Gewicht dagegen.

»Was tust du da?«

»Ich gebe ihm den Rest. Dies ist der richtige Augenblick und wahrscheinlich der einzige.« Wieder riß er an den Drähten, gab es dann auf und griff nach der Feuerwehraxt an der Wand daneben. Judy lief zu ihm hinüber.

»Nein!« Sie ergriff ihn am Arm – er schüttelte sie ab, durchschlug im gleichen Bewegungsablauf mit der Axt die Drähte und riß sie auseinander. Er drehte sich um und überblickte den Raum. Die Lämpchen flackerten noch immer – er ging hinüber und zerschlug sie mit der Axt.

»Bist du verrückt geworden?« Judy lief wieder hinter ihm her, umklammerte die Axt am Griff und versuchte sie ihm zu entreißen.

»Laß los! Ich habe dir gesagt, du sollst draußen bleiben!«

Sie starrte ihn an und erkannte ihn kaum. Sein Gesicht war schweißbedeckt, wie das des Mädchens, aber von Wut und Entschlossenheit verzerrt. Jetzt erst wurde ihr klar, daß er das schon immer gewollt hatte.

Er stand, die Axt in den Händen, und sah sich prüfend um. Sie wußte, daß sie vor ihm die Tür erreichen mußte; aber er kam ihr zuvor. Mit dem Rücken gegen die Tür gelehnt, sah er sie mit dem gleichen Ausdruck übermäßiger Spannung und einem freudlosen Grinsen an, daß sie wirklich glauben mußte, er habe den Verstand verloren. Sie streckte die Hand nach der Axt aus und redete ihm zu wie einem Kind.

»Bitte, gib sie mir, John.« Sein Gelächter ließ sie zusammenzucken. »Du hast es versprochen.«

»Nichts habe ich versprochen!« Mit der einen Hand hielt er den Griff umklammert, mit der anderen schloß er die Tür hinter sich zu.

»Ich schreie«, drohte sie ihm.

»Versuch's doch.« Er ließ den Schlüssel in die Tasche gleiten. »Niemand wird dich hören.«

Damit stieß er sie beiseite und ging zum Speicher des Computers hinüber, öffnete die Vorderseite der nächsten Einheit und schlug hinein. Es erfolgte eine schwache Explosion, als das Vakuum zerbrach.

»John!« Sie wollte ihn hindern, die nächste Einheit zu zertrümmern.

»Ich weiß, was ich tue«, erwiderte er, öffnete die Vorderseite und schlug hinein. Eine weitere splitternde Explosion aus der Maschine erfolgte. »Oder glaubst du, eine Chance wie diese bekämen wir ein zweites Mal? Wenn du gehen und mich verpetzen willst, wenn du der Meinung bist, ich tue etwas Falsches, bitte – geh!«

Er sah sie ruhig und vernünftig an, seine Hand suchte nach dem Schlüssel in der Tasche. »Schlag Alarm und ruf deine Leute, wenn du willst – das war doch immer deine Lieblingsbeschäftigung. Oder dämmert dir vielleicht, daß es doch richtig sein könnte, was ich da mache?«

Er hielt ihr den Schlüssel hin, aber etwas in ihr hinderte sie, ihn zu nehmen. Er wartete noch einen Augenblick, dann steckte er ihn in die Tasche zurück, drehte sich um und setzte sein Zerstörungswerk systematisch an den anderen Einheiten fort.

»Die Wachen werden es hören.« Die plötzliche Gewißheit, daß er nicht verrückt war, sondern wußte, was er tat, gab ihr Vertrauen. Sie blieb an der Tür und stand Wache, während er sich durch die ganze Maschine hindurcharbeitete, hackte, zerschlug. Sie konnte es kaum ertragen, achtete aber durch das Splittern und Krachen hindurch auf jedes etwaige Geräusch vom Korridor her.

Aber niemand kam. Der Schneesturm, der in dem geschützten Mittelteil des Gebäudes weder zu sehen noch zu hören war, machte seinen eigenen Lärm und verdeckte so den ihren. Fleming, der zunächst methodisch vorgegangen war, wurde sich bald der ungeheuren Aufgabe bewußt und fing an, schneller und schneller zu arbeiten, und als er spürte, daß seine Kräfte nachließen, schlug er verzweifelt um sich, keuchend und fast blind von dem Schweiß, der ihm in Strömen die Stirn herunterlief. Er arbeitete sich um den ganzen Computer herum, bis zur Steuereinheit zurück, dann zerschlug er auch diese. Dann ließ er die Axt sinken, lehnte sich auf den Schaft und schnappte nach Luft.

»Und was jetzt?« fragte Judy.

»Sie werden versuchen, es wiederaufzubauen, aber sie werden nicht wissen, wie.«

»Sie haben doch die Botschaft.«

»Sie hat aufgehört.«

»Sie haben aber das Original.«

»Das werden sie nicht haben – weder das noch den umgeschriebenen Code davon, noch sonst irgend etwas –, weil es hier drin ist.« Er zeigte auf eine schwere Metalltür in der Wand hinter dem Steuertisch, schwang dann wieder die Axt und hieb nach den Türangeln. Schlag auf Schlag führte er – vergeblich. Judy konnte die Spannung kaum mehr ertragen. Metall klirrte auf Metall; es mußte durch das ganze Gebäude hallen – aber niemand hörte es. Endlich gab Fleming auf und lehnte sich wieder keuchend auf die Axt. In tiefer Stille lag nun der Raum, der Computer war erloschen – und reglos lag das Mädchen am Boden.

»Wir müssen den Schlüssel finden«, sagte Fleming. »Wo kann er sein?«

»In Major Quadrings Dienstzimmer.«

»Aber das ist –« Seine Angst wurde zur Gewißheit.

»Es sind immer Leute dort« erklärte Judy. »Und der Schlüssel liegt im Safe verwahrt.« Soviel sie wußte, hatte niemand ein Duplikat, nicht einmal Geers. Fleming glaubte ihr zunächst nicht, und als ihm klarwurde, daß sie die Wahrheit sagte, wurde er wild. Er hob die Axt und schlug wie rasend gegen die Tür, wieder und wieder, bis er sich kaum mehr aufrecht halten konnte. Dann fiel er auf einen Stuhl, saß da und grübelte...

»Warum, zum Teufel, hast du mir das nicht eher gesagt?« fragte er schließlich.

»Du hast mich nicht danach gefragt.« Judy zitterte noch unter den Schlägen des ungeheuren Zerstörungswerkes und konnte nur mit Mühe Haltung bewahren. »Du hast mich nie danach gefragt, warum nicht?«

»Wenn ich es getan hätte, hättest du mich daran gehindert.«

Sie zwang sich, ohne Zittern und normal zu sprechen. »Wir werden den Schlüssel schon irgendwie bekommen, irgend etwas wird mir einfallen, vielleicht ganz früh am Morgen.«

»Es wird zu spät sein.« Er schüttelte den Kopf und starrte auf den Körper zu seinen Füßen. »›Alles, was Sie tun, ist vorhersagbar‹ – das hat sie gesagt. ›Sie können sich nichts ausdenken, das unberücksichtigt bleibt.‹ Wir können nicht gewinnen.«

»Durch Osborne oder sonstwie müssen wir ihn bekommen«, beharrte Judy. »Aber jetzt müssen wir erst einmal hier verschwinden.«

Sie zog ihm den Mantel und den Schal des jungen Technikers über und führte ihn aus dem Gebäude.

Es war schon spät, als sie in das Restaurant zurückkehrten. Draußen stürmte es, und der Schnee häufte sich an der Nordwand des Gebäudes. In dem kleinen Hinterzimmer spielten Reinhart und Osborne, in ihre Mäntel gehüllt, eine klägliche und zerstreute Partie Schach auf einem Reiseschachbrett. Fleming war zu erschöpft, um selber zu berichten. Er überließ es Judy, zu erklären. Reinhart fragte, und Osborne wieherte auf ihn ein. Einen Erguß bitterer Hoffnungslosigkeit und Verachtung ließ er auf Fleming los.

»Wie können Sie es wagen, mich in eine solche Falle zu locken? Ich habe mich nur unter der einen Bedingung einverstanden erklärt, meinen Namen für diese Sache aufs Spiel zu setzen: Wenn ich dem Minister etwas Eindeutiges vorweisen könnte; nun aber bedeutet das das Ende seiner Karriere und der meinen.«

»Und der meinen ebenso«, fügte Reinhart seufzend hinzu. »Obwohl ich sie gerne opfern würde, wenn ich wüßte, daß die Maschine wirklich zerstört wäre.«

»Aber sie ist eben nicht zerstört«, erwiderte Osborne. »Nicht einmal das hat er fertiggebracht. Solange die eigentliche Botschaft erhalten ist, kann man die Maschine jederzeit nachbauen.«

»Es ist meine Schuld«, sagte Fleming.

»Sie können alles auf mich schieben, ich bin bereit, die Folgen zu tragen.«

Osborne antwortete bitter: »Das wird uns auch nicht vor dem Gefängnis bewahren.«

»Bekümmert Sie das? Und was ist mit der wiederaufgebauten Maschine, mit der nächsten Kreatur und mit der Macht über uns, die wir dann nie mehr werden abschütteln können?«

»Das einzige«, meinte Reinhart, »das Osborne noch tun könnte, wäre, mit dem ersten Zug nach London zurückzufahren und, wenn die Nachricht durchkommt, ein überraschtes Gesicht zu machen.«

»Und wo soll ich gewesen sein?« fragte Osborne.

»Sie waren hier, haben einen kurzen Inspektionsgang gemacht und sind wieder abgefahren. Alles andere ereignete sich erst, nachdem Sie bereits wieder abgereist waren. Und das entspricht der Wahrheit. Also wußten Sie überhaupt nichts davon.«

»Und der ›Beamte‹, den ich mitgebracht habe?«

»Der ging wieder mit Ihnen hinaus.«

»Und wer war ›er‹?«

»Irgend jemand – dem Sie vertrauen können. Schüchtern Sie ihn dermaßen ein oder verpflichten Sie ihn sich irgendwie, so daß er aussagt, er sei mit Ihnen von London zurückgekommen und wieder mit Ihnen dorthin zurückgefahren. Sie müssen sich reinwaschen und ihren Einfluß weiter geltend machen können. Wir müssen uns alle nach Möglichkeit reinwaschen. Sie werden es wiederaufbauen, wie John ganz richtig sagt, und dann muß irgend jemand unter uns sein, auf dessen Rat zu hören man bereit ist.«

»Und wer soll letzten Endes den Computer zerschlagen haben?« fragte Fleming.

Der Professor setzte ein selbstgefälliges Lächeln auf. »Das Mädchen. Sie können ja glauben, daß sie verrückt geworden ist, den Computer angegriffen und dabei einen Schlag erhalten hat. Sie können als

Ursache annehmen, was Sie wollen. Sie ist tot. Wer soll das Gegenteil beweisen?«

»Sind Sie sicher, daß sie tot ist?« fragte Osborne Fleming.

»Fragen Sie lieber mich«, antwortete Judy bitter und sehr verzweifelt. »Wenn Sie sterben, bin ich immer dabei.«

»Also gut.« Fleming stand auf und wandte sich Reinhart zu. »Was sollen Judy und ich getan haben?«

Der Professor antwortete ohne Zögern. »Sie waren nicht da. Wie jedermann weiß, hatten wir den Techniker mit Miß Adamson allein gelassen. Zusammen sind die beiden dann hinausgegangen – und danach geschah es.«

»Es wird doch alles nichts nützen, sie werden eine höllische Untersuchung veranstalten«, meinte Osborne.

»Es ist aber das beste, was wir tun können.« Reinhart schauderte leicht. »Von welcher Seite man die Sache auch immer betrachtet, es ist und bleibt eine Katastrophe.«

Als Fleming ungefähr eine Stunde nach Mitternacht die Tür seines Zimmers öffnete und nach dem Lichtschalter tastete, legte sich eine bandagierte Hand auf die seine. Einen Augenblick lang packte ihn wilde Panik, dann schüttelte er die Hand ab und knipste das Licht an.

André stand dort; sie hatte ihre verbundenen Hände ineinandergelegt, stöhnte und sah totenbleich und gequält aus. Er starrte sie ungläubig an, schloß dann die Türe und zog die Vorhänge zu.

»Setzen Sie sich und halten Sie mir die Hände hin.« Er holte Verbandmaterial und eine Tube von Dawnays Salbe aus der Schublade und begann vorsichtig ihren Verband zu erneuern.

»Ich habe nicht geglaubt, daß Sie überhaupt noch am Leben sein könnten. Ich habe die Voltzahl gesehen.«

»Sie haben es gesehen?« Sie saß auf dem Bett und hielt ihm die Hände hin.

»Ja, ich habe es gesehen.«

»Also waren Sie es.«

Er sah in ihr blasses, erschöpftes Gesicht.

»Wenn ich auch nur noch einen Funken Leben in Ihnen vermutet hätte, dann…«

»Dann hätten Sie mich auch umgebracht.« Sie sprach seine Gedanken zu Ende, ohne Vorwurf, als stelle sie eine Tatsache fest. Dann schloß sie unter einer Welle von Schmerz die Augen. »Ich habe ein stärkeres Herz als – als andere Leute. Es gehört einiges dazu, mich außer Gefecht zu setzen.«

»Wer hat Ihre Hände verbunden?«

»Ich.«

»Wen haben Sie benachrichtigt?«

»Niemanden.«

»Warum haben Sie es nicht getan?« Fleming wurde immer erregter. »Warum sind Sie hierhergekommen?«

»Als ich wieder zu mir kam, konnte ich zuerst gar nichts denken wegen der Schmerzen in meinen Händen. Dann habe ich gesehen, daß alles zerstört war.«

»Sie hätten die Wachen rufen können.«

»Ich fühlte mich verloren ohne die Maschine. Nur daran, daß ich zu Ihnen gehen mußte, konnte ich denken, und an meine Hände. Ich verband sie und kam hierher. Was wird jetzt geschehen?«

»Sie werden den Computer wiederaufbauen.«

»Nein!«

»Möchten Sie das nicht?« fragte er überrascht. »Was ist mit Ihrer ›höheren Absicht‹ – Ihrer höheren Form von Leben?«

Sie schüttelte den Kopf. »Jetzt weiß ich, daß ich die Maschine haßte und alles, was damit zusammenhing. Als sie zerschlagen war, fühlte ich mich plötzlich frei.«

Fleming setzte sich neben sie. »Das hätten Sie früher sagen können. Jetzt ist es zu spät. Nichts auf der Welt wird sie aufhalten, das Ganze wiederaufzubauen.«

»Aber ohne den ursprünglichen Plan können sie es doch gar nicht.«

»Der eben existiert noch.«

»Sie haben ihn nicht –?« Hatte er bisher an ihren Äußerungen gezweifelt, so überzeugte ihn jetzt das Entsetzen in ihrer Stimme und auf ihrem Gesicht.

»Ich konnte den Stahlschrank nicht aufbrechen, und Quadring ist der einzige, der einen Schlüssel besitzt.«

Sie grub in der Tasche ihres Anoraks. Unter Stöhnen zog sie einen Schlüssel heraus; der Verband war dabei an der Tasche hängengeblieben.

»Niemand außer mir hat einen Schlüssel, aber das wußte man nicht.« Sie hielt ihn ihm hin. »Sie können gehen und Schluß machen.«

Es war so leicht – und so unmöglich. Hier war der eine Gegenstand, den er vor allen anderen gebraucht hatte – und jetzt gab es keine Möglichkeit, in das Gebäude des Computers zurückzukehren und davon Gebrauch zu machen.

»Sie müssen gehen«, entgegnete er und ergriff sie bei den Schultern. »Wenn Sie es wirklich hassen – wenn Sie wirklich frei sein wollen –, brauchen Sie nur hineinzugehen, den Wandschrank aufzuschließen und das Original der Botschaft herauszunehmen. Es ist auf Magnetband, meine Berechnungen stehen auf Papier und das Programm in Lochkarten. Zünden Sie mit dem ganzen Papier ein Freudenfeuer an, und werfen Sie die Magnetbänder dazu, wenn es richtig brennt. Das wird sie zerstören. Dann gehen Sie schnell wieder hinaus.«

»Ich kann nicht.«

Er schüttelte sie, und sie stöhnte leise vor Schmerz. »Sie müssen! Sie können ganz unbesorgt an den Wachen vorbeigehen. Nur, hier, damit müssen Sie Ihre Verbände verbergen.« Er gab ihr ein Paar große Autohandschuhe aus der Schublade und zog sie ihr über die Hände.

»Nein, bitte.« Sie zuckte zusammen, als die Handschuhe mit dem Verband in Berührung kamen. Aber unbeirrt zog er sie langsam und vorsichtig weiter hinauf.

»Sie können Ihr Freudenfeuer ruhig auf dem Boden anzünden. Streichhölzer gebe ich Ihnen mit.«

»Schicken Sie mich nicht. Bitte, schicken Sie mich nicht dorthin zurück!« Ihre Augen weiteten sich vor Furcht. »Ich kann es nicht tun.«

»Sie können!« Er steckte ihr die Streichhölzer in die Tasche und drängte sie sanft zur Tür.

Sie zögerte, und er nahm ihren Arm. Dann gingen sie hinaus durch den Schnee auf das Gebäude zu. Als sie in Sichtweite der Wachen kamen, versetzte er ihr einen leichten Klaps auf die Schulter. »Viel Glück!« Langsam ging er zu seinem Bungalow zurück.

Das Barometer war gefallen, es war eisig kalt. Er spürte, wie ein Zittern ihn überlief, schloß die Tür und zog die Vorhänge zurück. Dann setzte er sich in die Nähe des Fensters. Bis zu diesem Augenblick hatte er die Anstrengung der vergangenen Stunden nicht gespürt, jetzt aber, als er wartend dasaß, überkam ihn eine bleierne Müdigkeit. Er lehnte sich gegen das Fensterbrett, wartete, wie ihm schien, eine Ewigkeit, und sah in die friedliche Stille der Nacht hinaus.

Gegen drei Uhr begann es wieder zu schneien, fein und regelmäßig, und die Lampen, die an bestimmten Stellen die ganze Nacht hindurch brannten, wurden von den weißen Flocken verschleiert. Zuerst konnte er nicht recht unterscheiden, ob das, was er gegen das Lampenlicht beim Gebäude des Computers sah, Rauch war oder Schneegestöber. Dann hörte er die Alarmglocke schrillen und die aufgeregten Rufe der Wachen. Und plötzlich heulte die Alarmsirene des Versuchsgeländes auf, düster und bedrohlich – alle Lichter im Gelände erwachten und tanzten geheimnisvoll hinter den Schneeflocken. Durch das Heulen der Sirene hindurch konnte er hören, wie Motoren anliefen; der weiße Strahl eines Suchscheinwerfers leuchtete auf und begann langsam über das Gelände hinzugleiten. Ein Feuerwehrwagen rasselte brummend und klappernd an seinem Bungalow vorbei, dahinter kam ein Geländewagen mit der sich drehenden Radarantenne auf dem Dach. Menschen liefen hastig durcheinander. Dann flammte ein zweiter Scheinwerfer auf, tastete die leere Fläche zwischen den Wohngebäuden und dem technischen Bezirk ab und leuchtete ein Fahrzeug an, das mit großer Geschwindigkeit in den Lichtbereich hineinfuhr. Es war ein offener Jeep, deutlich erkannte man Quadring darin. Er saß neben dem Fahrer und schrie in ein Sprechgerät. Eine Gestalt lief auf den Jeep zu; eine Sekunde lang glaubte Fleming, es sei das Mädchen, dann erkannte er Judy. Der Jeep hielt, Quadring sprach wenige Worte mit ihr, dann fuhr er wieder an, und Judy lief hinter dem Jeep entlang direkt auf Flemings Bungalow zu.

Ohne anzuklopfen, stürzte sie zur Tür herein und blickte einen Augenblick um sich, bevor sie ihn entdeckte.

»Was ist passiert?« keuchte sie.

Er sprach, ohne den Blick vom Fenster abzuwenden. »Sie hat es getan, André hat es getan. Es ist die Botschaft, was da verbrennt.«

»André?« Verständnislos kam sie zu ihm. »Aber sie ist doch tot!«

Für lange Erklärungen war keine Zeit, und er erzählte ihr das Wichtigste, während sie gemeinsam aus dem Fenster sahen.

»Ich dachte, du seist es gewesen«, sagte sie und verstand nur einen Teil von dem, was er ihr berichtete. »Auf jeden Fall können wir Gott danken!«

»Was hat Quadring gesagt?«

»Nur, daß ich hier auf ihn warten soll.«

»Hat er sie gefunden?«

»Ich weiß nicht. Ich glaube nicht, daß er etwas ahnt. Er hat den Patrouillen Befehl gegeben, das Gelände zu durchkämmen und auf jeden, der nicht bei Anruf sofort stehenbleibt, zu schießen.«

Der Lärm ebbte ab; alles hatte sich auf die gegenüberliegende Seite des Geländes verzogen. Die Rauchsäule, die von dem Gebäude des Computers aufstieg, verbreitete und verdichtete sich, und eine Flammenzunge, deutlich sichtbar zwischen den weißen Scheinwerferkegeln, leckte in der Mitte hoch. Fleming und Judy sahen und hörten schweigend zu. Ein Gewehrschuß knallte scharf und kurz aus dem Durcheinander vor ihren Augen, noch einer und noch einer. Plötzlich lief eine schmale Gestalt aus dem Schatten zweier Gebäude heraus. »André!« flüsterte Judy.

Halb rannte das Mädchen, halb taumelte es vorwärts, plan- und ziellos. Jetzt tat es einen kleinen Sprung in einen Lichtstrahl hinein, blieb geblendet stehen – und taumelte wieder zurück. Die Mannschaft am Scheinwerfer schien sie nicht bemerkt zu haben, aber wieder fiel ein Schuß, und diesmal näher bei ihnen. Die Kugel pfiff zwischen den Gebäuden hindurch. Judys Finger krallten sich in Flemings Arm. »Sie werden sie erschießen!«

Er schüttelte sie ab und rannte zur Türe.

»John, geh nicht hinaus!«

»Ich habe sie geschickt!« Er nahm die schwere Taschenlampe vom Nachttisch und rannte hinaus.

Er hielt sich so lange wie möglich im Schatten eines Bungalows und eilte dann durch den Lichtkegel des Scheinwerfers hindurch in das Dunkel auf der anderen Seite. Diesmal waren die Scheinwerferleute wachsam gewesen. Der weiße Strahl verfolgte ihn, glitt über die Gebäude vor ihm und erfaßte das Mädchen, das zusammengesunken vor ihm an einer Hauswand lag. Der Schnee hinderte ihn am Laufen, aber es gelang ihm, weiterzurennen, bis er sie erreicht, mit großer Kraft hochgerissen und um die Ecke ins Dunkel gezerrt hatte.

»Ich habe es getan«, sagte sie keuchend. Und obwohl er ihr Gesicht nicht erkennen konnte, wußte er, daß sie lächelte.

»Wie sind Sie herausgekommen?«

»Durch ein Fenster auf der Rückseite.«

»Pst!« Er legte ihr den Finger auf die Lippen und hielt sie an sich gedrückt. Auf dem freien Gebiet, das er eben überquert hatte, glitt der Kegel des Scheinwerfers hin und her, eine Gruppe von Männern in Kampfanzügen folgte seinem Lichtschein und ging von einer Seite zur anderen. Schußbereite Gewehre trugen sie in den Händen. In den Bungalow zurückzukehren, war so gut wie ausgeschlossen; sich auf dem Versuchsgelände zu verstecken, bedeutete, daß sie früher oder später doch entdeckt und erschossen würden. Das beste schien ihm zu sein, sich irgendwie bis Tagesanbruch zu verbergen; denn dann würde nicht mehr in wildem Zorn gesucht werden.

Flemings Gedanken kreisten um die Bucht und ein Boot. Er mußte den Drahtzaun oberhalb des Klippenweges erreichen, der zur Anlegestelle führte. Er legte seinen Arm fest um Andrés Taille, um sie zu stützen.

»Kommen Sie«, sagte er. Halb führte, halb zog er sie über die schneebedeckten Geländestreifen zwischen den Gebäuden. Zwecklos schien ihm sein Unternehmen. Und dann fiel ihm etwas ein, das seine Hoffnung stärkte. Die ganzen letzten Tage hatten Männer an der Umzäunung oberhalb der Klippen gearbeitet und die Baugrube für ein neues Gebäude genau auf der Innenseite des Drahtzaunes vorbereitet. Sie arbeiteten mit einer Planierraupe, die sie nach Feierabend stehenließen. Mit ihr konnte er das Hindernis überwinden.

Sein Atem ging schwer, als sie beim letzten Gebäude angelangt waren. Noch gut fünfzig Meter offenes Feld mußten sie überwinden, ehe sie die Planierraupe erreicht haben würden, die als schwarzer Schatten zu sehen war. Eine motorisierte Patrouille fuhr zwischen der Umzäunung und ihnen vorbei. Es war ein Armeefahrzeug mit einem Scheinwerfer auf dem Führerhaus. Deutlich waren auch die aufgesessenen Soldaten zu sehen. Dann wurde es ruhig.

»Jetzt!« sagte Fleming und wies nach vorne, zog André hoch und rannte mit ihr über die schneebedeckte Wiese. Die letzten zwanzig Meter ungefähr mußte er sie tragen. Ihm war, als müßten ihm Kopf und Brustkasten zerspringen, als sie endlich die Planierraupe erreicht hatten. Stöhnend glitt das Mädchen zu Boden, als er sie losließ.

Fleming kletterte auf die Maschine und startete den Motor. Es blieb nur zu hoffen, daß die Soldaten das Motorengeräusch mit einem ihrer Patrouillenfahrzeuge verwechselten. Als der Motor lief, kletterte Fleming hinunter, hob André auf, und ohne recht zu wissen wie, schaffte er es, sie neben sich auf den Führersitz zu setzen.

»Jetzt müssen Sie sich festhalten.« Er lehnte sie gegen sich. Quadring hatte wahrscheinlich inzwischen Judy in seinem Bungalow aufgesucht und erfahren, daß er mit Andromeda geflüchtet war. Jetzt blieb Fleming die Aufgabe, das Mädchen in Sicherheit zu bringen und irgendwie zu überleben.

Als er die Maschine schwerfällig auf den Drahtzaun zuschwenkte, blickte er zurück. Ein Licht näherte sich, aber es war schon zu spät, um stehenzubleiben. Er trat das Gaspedal ganz durch und hielt die Maschine auf Vollgas, während sich die Gleiskette in den Zaun bohrte. Die Drähte spannten und dehnten sich, kamen unter die Gleiskette zu liegen, und mit einem Ruck standen sie mitten darauf. Er stellte den Motor ab, kletterte hinunter und zog das Mädchen mit sich den Klippenweg hinab. Nach der zweiten Biegung benutzte er die Taschenlampe und verlangsamte seinen Schritt, so daß sie mit eigener Kraft dicht hinter ihm gehen konnte.

Totenstill lag die Anlegestelle, nur die Wellen klatschten leicht gegen die Mole. Das Wachboot, eine Art kleineres Walfangboot mit einem mittschiffs angebrachten Motor, lag an einer Seite der Mole vertäut. Fleming hatte es in den Sommermonaten oft benützt. Er schob

André hinein, löste die Vertäuung an beiden Enden und suchte im Schein der Taschenlampe nach einer Anlasserkurbel. André verkroch sich unter dem Dollbord vor dem fallenden Schnee, der zusammen mit schwappendem Seewasser eine Pfütze auf dem Boden des Bootes gebildet hatte. Eine Zeitlang ließ er den Motor im Leerlauf warm werden, rastete dann die Kupplung ein und gab Gas.

Vor dem Ruder, das aussah wie das Steuerrad eines uralten Autos, war ein Kompaß angebracht. Fleming steuerte mit der einen Hand und hielt mit der anderen die Taschenlampe, um den Kompaß zu verfolgen. Er hatte die Strecke so oft zurückgelegt, daß er hoffen konnte, sicher am Felsenriff der Insel vorbeizukommen. Er rief André zu, sie sollte sich in den Bug setzen und Ausschau halten. Mühsam tastete sie sich nach vorne.

»Es dauert nicht mehr lange!« Er versuchte, seiner Stimme einen überzeugten Klang zu geben.

Nach ungefähr vierzig Minuten rief sie ihm etwas zu. Er nahm Gas weg, ließ das Boot auf den dunklen Schatten vor ihnen zugleiten und warf dann das Ruder herum, so daß sie an der glatten Felsenküste der Insel entlangglitten. Langsam, tastend fast, fuhren sie weiter und lauschten auf das Schlagen der Brandung, bis ungefähr zehn Minuten später die Felsenwand zurückwich und das weiche Rollen der Wellen in der Bucht zu hören war. Fleming ließ das Boot auflaufen und trug das Mädchen durch eiskaltes, knietiefes Wasser auf den Sand. Im fahlen Mondlicht erkannte er die Sandbucht. Mit Judy hatte er sie an einem Vorfrühlingsnachmittag entdeckt. Plötzlich hatte er das Gefühl, sich auf vertrautem Gelände zu bewegen. Vorsichtig führte er das Mädchen in die Höhle hinein und den Gang entlang, den er damals mit Judy erkundet hatte. Er war so schmal, daß er die Hand Andrés loslassen mußte. Über die Schulter sprach er ihr Mut zu. Zweimal verirrte er sich in den Gängen. Er suchte den hohen Raum, in dem er mit Judy die Thermosflasche gefunden hatte, denn dort war der Boden sandig gewesen, so daß man sich hinlegen könnte. Plötzlich erkannte er, daß er eine falsche Richtung eingeschlagen hatte. Er drehte sich um und leuchtete mit der Taschenlampe zurück, um André zu sagen, daß sie umkehren müßten. André war nicht mehr hinter ihm.

Panik ergriff ihn, stolpernd rannte er den Gang zurück, schrie ihren Namen und schwenkte den Lichtstrahl von einer Seite des Ganges zur anderen. Dann lief er wieder zurück; immer mehr Abzweigungen taten sich auf. In einige rannte er hinein, mußte aber immer wieder umkehren, weil sie alle auf irgendeine Weise unwegsam wurden. Dann stand er plötzlich in dem hohen Gewölbe, nach dem er gesucht hatte.

Wieder rief Fleming und schwenkte seine Lampe. Hier mußte André sein, sagte er sich. Erschöpft, wie sie war, konnte sie in der Dunkelheit nicht viel weiter gekommen sein. Der Lichtstrahl glitt auf den sandigen Boden, und da sah er ihre Fußspuren, die in die Mitte des Gewölbes führten. Er folgte ihnen und blieb mit einem Ruck stehen; ein Entsetzensschauder durchlief ihn. Der letzte Abdruck zeigte sich im Schlamm auf dem Felsen neben dem Wasserbecken. Am Rande des Wassers schwamm einer seiner Handschuhe. Das war alles.

Nichts weiter fand er von ihr. So viel hatten sie ihr beigebracht, dachte Fleming grimmig, nur das Schwimmen nicht. Ermattet, hoffnungsleer stolperte er in die Bucht hinaus und setzte sich zwischen zwei Felsblöcke und starrte aufs Meer hinaus.

So verharrte er, bis ungefähr eine Stunde nach Tagesanbruch ein Motorboot der Marine neben ihm anlegte. Dann stand er auf und ließ sich ohne Widerstand zu Major Quadring bringen. Die Männer blieben und suchten die Insel ab.

Geers saß an seinem riesigen Stahlschreibtisch, auf dem kein Blatt Papier, dafür aber eine ganze Batterie von Telephonapparaten zu sehen war. Er starrte seine Besucher an, die er zu sich befohlen hatte. Es waren Fleming und Dawnay, die vom Krankenrevier gebracht worden war.

»Ganz Whitehall sitzt mir im Genick«, klagte Geers. »Alle fünf Minuten ist der Wirtschaftsminister an der Leitung, und das halbe Wirtschaftsministerium hetzt mich, und ich weiß nicht einmal genau, was geschehen ist.«

Dawnay stellte sorgfältig ihre Kaffeetasse auf den Fenstersims. Diese leichte Bewegung schien sie anzustrengen. »Auch ich weiß nicht, was geschehen ist«, erwiderte sie ruhig.

»Osborne ist kurz nach zehn am Bahnhof angekommen, und zwar mit irgend jemandem. Unsere Pressereferentin hat sie zum Computer gebracht. Gott weiß warum – aber schließlich bin ich nur der Direktor hier. Als Osborne und sein Gast sich abgemeldet hatten, schloß der Techniker vom Dienst für die Nacht. Osborne fuhr nach London zurück, und danach ging niemand ins Gebäude des Computers außer Andromeda. Nachdem sie einige Zeit dort war, glaubte der Korporal von der Wache, Feuer zu riechen. Er ging in den Hauptkontrollraum und fand ihn voll Trümmer und Rauch.«

»Und wo war André?« fragte Dawnay.

»Wie der Korporal meint, entkam sie durch den Notausgang. Gleichviel, sie oder irgend jemand ließ einen Handschuh zurück – einen Männerhandschuh.« Er drehte sich um, blickte Fleming an und brachte plötzlich einen großen Lederhandschuh aus einer Schreibtischschublade zum Vorschein.

»Ihren.«

Fleming schaute nicht einmal hin.

»Also wissen Sie alles«, erklärte Geers. »Nur zwei Menschen wissen es, Sie und das Mädchen. Das Mädchen ist tot.«

Fleming nickte. Langsam wiederholte er: »Das Mädchen ist tot. Damit hat sich's.«

»Nicht ganz«, versetzte Geers zornig. »Sie müssen einige Fragen beantworten. Sie sind der einzige, der den Computer zerstört haben wollte. Immer haben Sie das gewollt. Andere haben mehr Sinn für Loyalität und mehr Phantasie.«

Dawnay protestierte: »Ich denke, einigen von uns kamen auch Zweifel.«

Geers wandte sich um und blickte sie ungläubig an. Gerade als er zum Sprechen ansetzte, summte das Sprechgerät. »Major Quadring ist hier, Sir«, sagte die Stimme seiner Sekretärin. »Er hat den Bericht des Marinekommandos, das die Insel abgesucht hat.«

»Gut«, erwiderte Geers. »Ich werde ihn in seinem Büro aufsuchen.«

Er stand auf und ging zur Tür hinüber. »Sie bleiben hier, Fleming«, befahl er. Weniger scharf teilte er Dawnay mit, daß er sie nicht länger hierbehalten wolle.

Als sich die Tür schloß, ging Fleming durch das Büro und blickte zum Fenster hinaus.

»Er hat kein Recht, Sie in die Sache hineinzuziehen«, sagte er. »Sie sind noch nicht ganz auf der Höhe.«

Dawnay lachte kurz auf. »Ich bin in Ordnung. Ich bin ein zähes altes Stück. Ich muß es sein, sonst wäre ich nicht hier. Aber sagen Sie mir, John, was wirklich geschehen ist. Sie haben es getan, nicht wahr?«

Fleming wandte sich nicht vom Fenster ab. »Sie wollen sich doch nicht auch noch damit belasten.«

»Nein, das will ich nicht«, gab sie zu. »Aber da ich in die Sache verwickelt bin, ob ich will oder nicht, möchte ich Ihnen nur sagen, daß Sie mir vertrauen können, wenn Sie überhaupt jemandem vertrauen wollen.«

»Das Mädchen ist tot.«

Flemings Stimme klang in diesem Moment rauh, was sie überraschte. Dawnay wußte, daß er leicht wegen Prinzipien, Idealen, Fehlern sich erregen konnte, selten jedoch wegen Menschen.

»Jedenfalls gibt es keinen, wirklich keinen, der einen Beweis gegen Sie erbringen kann.«

Bevor er antworten konnte, kam Geers zurück. Grimmig sah er aus, aber er war mit sich selbst zufrieden.

Er ging zu seinem Schreibtisch hinüber, setzte sich hin und beobachtete Fleming genau, um sicher zu sein, daß ihm keine Reaktion entging. »Ich habe eine Neuigkeit für Sie, Fleming, wenn das für Sie überhaupt eine Neuigkeit ist. Man hat den Teich abgetaucht und mit Netzen abgefischt. Es ist keine Leiche darin.«

Flemings Überraschung war echt. »Sie muß darin sein!« schrie er. »Ich habe Spuren bis ans Wasser verfolgt. Sie haben nicht aufmerksam genug gesucht. Es gibt keinen anderen Ausgang.«

»Das gleiche sagt Quadring«, murmelte Geers. Seine Schärfe war verflogen. Er hatte gehofft, Fleming ein Geständnis abzulocken. Aber Fleming war offensichtlich wie vor den Kopf geschlagen. »Sie kann die Insel nicht verlassen, und da sie seit dem ersten Tageslicht bewacht wird, muß das Mädchen irgendwo in den Höhlen stecken. Ich werde selbst gehen und nachschauen. Es ist das einzige, was in dieser verdammten Situation getan werden kann.«

Herablassend erlaubte er Fleming mitzukommen; und die Männer gingen, um sich warme Kleider und Gummistiefel anzuziehen.

Eine halbe Stunde später fuhren sie durch das auflaufende Wasser zu der zwei Meilen entfernten Insel. Keiner sagte ein Wort. Geers saß zusammengekauert in der Mitte des Bootes und starrte auf den Umriß der Felseninsel, die im Nebel zu erkennen war. Fleming saß im Heck und hielt die Ruderpinne.

Er ließ das Boot auf dem Kies gerade gegenüber des Höhleneingangs auflaufen. Sie stiegen aus, und Geers ging vorsichtig darauf zu. Die Fußabdrücke des Suchkommandos waren im Sand zu sehen. Plötzlich blieb er stehen, als er merkte, daß Fleming nicht folgte. »Wo gehen Sie hin?« rief er.

Fleming bewegte sich nach links. »Ich möchte einen Blick in diesen Gang werfen. Auch hier drin ist ein Teich. Tiefe Höhlenteiche wie diese sind oft miteinander verbunden wie eine U-Röhre. Was auf der einen Seite hineinfällt, kann auf der anderen herauskommen.«

Geers drehte sich um. »Ich weiß nicht, was Ihnen vorschwebt, aber ich komme mit. Den anderen Teich wollen wir hinterher ansehen.«

Der Gang fiel steil ab und wurde niedriger. Fleming ging gebückt voran. Geers versuchte mitzuhalten, stolperte über einen Stein und schlug der Länge nach hin.

Fleming drehte sich um und richtete den Strahl seiner Lampe auf Geers, der sich unbeholfen auf die Füße brachte. »Haben Sie sich verletzt? Warten Sie hier, während ich mir den Teich ansehe. Es wird nicht lange dauern.«

Seine Schritte hallten schwach von den Höhlenwänden wider und wurden leiser und leiser. Eine volle Minute lang herrschte die kalte, tote Stille einer ausgestorbenen Welt. Plötzlich drang von der Hauptgrotte her der klare harte Ton eines Steines, der über den Felsrand kollerte und ins Wasser fiel. Geers erstarrte und hielt unwillkürlich den Atem an. Ein weiterer Stein fiel ins Wasser, dann einige kleine Steine.

Geers' Reaktion war eine Mischung aus Erregung und Furcht. Gellend schrie er nach Fleming, der den steilen Gang wieder hinaufgeklettert kam.

»Hallo!« sagte er. »Was ist los?«

Geers schüttelte sich, obwohl es in der Höhle nicht so kalt war wie draußen. »Haben Sie Steine ins Wasser geworfen?«

Fleming leuchtete Geers ins Gesicht. »Nein«, erwiderte er. »Warum fragen Sie?«

In diesem Augenblick war wieder das Geräusch rollender Steine zu hören. »Da ist es wieder: das Geräusch«, flüsterte Geers. Zögernd bewegte er sich den Gang entlang. Das Licht seiner Lampe streifte die Seitenwände der Kaverne. Grau waren die Steine und naß. Fleming knipste ebenfalls seine Lampe an, und der Strahl stach über das Wasser und in eine sanft geschwungene Mulde im Fels über die Wasseroberfläche. Etwas Weißes erfaßte der Strahl und blieb darauf ruhen.

»Was ist es?« flüsterte Geers und klammerte sich an Flemings Arm.

Fleming schüttelte Geers' Hand ab und ging vorwärts. Der Lichtstrahl erhellte die Mulde.

»Was ist es?« wiederholte Geers drängend.

»Das Mädchen natürlich. Geben Sie mir die Hand, daß ich sie herausziehen kann.« Fleming suchte vorsichtig nach einem Halt auf dem schlüpfrigen Gestein. Geers folgte nicht. »Leuchten Sie wenigstens, damit ich etwas sehen kann«, rief Fleming zornig.

Andrés Kleid war klitschnaß und klebte an ihr. Eiskalt fühlte sie sich an, als Fleming die Hände an Taille und Schulter unter sie schob und sie zurückzog. Sachte legte er sie vor Geers auf den trockenen Sand und lehnte sich an den Fels und schnappte nach Luft. Geers stand niedergeschmettert.

»Ist sie...«, flüsterte er und legte die Lampe so auf den Boden, daß sie das Gesicht des Mädchens anstrahlte.

Fleming ließ sich auf die Fersen nieder und hob ein Augenlid des Mädchens an. Blicklos schien die blaue Iris. Keine Kontraktion war zu sehen, als das Licht darauf fiel. Er fühlte den Puls an dem kalten Handgelenk. Ein leichtes Flackern war zu spüren. Er war nicht sicher, ob es in seinen Fingern pulste oder ob es ein Zeichen war, daß André lebte. »Ich bin kein Arzt, ich kann nicht mit Sicherheit sprechen. Aber ich denke, es regt sich etwas. Sie hat einmal gesagt, sie habe ein stärkeres Herz als wir.« Fleming richtete ihren Oberkörper auf; ihr Kopf fiel nach vorne, und sie stöhnte.

»Sie lebt«, schrie Geers triumphierend.

»Gerade noch.« Mit der freien Hand fuhr Fleming in seine Jackentasche und zog eine Flasche heraus.

»Nimm einen Tropfen, Kleines«, sagte er, schraubte mit den Zähnen die Kappe der Flasche ab und ließ einige Tropfen Whisky durch Andrés blutleere und zusammengepreßte Lippen rinnen.

Die Augenlider des Mädchens zitterten. Sie würgte, spuckte ein klein wenig aus und schluckte dann. Fleming fühlte, wie sich ihr Körper entspannte.

»Wie ist sie hierhergekommen?« fragte Geers.

»Zwischen den beiden Teichen muß ein Siphon sein. Sie ist auf der einen Seite versunken und auf der anderen hochgetrieben worden. Gott weiß, wie sie es fertigbrachte, sich am Rand festzuhalten und sich hochzuziehen – mit diesen Verletzungen.«

Er deutete auf Andrés Hände, die dicht beieinander in ihrem Schoß lagen. Sie waren unförmig verschwollen und verfärbt. Schrecklich stach das aufgeschwemmte Weiß der Handrücken und Knöchel vom verbrannten Fleisch der Finger ab.

Geers schauderte. »Können wir sie hinaustragen?« sagte er zweifelnd. »Wir müssen sie sobald wie möglich aufs Festland bringen. Dann werden wir vielleicht die Wahrheit herausfinden.«

Die Ungeduld, mit der Geers gesprochen hatte, brachte Fleming in Wut. »Können Sie nicht abwarten, verdammt noch mal. Das Mädchen ist halbtot, und Sie denken nur daran, ihm Daumenschrauben anzulegen.«

Er glaubte, daß André halb verstand, was gesprochen wurde. Ihr Körper spannte sich in seinen Armen, und sie versuchte verzweifelt aufzustehen.

Ohne André loszulassen, schälte sich Fleming aus seinem Dufflecoat und legte ihn ihr um ihre Schultern.

»Du bist in Ordnung«, versicherte er ihr. »Jetzt ist alles vorbei. Wir werden lange Ferien machen. Du weißt, wer ich bin?«

Ihre umwölkten Augen öffneten sich weiter und starrten ihn an. Fast vernehmbar nickte sie.

Seine Freude darüber schien ihm fast lächerlich. »Fein! Ich hebe dich jetzt hoch. Laß deine Hände, wo sie sind, dann stoßen sie nirgends an. Los geht's.«

Geers machte keine Anstalten zu helfen. Er sah zu, wie Fleming André wie ein Kind hochhob, sie hin und her drückte, bis er sie schließlich sicher in den Armen hatte.

Als sie auf Thorness ankamen, konnte Quadring sich nicht enthalten, André sofort ins Verhör zu nehmen. Doch so deutlich er sich auch ausdrückte und so ungläubig seine Stimme klang, André konnte ihm nicht antworten. Sie erinnerte sich an nichts.

Oberst Salim, Azarans akkreditierter Vertreter am Hofe von St. James', war der starke Mann bei der Revolution seines Landes gewesen. Er hatte hart gearbeitet, um sich seinem Präsidenten unentbehrlich zu machen. Und seine Belohnung war der höchste diplomatische Posten, den der Präsident anbieten konnte. Tatsächlich bemühte sich Azaran um eine Botschaft in einem anderen europäischen Land ohnehin nicht; denn England war zur Zeit Beherrscher von Azarans Wirtschaft.

Salim gefiel das Leben im Westen mehr als der Wechsel von der militärischen Machtausübung zur Diplomatie. Er war ein harter Mann und ein Idealist, hatte aber seine religiösen Vorbehalte genügend vergessen, um den Alkohol zu genießen. Außerdem hatte er seine strengen rassischen Überzeugungen gemäßigt und einen Geschmack für europäische Frauen entwickelt.

Rasch drehte er sich um, als ein Diener eintrat und mit einer Verbeugung ankündigte, daß ein Mr. Servola von der Intel ihn zu sprechen wünsche.

Salim setzte sich schnell an seinen Schreibtisch und schlug eine Schriftenmappe auf. Als Servola eintrat, blickte er auf, bot ihm einen Stuhl an und sagte: »Ihre Auftraggeber nehmen großen Anteil an meinem kleinen, unbedeutenden Land, Mr. Servola.«

»Ist das für Sie von Interesse?«

Salim senkte die Stimme. »Wir haben vor, mit den britischen Ölinteressen zu brechen. Das Ölfeld war keine aufregende Angelegenheit, und wir glauben, daß Sie mehr als Öl anzubieten haben.«

Servola schnippte nachdenklich die Asche von seinem Zigarillo. »Unsere Mitarbeit?« fragte er.

Salim rieb die Hände ineinander. »Lassen Sie uns offen sein. Sie wissen, daß es wegen des Gemeinsamen Marktes und der wachsenden

Tendenz der Regierungen, zusammenzuarbeiten, für die Intel immer schwerer wird, ihren eigenen Weg zu verfolgen. Niemand mag ein so erfolgreiches Unternehmen.«

»Das mag stimmen«, gab Servola zu.

»Ihr offizieller Hauptsitz ist in der Schweiz«, fuhr Salim fort. »Erst gestern habe ich mit großem Interesse gelesen, daß sowohl die Regierungen der Kantone als auch die Bundesregierung wegen der Steuerangelegenheiten ungeduldig werden. Sie streben Gesetze zur strengeren Untersuchung von Konten an. Ihre Direktoren treffen sich gewöhnlich in Wien, der Hauptstadt eines toleranten und neutralen Landes. Aber Österreich würde und könnte sich nicht erlauben, Druck von seinen mächtigen Nachbarn zu ignorieren. Sie sind in der Tat eine Organisation ohne festen Sitz.«

Servola schien unbeeindruckt. »Wir haben Büros in mindestens sechzig Ländern – und Einfluß in ebenso vielen.«

»Die Büros sind bloße Handelsniederlassungen, politisch unbedeutend. Ihr Einfluß, Mr. Servola, ist in Gefahr. Dieses kleine Fleckchen auf dieser Landkarte hier, mein Land, könnte das Hauptquartier der Intel werden. Es gäbe keine Einmischung. Als Gegenleistung brauchten wir nur die Hilfe von Experten für unsere Pläne.« Nach einer Pause fragte Salim: »Was wissen Sie von Thorness?«

Servola überlegte einen Augenblick. »Der Computer wurde zerstört, verbrannt. Soviel habe ich wenigstens in Erfahrung gebracht.«

Salim blickte auf die Schriftenmappe vor sich. »In Thorness arbeitet eine Professorin Madeleine Dawnay«, sagte er. »Ich werde ihr unverzüglich einen Posten in der biologischen Forschungsabteilung unserer Regierung anbieten. Und dort ist auch ein gewisser Dr. John Fleming. Ich bin unterrichtet, daß er die Konstruktion des Computers überwacht hat.«

»Das ist richtig«, erwiderte Servola. »Fleming ist ein hervorragender Spezialist. Aber bei den meisten seiner Kollegen ist er unbeliebt.«

»Aber die Regierung von Azaran würde ihn gern haben«, murmelte Salim. »Mein Präsident wird das Angebot an Intel nur dann machen, wenn Fleming dabei ist – als loyaler Mitarbeiter von Intel. Haben Sie Vorschläge?«

»Es würde schwierig sein, kostspielig«, murmelte Servola. »Wenn meine Vermutungen stimmen, wird Fleming bereits unter Arrest stehen.«

»Ihren Direktoren sind Tatsachen gewiß lieber als Vermutungen«, bemerkte Salim. »Vielleicht sollten Sie nach Schottland zurückkehren und Ihre Untersuchungen fortsetzen. Unterrichten Sie mich regelmäßig telephonisch von dem Fortgang der Dinge – geheim natürlich. Denken Sie daran, ich bin Diplomat.«

Servola stand auf, verbeugte sich. »Sie können sich auf mich verlassen, Exzellenz«, sagte er.

Madeleine wägte das Angebot nach allen Seiten ab. Azaran weckte ihren Idealismus und ihre Neugier: ein kleines Land, das zur Zeit wohl Geld hatte, jedoch unendlich arm an fruchtbarem Boden und Nahrung für das Volk war. In Thorness bat sie um Erlaubnis, das Auswärtige Amt aufzusuchen, und machte sich sogleich auf den Weg nach London, wo ihr mitgeteilt wurde, es stehe ihr frei, den Posten anzunehmen. Eine Viertelstunde später entstieg sie vor der Botschaft von Azaran einem Taxi.

Sogleich wurde sie in Salims Büro geführt. Zu ihrer großen Überraschung schien er ihre Karriere genau zu kennen, und er sprach mit beträchtlichem Verständnis von ihrer Arbeit. Fast nebenbei erwähnte er das Gehalt, und er hörte sie einen kleinen Ruf ausstoßen.

»Nach britischen Maßstäben ist das sehr hoch«, lachte Salim, »aber es geht um die Zukunft unseres Landes, und was wir zur Zeit im Überfluß haben, ist Geld. Die Europäer – Ärzte, Ingenieure und so weiter–, die für uns arbeiten, brauchen einen Ersatz für ihre Abwesenheit von ihrer Heimat und für die Tatsache, daß es sich notwendigerweise nicht um Lebensstellungen handelt. In Ihrem Falle dachten wir an einen Fünfjahresvertrag, der durch gegenseitiges Übereinkommen erneuert werden kann. Aber in erster Linie wird Sie gewiß die Arbeit interessieren. Wir sind ein altes Volk, das mit großem Rückstand ins zwanzigste Jahrhundert trat, Miß Dawnay. Achtzig Prozent unserer Nahrung müssen eingeführt werden. Es geht darum, unser Land so fruchtbar zu machen, wie es reich ist.« Er zögerte. »Aus Gründen, die bald deutlich werden, wird das mehr und mehr zu einer Lebensnotwendigkeit.«

Dawnay hörte seine letzten Worte kaum. Die alte Erregung über ein Problem, das die Findigkeit des Geistes forderte, hatte sie ergriffen.

»Oberst Salim«, sagte sie ruhig, »ich werde stolz sein, helfen zu können. Ich kann abreisen, sobald Sie es wünschen.« Sie lächelte ein wenig bedauernd. »Wie Sie bei Ihren Erkundigungen über mich gewiß werden erfahren haben – ich habe keine persönliche Bindung, keine Verwandten, die mich hier zurückhalten. Und meine letzte Arbeit ist aus Gründen, auf die ich nicht eingehen kann, beendet.«

Salim lächelte sie herzlich an. »Ich werde unverzüglich meinen Präsidenten anrufen«, sagte er. »Ich weiß, daß er sehr dankbar sein wird. Mittlerweile müssen die üblichen internationalen Formalitäten erfüllt werden – Schutzimpfungen, Paß und so weiter. Könnten Sie übermorgen um zehn Uhr noch einmal vorbeikommen? Dann kann ich den Zeitpunkt Ihrer Abreise festlegen.«

Dawnay war einverstanden. Jetzt, da die Entscheidung gefällt war, wollte sie so schnell wie möglich weg. Sie rief in Thorness an und ließ ihre Habseligkeiten nach London schicken.

Am nächsten Morgen suchte sie einen Arzt auf und ließ sich von ihm impfen.

Die Spritzen machten sie jedoch ein wenig fiebrig, und sie legte sich schon nachmittags in ihrem Hotelzimmer zur Ruhe. Punkt zehn Uhr am anderen Morgen war sie in der Botschaft von Azaran.

Salim begrüßte sie höflich, aber er war unruhig und hörte halb auf einen von atmosphärischen Störungen unterbrochenen Wortschwall in arabischer Sprache aus einem starken Kurzwellenradio.

»Wunderbar, Professor Dawnay«, sagte er schließlich, nachdem er flüchtig den Paß und die Impfscheine betrachtet hatte. »Hier sind Ihre Visa und Flugkarten. Ich habe einen Flug für übermorgen gebucht. Ist Ihnen das angenehm?«

Bevor sie antworten konnte, sprang er auf, eilte zum Radio und stellte es lauter. Angespannt lauschte er einige Minuten, dann schaltete er den Apparat ab. »Das war die Verkündigung unserer Freiheit«, sagte er verträumt.

»Aber Ihr Land ist doch frei!« Dawnay blickte ihn überrascht an.

Er wandte sich um. »Politische Freiheit ist eine Sache von Papier und Idealen. Wirkliche Freiheit ist eine Frage der Wirtschaft. Endlich haben wir die Bindungen an Ihr Land durchschnitten; alle Öl- und Handelsverträge sind widerrufen.« Er deutete auf das Radio. »Das haben Sie soeben gehört.« Er lachte ihr wieder zu. »Sie sehen nun, warum wir die richtigen Leute brauchen. Ich selbst werde nach Azaran zurückkehren, sobald die diplomatischen Angelegenheiten hier geklärt sind. Wir möchten mit Großbritannien weiterhin auf freundschaftlichem Fuße stehen, mit allen Ländern. Aber wir müssen unbedingt unabhängig sein, im besten Sinne des Wortes. Und Sie werden uns dabei helfen!«

Dawnay war leicht verwirrt bei dieser Änderung der Dinge, aber sie sah die Pflicht des Wissenschaftlers darin, zum Wohle der Menschheit zu arbeiten. »Ich hoffe, daß ich nützlich sein kann«, murmelte sie höflich.

Salim schien nicht zuzuhören. Mit zusammengezogenen Brauen sah er die Dokumente durch, die sie ihm gegeben hatte. »Sie sind nicht gegen Gelbfieber geimpft?« fragte er. »Sie sind doch gewiß davon unterrichtet worden, daß das erforderlich ist?«

»Nein, ich glaube nicht«, entgegnete sie. »Aber ich kann mich heute impfen lassen.«

Salim stand auf und lächelte liebenswürdig. »Ich kann es Ihnen bequemer machen. Zufällig ist der Botschaftsarzt heute morgen hier.« Er schaltete sein Sprechgerät ein. »Fragen Sie Mademoiselle Gamboul, ob sie eine weitere Impfung gegen Gelbfieber machen kann«, befahl er einem Sekretär.

Plötzlich blickte er auf: »Ach, Mademoiselle Gamboul.«

Ohne anzuklopfen, war eine Frau in einem weißen Kittel eingetreten. Sie war dunkelhaarig, sehr attraktiv und – man konnte es nicht genauer bestimmen – in den Dreißigern. Sie sah nicht im mindesten wie eine Ärztin aus. Selbst in dem weißen Mantel erweckte sie den Eindruck von Sinnlichkeit. Dawnay unterdrückte eine plötzliche Antipathie der Frau gegenüber.

Mademoiselle Gamboul tupfte ihren Oberarm mit einem alkoholgetränkten Wattebausch. Dawnay schaute weg, als die Nadel in ihren Arm drang – Mademoiselle Gamboul stach schlecht, und sie stöhnte kurz auf. Sie fühlte sich plötzlich schlecht und ließ sich von Salim, der in einem fort auf sie einredete, wie schön es in Azaran sei und daß es ihr dort an nichts fehlen werde, überreden, sich kurz hinzulegen. Mademoiselle Gamboul brachte sie in ein Nebenzimmer.

Nach etwa einer Viertelstunde erschien Mademoiselle Gamboul wieder, und ohne Umschweife setzte sie sich auf den Tisch und befahl Salim, Servola anzurufen. »Sag ihm, wir sind jetzt im Besitz aller notwendigen Informationen über Dr. Flemings Rolle bei dem Aufbau und der Zerstörung der Maschine und, noch wichtiger, daß wir soeben erfahren haben, wo er sich befindet. Wenn Miß Dawnay aufwacht, wird sie sich an nichts mehr erinnern. Er soll nun auf dem schnellsten Wege Fleming herbeischaffen, Schnelligkeit ist lebensnotwendig.« Sie machte ein paar Angaben, die Salim notierte, und gehorsam hob er den Hörer ab.

André und Fleming wurden zum R.A.F.-Flugplatz Northolt geflogen, um Schwierigkeiten mit der Presse auf dem Londoner Flughafen zu vermeiden. Von dort wurden sie direkt ins Wissenschaftsministerium gefahren. Das Mädchen litt immer noch an Gedächtnisschwund, und die Befragung blieb ohne Ergebnis.

Der Minister blickte Fleming finster an. »Derweilen stehen Sie unter Aufsicht, Dr. Fleming. Um eine Inhaftierung und Anzeige bei Scotland Yard und damit eine Sensation zu vermeiden, hoffe ich, daß Sie sich entsprechend verhalten werden. Ich kann Sie ohne Haftbefehl nicht zwingen, unser Gast zu sein. Aber wir können eine sehr angenehme Unterkunft beschaffen.«

»Ich werde ganz ruhig mitkommen. Und wo ist dieses – hm – Hotel für unwillkommene Gäste der Regierung?«

»Nicht allzu weit entfernt«, deutete der Minister an. »Es wird Ihnen guttun, und das Mädchen wird sich gewiß dort erholen. Es ist das beste, wenn Sie gleich gehen und Sie beide zu einer angenehmen Nachtruhe kommen. Morgen werden Sie die Dinge klarer sehen.«

Fleming konnte an der Unterbringung und Bedienung nichts aussetzen. Er war jedoch nicht überbegeistert von den hart aussehenden weiblichen Bediensteten, die immer um ihn waren. Ihre weißen Overalls verdeckten nicht ihre Einheitsfrisuren, die khakifarbenen Nylonstrümpfe und die derben schwarzen Schuhe. Fleming hatte nie etwas von Frauen in Armeediensten gehalten. Die Ungeschicklichkeit des Dieners, der das ausgezeichnete Abendessen servierte, fand er belustigend. Er war offensichtlich ein Polizist.

Sonst aber waren sie in den folgenden Tagen sich selbst überlassen. Soviel sie wollten, konnten sie in dem riesigen Park spazierengehen. Fleming bemerkte, daß das alte Torhaus am Eingang der Hauptauffahrt in einen Wachraum verwandelt worden war. Der Wachhabende trug ein automatisches Gewehr.

Eines Nachmittags wurde André abgeholt. Geers war angekommen und wollte mit ihr reden. Viele Stunden des folgenden Tages verbrachte sie mit dem Wissenschaftler. Nachdenklich und doch immer noch merkwürdig ungebeugt verließ ihn André. Fleming sagte sie, alles, was Geers erklärt habe, erkenne sie als wahr an, aber es komme ihr vor wie der Lebenslauf einer anderen Person. Nichts klang in ihrer Erinnerung nach, obwohl ihr klar war, daß sie an der Zerstörung des Computers teilgehabt hatte.

»Was werden sie mit uns anfangen?« fragte sie, als sie spät am Abend im Gemeinschaftsraum saßen und ein langweiliges Fernsehstück anschauten.

»Ich glaube, sie werden warten, bis der arme Osborne auch hier landet«, erwiderte Fleming schließlich. »Dann wird eine Verhandlung steigen. Er und ich werden im Tower geköpft werden. Und was dich angeht –« Er vermochte nicht weiterzusprechen, und schweigend saßen sie eine ganze Weile im zuckenden Lichtschein der Mattscheibe.

Plötzlich dröhnten schwere Schritte auf dem Parkettboden des Ganges.

»Wer ist das?« fragte André. Beide hatten sich an die Geräuschlosigkeit der Leute gewöhnt, die sie bedienten.

»Könnte Osborne sein«, meinte Fleming. »Schön wäre es, wenn sie uns die letzten Tage zusammen verbringen ließen.«

Aber es war nicht Osborne. Es war Servola. Er trug einen überlangen schwarzen Mantel. In einer Hand hielt er einen schwarzen Homburg, in der anderen eine Aktentasche. Er schloß leise die Tür und setzte dann ein breites Lächeln auf. »Guten Abend, Dr. Fleming. Wie schön, Sie wieder begrüßen zu dürfen.« Mit ausgestreckter Hand kam er auf sie zu.

Fleming übersah die dargebotene Hand. »Wie sind Sie hereingekommen?«

Servola ließ die Frage unbeantwortet und blickte mit kurzsichtigen Augen durch seine Brille auf André, die immer noch in ihrem Lehnstuhl saß. »Und das ist die berühmte junge Dame!« Er ging zu ihr hinüber, verbeugte sich, nahm ihre Hand und drückte sie an seine Lippen.

»Was wollen Sie von uns?« unterbrach ihn Fleming aufgebracht.

»Sie haben etwas, das meine Direktoren haben wollen.« Servola war unruhig. Auf Zehenspitzen ging er zum Fenster und zog die schweren Chintzvorhänge auf. Augenblicklich strich das Licht von Scheinwerfern über sein Gesicht. Und zugleich war das leise Brummen eines Motors zu hören und das schwache Knirschen brummender Räder auf dem Kies. »Das ist ein Lastwagen, Dr. Fleming. Er wird auf der Rückseite im Hof anhalten.« Servolas Stimme wurde fest. »Und jetzt werden Sie beide bitte mit mir kommen.« Er zog die Vorhänge weiter auf und öffnete das lange, schmale Fenster.

Draußen gab es ein Geräusch, und eine Gestalt in einem Trenchcoat sprang leicht über die Fensterbank. Es war ein kaum zwanzigjähriger Mann mit einem blassen Gesicht. Mit zusammengekniffenen Augen blickte er sich blitzschnell im Raum um. Der Revolver in seiner Hand bewegte sich nicht. »Los«, befahl er mit schwacher, verdrießlicher Stimme. »Es ist verdammt kalt und naß draußen. Auf geht's.«

Servola trat hinter den jungen Mann. »Wir wünschen Sie lebendig zu haben, Dr. Fleming«, sagte er, »aber wir sind darauf eingestellt, bei der jungen Dame einen Schritt weiter zu gehen.« Der Mann im Trenchcoat richtete seinen Revolver auf André, und Fleming nickte ihr zu. An der Hand führte er sie zum Fenster.

Draußen griffen unsichtbare Hände in Nacht und Regen nach Fleming und André. Sie wurden hochgehoben und von hinten in einen Möbelwagen geschoben. Die zwei Türen wurden zugeschlagen, und der Motor lief an. Mit kreischenden Reifen schoß der Wagen los und rüttelte so stark, daß Fleming sich nicht aufrichten konnte. Immer schneller wurde der Wagen auf dem Weg zu den Toren. Fleming hörte verwirrte Rufe, als sie am Wachraum vorbei auf die Schnellstraße brausten.

Nach ungefähr zwei Stunden wilder Fahrt verlangsamte der Wagen seine Geschwindigkeit und kroch schwankend dahin. Die Reifen machten kein Geräusch. Offensichtlich fuhren sie über Grasboden. Der Wagen hielt.

Eine ganze Weile dauerte es, bis die hinteren Türen geöffnet wurden. Es regnete in Strömen. Lächelnd stand Servola im Licht einer abgeschirmten Lampe, die jemand hinter ihm hielt. »Nun, Doktor, wollen Sie so gut sein und aussteigen – mit der jungen Dame?«

Fleming beeilte sich nicht. Als er unten stand, hob er André aus dem Wagen. »Was haben Sie mit uns vor? Und wo sind wir?«

»Auf einem nicht mehr benützten Flugplatz unserer großen amerikanischen Verbündeten«, erwiderte Servola. »Die Bahnen sind enorm und immer noch in ausgezeichnetem Zustand. Wir bewahren Sie vor den Unannehmlichkeiten einer Gerichtsverhandlung und Inhaftierung wegen Sabotage. Ich bin sicher, Ihre Regierung betrachtet Sie als Verräter.« Er nahm seine Brille ab und wischte die Regentropfen weg. »Aber wir haben keine Zeit zum Reden«, sagte er scheinbar mit Bedauern. »Das Flugzeug muß gleich starten. Kommen Sie!«

Hinter Fleming ging der Mann mit der Waffe, und Servola führte sie an. Bald sah Fleming einen nassen, glänzenden Flugzeugrumpf. »Willkommen an Bord, Madame – und Sie, Sir«, sagte eine Frauenstimme.

Fleming mußte lachen ob dieser Verrücktheit. Das Mädchen oben an der Gangway war in eine hübsche dunkelblaue Uniform gekleidet.

Sie war ohne Zweifel eine echte Stewardeß. Im roten Schein der Notlichter sah Fleming, daß sie eine Orientalin war. Gewandt führte sie ihre Gäste nach vorne zu zwei Sitzen und half ihnen, die Sicherheitsgurte anzuschnallen. Sie nahm überhaupt keine Notiz von dem Mann mit dem Revolver, der sich Fleming und André gegenüber hinsetzte.

Servola verschwand durch die Tür zum Cockpit. Der Anlasser brüllte los, dann heulte ein Motor auf, dann ein zweiter.

»Jets!« murmelte Fleming vor sich hin. »Man kann sich darauf verlassen, daß Intel ihre Dinge bestens erledigt. Sie scheut keine Ausgaben.«

Sobald das Flugzeug abgehoben hatte, stieg es steil in die Höhe. Der Pilot wollte offensichtlich so schnell wie möglich aus dem Radarkontrollbereich der zivilen Luftfahrt kommen. Bald waren sie durch die Wolken gestoßen und vom kalten Mondlicht beleuchtet. An den Sternen sah Fleming, daß sie nach Süden flogen.

Als Servola aus dem Cockpit trat, bestätigte er die Annahme.

»Gerade haben wir die englische Küste überflogen«, verkündete er strahlend. »Wir sind jetzt über internationalen Gewässern. Alles ist in Ordnung. Ich schlage Ihnen vor, nun etwas zu essen und zu trinken und dann zu schlafen. In vier Stunden werden wir in Nordafrika landen.«

»Wo in Nordafrika?« fragte Fleming.

»Das ist ohne Bedeutung«, erwiderte Servola. »Wir landen nur, um aufzutanken. Der Hauptteil der Reise folgt dann erst – nach Azaran.«

Einige Zeit, bevor die Maschine langsam tiefer ging und die Grenze von Azaran überflog, wurde es hell. Fleming schaute nachdenklich aus dem Fenster. Das braungraue Land war flach, unendlich öde und erstreckte sich bis zum Horizont, wo flache Hügel eine leicht wellige Linie bildeten. Er sah die kreisrunden Oberflächen von Öltanks und nicht weit davon das Gitterwerk von Bohrtürmen, dann eine Stadt mit weißen Gebäuden, die in der Morgensonne glänzten.

Die Düsenmotoren verminderten ihren Schub, wurden jetzt leiser und leiser. Sie landeten.

Als sie aus dem Kabinenraum traten, schlug ihnen sengende Hitze entgegen. Arabische Soldaten im Kampfanzug und mit Stahlhelm auf dem Kopf standen mit entsicherten Maschinenpistolen umher. Eine alte englische Limousine, von der die Tarnfarbe abblätterte, fuhr neben dem Flugzeug auf. Servola wischte sich den Schweiß ab und drängte Fleming und André auf den Rücksitz. Er setzte sich neben den Armeefahrer.

Eine gute Betonstraße führte geradewegs in die Stadt. Als sie die verkommenen Vororte erreichten, wo Hütten mit verbeulten Wellblechdächern scheußlich von zerfallenden, aber immer noch hübschen Häusern arabischer Architektur abstachen, ging die Straße in eine schlechte Landstraße über, die voll Menschen war. Verschleierte Frauen führten Esel, die von riesigen Körben halb verdeckt waren. Einige Männer trugen arabische Tracht, aber die meisten hatten billige, schäbige westliche Kleidung an. Hinter dem riesigen Marktplatz bog der Wagen in eine schmale Einfahrt zu einem großen Gebäude. Zwei Wachen blickten finster auf die Passagiere des Wagens, während der Fahrer das Auto vorsichtig in den kühlen schattigen Innenhof steuerte. Sie stiegen aus, und Servola führte sie über den Hof, einige Steinstufen hinauf und durch eine herrlich verzierte Tür.

»Warten Sie bitte hier«, sagte er und verließ den Raum.

Fleming ging in dem Zimmer umher. Persische Teppiche hingen an den Wänden. Bequeme moderne Stühle standen neben gebrechlichen kleinen orientalischen Tischchen.

Plötzlich raschelten die Vorhänge in der anderen Ecke des Raumes. Janine Gamboul kam auf sie zu. Sie trug ein enges Seidenkleid und brachte es fertig, kühl und anziehend zu wirken.

»Doktor Fleming?« murmelte sie ohne das geringste Lächeln, als sie vor ihm stehenblieb.

»Wer sind Sie?« fragte Fleming unfreundlich.

»Mein Name ist Gamboul«, antwortete sie und wandte sich André zu.

»Die Dame des Hauses?« fuhr Fleming fort.

Sie nahm den Blick nicht von André. »Das ist das Haus von Oberst Salim. Er ist Mitglied der Regierung von Azaran. Er konnte nicht kommen, denn er ist äußerst beschäftigt. Heute ist der Unabhängigkeitstag von Azaran, und dieses Jahr haben die Feiern eine besondere Bedeutung, weil die Regierung die Ölverträge gekündigt hat. Für den Fall eines Übergriffs sind die Grenzen geschlossen worden.«

»Ein großer Tag, wie Sie sagen«, erklärte Fleming. »Und dieser Salim hat uns hierhergebracht?«

Sie drehte sich um und sah ihn von unten bis oben an. »Ich – das heißt, wir – haben Sie hergebracht.«

»Ich verstehe. Und Sie – Einzahl oder Mehrzahl – sind der Blumendienst, die Intel?«

»Ich vertrete die Intel«, erwiderte sie kalt. Wieder sah sie André an. »Und Sie sind –«

»Eine Kollegin«, fiel Fleming rasch ein.

Janine ließ den Schatten eines Lächelns um ihre sinnlichen Lippen spielen.

»Sie sind –?« fragte sie André noch einmal.

»Wir sind, was man allgemein als ›nur Freunde‹ bezeichnet, und zwar im sehr altmodischen, aber genaueren Sinne des Wortes«, erwiderte Fleming. »Sie heißt André; nur André.«

»Setzen Sie sich bitte, mein Kleines«, sagte sie freundlich. »Wir haben Sie hierhergebracht, weil wir meinten, daß wir uns gegenseitig helfen können. Sie sind auf der Flucht vor der britischen Regierung. Hier wird man Sie nicht fassen. Die Grenzen Azarans sind dicht, Auslieferungen gibt es nicht.«

»Das ist Ihre Art und Weise, uns zu helfen. Und jetzt wollen Sie vermutlich erklären, wie wir gezwungen werden sollen, Ihnen zu helfen?«

Salims Eintreten verhinderte einen Wutausbruch der Mademoiselle Gamboul.

Der ehemalige Botschafter trug eine hervorragend geschneiderte Uniform. Zwei Reihen ansehnlicher Orden schmückten seine Brust. Das Leben schien ihm in der Tat zu behagen.

»Ah, Dr. Fleming«, rief er aus, entblößte seine blitzenden Zähne und streckte die Hand aus. Fleming drehte ihm den Rücken zu. Ungerührt wandte Salim sich André zu. »Und Sie sind Miß –«

»André«, ergänzte Janine Gamboul.

»Nur –?«

Gamboul hob die Achseln. »Ja. Das jedenfalls behauptet der gesprächige Dr. Fleming.«

Salim nahm Andrés Hand in beide Hände. »Ich bin entzückt«, murmelte er bewundernd. Dann ließ er Andrés Hand los, warf sich auf einen Stuhl und streckte seine langen Beine von sich.

»Nun wollen wir Sie aufklären, Dr. Fleming, wir sind jetzt ein neues Land. Vom Öl abgesehen, sind wir unterentwickelt. Wir brauchen Hilfe.«

»Diese besorgen Sie sich auf merkwürdige Weise«, fiel Fleming ein.

Salims Hand fuhr mit ausladender Geste durch die Luft. »Wie sonst hätten wir Sie bekommen können? Die Intel hat in Form von Industrieanlagen und Forschungseinrichtungen viel Kapital hier angelegt. Als gastgebende Regierung werden wir Nutzen daraus ziehen. Wir haben viele fortschrittliche und hervorragende Leute – Wissenschaftler – engagiert.«

Nach einer langen Pause trat er dicht vor Fleming hin.

»Sie haben an dem Computer von Thorness gearbeitet. Wir haben einen.«

»Was für einen?« fragte Fleming und fürchtete schon die Antwort.

Gamboul lachte kurz auf. »Das sollten Sie wissen, Dr. Fleming. Ihr ehemaliger Kollege, Dennis Bridger, hat den Plan dazu geliefert.«

Fleming bewahrte krampfhaft die Ruhe. »Ich glaube, Sie wissen wirklich nicht, was Sie damit in den Händen haben«, sagte er schließlich. »Ich gebe Ihnen den besten Rat, den ich geben kann: Jagen Sie die Maschine in die Luft.«

»Wie Sie es mit der anderen gemacht haben?« Gambouls Augen funkelten triumphierend. »Ich fürchte, hier werden Sie nicht die gleiche Gelegenheit haben.«

»Wie können Sie wissen, daß wir, daß ich –«

Sie ließ sich Zeit mit der Antwort, denn sie wollte die zu erwartende Wirkung genießen. »Professor Dawnay hat es uns – erzählt.«

»Dawnay!« Fleming vermochte sie nur anzustarren.

»Sie ist aus freiem Willen zu uns gekommen«, unterbrach Salim. »Mit Ihnen und Professor Dawnay glauben wir das erforderliche Gespann zu haben. Der Computer wird die Grundlage sein für alle technischen Einrichtungen, die Mademoiselle Gambouls Gesellschaft hier gebaut hat.«

Er ging zum Fenster hinüber, öffnete es und blickte hinaus. »Diese Menschen dort draußen erwachen aus einem langen Schlaf«, erklärte er bestimmt. »Sie sind ein liberal denkender Mann, Dr. Fleming. Sie werden ihnen bei diesem Erwachen helfen und sie auf ihren Weg in die moderne Welt unterstützen.«

»Wo ist Madeleine Dawnay?« fragte Fleming.

»Im Forschungszentrum der Intel«, erklärte Salim, »wohin auch Sie gebracht werden. Es ist sehr komfortabel und entspricht den Maßstäben der besten Ölgesellschaften. Barbaren sind wir nicht.« Stolz stand er auf. »Aber dennoch muß ich darauf hinweisen, daß Sie nicht in der Lage sind, die Zusammenarbeit abzulehnen.« Nachdenklich blickte er André an, die still und völlig verwirrt dreinschaute, als sie von Salim zu Fleming hinsah und wieder zurück.

Janine Gamboul trat vor. »Wir haben lange genug gesprochen. Ich werde Sie zum Forschungszentrum bringen«, sagte sie zu Salim. »Mein Auto wartet.«

Als Fleming André durch die Schwingtür zum Computer führte, blieb er plötzlich stehen. Die Halle glich der von Thorness aufs Haar, nur der in Khaki gekleidete Wachhabende darin hatte die dunkle Gesichtsfarbe der Orientalen. Auch die Luft war die gleiche. Es herrschte die gleichmäßige Kühle einer Klimaanlage. Hinter der graugestrichenen Tür zum Computer verstärkte sich die Ähnlichkeit noch mehr. In diesem ganz aus Kontrollkästen gebauten Raum herrschte der schwere, unbestimmbare Geruch nach Elektrizität, das durchdringende Summen von Myriaden von Stromkreisläufen. Und zwei Stufen tiefer stand das rechteckige stahlverkleidete Ungetüm mit dem Steuerpult und den Kathodenstrahlenschirmen. Mehrere junge Araber arbeiteten an der Maschine. Gamboul rief einen von ihnen.

»Das ist Abu Zeki«, sagte sie. »Dr. Fleming.«

Abu Zekis Augen leuchteten vor Freude. Er schien ein liebenswürdiger junger Mann zu sein. »Wie geht es Ihnen, Sir?« sagte er. »Ich habe viel von Ihnen gehört. Ich bin Ihr Oberassistent. Ich hoffe, von Nutzen zu sein. Gewiß aber kann ich Ihre Anweisungen an die anderen weiterleiten.« Stolz blickte er an dem Computer entlang. »Große Dinge werden wir damit verrichten.«

»Das glauben Sie?« sagte Fleming ruhig.

»Ich werde Sie herumführen«, unterbrach Gamboul und führte sie an den endlosen Stahlkästen entlang.

Als sie zu dem breiten Durchgang vor der Steuereinheit zurückkamen, sagte sie: »Einige Zeit schon ist es fertiggestellt und voll programmiert. Aber nichts geschah. Deswegen brauchen wir Sie. Sehen Sie Probleme, was die Handhabung betrifft?«

»Wahrscheinlich nicht«, gab Fleming zu. »Äußerlich ist er leicht verschieden, aber im wesentlichen ist er identisch.« Er lachte bitter auf. »Er sollte auch identisch sein. Er ist doch nach den Informationen der gleichen Botschaft gebaut. Wissen Sie, was mit der Maschine in Thorness geschah?«

Gamboul nickte. »Ja, aber uns interessiert das nicht. Wir wollen das größte Produktionszentrum der Welt aufbauen, das weder einer politischen noch andersartigen Störungen unterliegt. Diese Maschine wird das Gehirn der Intel sein.«

Die unheilvolle Stille wirkte hypnotisierend auf Fleming. Er fürchtete, noch einmal den verhängnisvollen Teil zu sehen, wodurch sich dieser Computer von allen anderen von Menschen gebauten Gehirnen unterschied – die schweren in Plastikhüllen ruhenden Messingpole.

Er wandte sich an Abu, der ehrerbietig neben ihnen stand. »Wo ist Ihre Hochspannungsabgabeeinheit?«

Janine Gamboul sah ihn mißtrauisch an. »Warum fragen Sie? Was ist der Zweck dieser Einrichtung?«

»In Ihrer Steuereinheit sind zwei unwesentliche Hochspannungspole – oder sollten dort sein.«

Abu nickte. »Sie waren dort, ja. Wir schlossen sie mit der Endableitung zusammen. Ihr Zweck war uns nicht klar.« Er führte sie den Durchgang hinunter und schob die graue Verkleidung zur Seite. Fleming blickte auf die harmlos aussehenden Metallplatten. Haßvolle Erinnerungen stiegen in ihm auf.

»Ich erinnere mich!«

Fleming fuhr beim Klang von Andrés Stimme herum. Ihre Augen leuchteten vor Erregung. Fleming fühlte sich plötzlich elend. Die Dinge schienen unbarmherzig und unausweichlich aus dem Bereich jeglicher Kontrolle zu treiben. Ganz nahe trat er an André heran. »Du weißt, was das ist?« flüsterte er. »Wir sind davor geflüchtet.«

Sie wandte sich ihm nicht zu. Sie schien entrückt, und ihre Augen blickten unverwandt auf die Steuereinheit.

»Hab keine Angst«, murmelte sie. Fleming konnte nicht feststellen, zu wem sie sprach.

Er drehte sich heftig zu Gamboul um. »Jagen Sie bloß das Ding in die Luft, jetzt!«

Sie sah von André zu Fleming; dann lächelte sie, ohne ihre Verachtung zu verbergen. »Zerstören? Wir werden es beherrschen.« Ihr Ton änderte sich. »Und nun möchte ich Sie zu Ihren Quartieren bringen. Professor Dawnay kann es nicht erwarten, Sie wiederzusehen.«

Madeleine Dawnay saß in einem Liegestuhl auf einem Fleckchen welken Grases. Ihr Gesicht war schön gebräunt, doch sah sie mager aus in der Tropenkleidung. Mit ehrlicher Freude begrüßte Dawnay die Ankömmlinge.

»Meine Liebe«, sagte sie und ergriff Andrés Hände. »Ich bin so glücklich, dich zu sehen.« Sie wandte sich zu Fleming. »Da sind Sie also.«

Er begrüßte sie nicht. »Ich bin hier, weil man mich verschleppt hat«, erwiderte er ruhig. »Nach dem, was mir gerade gezeigt wurde, werde ich eine Weile nicht auszureißen versuchen. Aber ich kann verdammt nicht einsehen, wie Sie, Madeleine, freiwillig für diese Bande arbeiten können.«

Dawnay ließ sich nicht erregen. »Es hat keinen Zweck, John, nach normalen Maßstäben zu urteilen. Alles ist hier so ganz verschieden. Ich muß zugeben, es hat mich zunächst beunruhigt. Und ich vermute auch, Salim hat mich in London narkotisiert, aber ich weiß nicht warum.«

»Um uns zu finden. Sie waren eine der wenigen Personen, die über alles Bescheid wußten.«

Sie war zutiefst betroffen. »Es tut mir sehr leid«, sagte sie unglücklich. »Ich hatte keine Ahnung...«

»Madeleine«, unterbrach er sie, »wenn wir schon nicht von hier wegkommen können, so kann ich doch wenigstens warnen –«

Madeleine sah zu André hin, die verträumt neben ihnen im Schatten der Palmen saß. »Wen, John, können Sie warnen?« fragte sie. »Wer wird auf Sie hören, jetzt, da sie wissen, was Sie in Thorness getan haben?«

»Dann bleiben wir also einfach hier und machen die schmutzige Arbeit der Maschine?« entgegnete er bitter.

Dawnay runzelte die Stirn. »Meine Arbeit ist nicht schmutzig. Ich versuche ganz gewöhnlichen Menschen zu helfen, von denen viele im Augenblick hungern. Salim mag skrupellos sein, aber seine Motive sind gut. Er möchte etwas für sein Land tun.«

Eine Pause trat ein. Fleming überlegte, daß Dawnay, genau wie bei den ersten Versuchen in Thorness, sich von ihrer Begeisterung für ein wissenschaftliches Problem mitreißen ließ. »Eine Möglichkeit besteht«, sagte er schließlich. »Aller Wahrscheinlichkeit nach kann ich den Computer recht leicht in Gang bringen. Und er wird arbeiten, aber er wird zum Teil von den Informationen abhängen, die wir eingeben. Wenn ich ihn glauben machen kann, ich sei auf seiner Seite...« Er unterbrach sich. »Das war mein Fehler in Thorness. Ich griff ihn an, ich konnte wirklich nicht gewinnen. Aber wenn ich den Speichern eingebe, daß Intel und Co. tatsächlich seine Feinde sind, wird er gewiß ein Mittel erarbeiten, sie zu schlagen.«

»Vielleicht dadurch, daß er sie vernichtet – und das ganze Land?« meinte Dawnay.

Fleming nickte. »Das wäre besser als die Alternative. Denn diese würde so aussehen, daß er durch Gamboul, Salim und den Rest der Gauner, für die sie arbeiten, das Gesetz völlig niederreißen würde.« Nachdenklich blickte Dawnay zu André hinüber. Sehr reizend sah sie aus und weiblich.

»Und das Mädchen?« fragte sie.

»Ich halte sie nicht mehr für ein Wesen eines anderen Planeten. Sie ist wirklich ein Mensch aus Fleisch und Blut. Gefahr besteht nur, wenn die Maschine sie in den Griff bekommt, sie als Werkzeug benützt. Das will ich verhindern. Ich – sie gefällt mir gut.«

»Deswegen brauchen Sie aber nicht traurig zu sein!« Dawnay lachte.

André öffnete die Augen, streckte sich und setzte sich auf. »Was für ein herrlicher Sonnenschein«, sagte sie lächelnd. Dann ging sie aus dem Schatten und begann sich umzusehen. Fleming und Dawnay sahen sie auf den Eingang zum Gebäude des Computers zugehen. Der Wachsoldat trat vor, schien zu überlegen und ließ sie passieren. Fleming sprang auf. »Warum wird sie nicht aufgehalten?«

Er wollte André nachgehen, aber Dawnay hielt ihn zurück. »Es wird ihr nichts geschehen.«

»Dort drinnen?« entgegnete Fleming. »Sie sind verrückt.«

»Ich bin nicht verrückt. Lassen Sie André doch dort.«

Fleming blieb widerstrebend. Gespannt und aufmerksam warteten sie. Die Minuten verstrichen.

Plötzlich wurde das zitternde Brummen, das die ganze Zeit über aus dem Gebäude gedrungen war, lauter; und dann hörten sie ein rhythmisches Klicken.

»Was, zum Teufel, ist das?« schrie Fleming auffahrend.

Dawnays Ausruf: »Es ist der Computer, er arbeitet«, war unnötig. Beide rannten zu der Schwingtür hinüber und den Gang hinunter.

Abu Zeki kam ihnen entgegengelaufen.

»Was ist passiert?« fragte Fleming.

»Ich kann es nicht sagen, Dr. Fleming«, erwiderte Abu. »Die junge Frau kam heran, sah sich um und setzte sich vor die Steuereinheit...«

Fleming stürzte an ihm vorbei. Wellige Lichtbänder huschten über die Konsole; verrückte geometrische Formen zeigten sich, wurden schwächer und veränderten sich. In dem Stuhl vor der Konsole saß André.

»André«, rief er. Er hielt inne unter dem Einfluß einer Kraft, die er nicht deuten konnte, die aber seine Beine zu lähmen schien. »Andromeda«, schrie er gellend.

Ganz langsam drehte sie den Kopf herum. Helle Freude stand in ihrem bleichen Gesicht. »Er spricht zu mir!« rief sie. »Er spricht!«

»Oh, mein Gott!« stöhnte Fleming.

Abu hustete. »Ich muß Mademoiselle Gamboul unterrichten«, sagte er.

Von bösen Ahnungen geplagt, beobachtete Fleming die Veränderung, die mit André vor sich ging. Die Lethargie und die fast kindliche Einfalt verschwanden, und doch schien sie nicht erregt zu sein. Fleming wußte, daß die Veränderung ihren Ursprung im Computer hatte, aber sie war nicht mehr die kühle, nüchterne André von Thorness. Die Unterschiede waren unbestimmbar, jedoch zweifellos vorhanden. Die Offenheit und das Vertrauen, die sie ihm gegenüber zeigte, beruhigten ihn ein wenig. Die ganze Nacht lang dachte er nach; und am Morgen hatte er eine Entscheidung getroffen.

Wenn er das Übel, das er in der Maschine wußte, herauslocken wollte, mußte er sie irgendwie dazu bringen zu arbeiten, wie er wollte. Und daß er mit der Maschine arbeiten wollte, hatte er bereits beschlossen, denn sie war sein einzig möglicher Verbündeter gegen seine Gastgeber. Aber er konnte sie nicht täuschen, wenn sie durch André arbeitete; sie konnte er nicht täuschen. Auch sie mußte er zu seinem Verbündeten machen. Am Morgen erzählte er André, was er überlegt hatte.

Als er geendet hatte, lachte sie fast fröhlich. »Es ist sehr einfach«, sagte sie. »Wir müssen der Maschine nur sagen, was sie tun muß.«

Er teilte ihr Vertrauen nicht. »Mir ist nicht klar, wie das praktisch durchzuführen ist.«

André wurde nachdenklich. »Ich denke, die ganze Schwierigkeit liegt in den Rechen- und Speicherabteilungen. Der Speicher ist enorm. Aber wenn eine Berechnung gemacht worden ist, muß sie in sehr einfacher Form zur Beurteilung dargelegt werden.«

»Du meinst, wie die kurze Bilanz einer Aktiengesellschaft alle Posten eines Jahres zusammenfaßt?«

André nickte. »Ja, so könnte man es ausdrücken. Aber wenn die Bilanz auf einer Seite belastet wird –«

Er zog die Augenbrauen zusammen. »Aber ich bin absolut sicher, daß unsere vom Speicher des Computers aufgestellte Bilanz hübsch aufgetakelt ist durch das von der Originalbotschaft von der Andromeda formulierte Programm. Deswegen wird er ihre Befehle ausführen und nicht unsere.«

»Wenn wir sie nicht ändern.«

Fleming stand auf und ging hin und her. »Unsere Änderungen würden nur Tilgungen bedeuten. Das Ergebnis wäre eine bessere Addiermaschine, weder Feind noch Verbündeter. Es gäbe keine Spur von Absicht.«

»Aber wir könnten der Maschine eine Absicht geben«, entgegnete sie ungeduldig. »Und zwar eine, die wir, oder wenigstens ich, ihr mitteilen. Ich kann es, John.«

»Das vermute ich. Deswegen versuchte ich dich davon fernzuhalten.«

»Das kannst du nicht«, erwiderte sie ruhig. »Wegen der Maschine bin ich hier.« Sie streckte die Hand aus und rieb sie gegen die seine. »Wenn du das Gehirn gebrauchen willst, mußt du mir vertrauen.«

Er drehte sich um und blickte suchend in ihre Augen. »Ich sehe mich jetzt mal im Gelände um«, sagte er plötzlich. »Und du ruhst dich hier aus. Du bist noch nicht auf der Höhe. Und denke nicht zuviel über dies hier nach.«

Fleming ging an der Wache vorbei und schritt auf und ab auf dem sandigen Boden, der die Gebäude umgab. Dann ging er zu Dawnay.

Madeleine hatte Karten des Landes um sich ausgebreitet und machte sich Notizen von den geologischen Gegebenheiten. Sie schien froh zu sein, die Arbeit liegenlassen und sich unterhalten zu können. Er schilderte ihr Andrés Vertrauen und brachte seine Überzeugung zum Ausdruck, daß sie sich selber täuschte und daß die Maschine sie beherrschen werde wie in Thorness.

Dawnay blickte Fleming nachdenklich an. »Das glaube ich nicht, John«, erklärte sie. »Wenigstens nicht, wenn Sie sie nicht wieder in den Bann der Maschine treiben. Wenn Sie sie zum Feind machen und mißtrauisch sind, werden Sie André sich entfremden. Ihr habt Bindungen zwischen euch aufgerichtet – rein menschliche Gefühlsbindungen. Das sind starke Einflüsse. Sie haben wirklich keine Wahl, John. Sie werden ihr vertrauen müssen, wie sie in den vergangenen Wochen Ihnen vertraute. Lassen Sie sie den Computer nach ihrem Plan ändern und damit arbeiten. Vielleicht kann André sogar Sie hier herausbringen.«

Einige Tage später suchte Fleming André in ihrem Zimmer auf, und zusammen gingen sie zum Computer. Vor der Maschine übernahm sie automatisch die Steuerung, und das Gehirn erwachte sofort zum Leben. Fleming stand mit Abu Zeki im Hintergrund und beobachtete André, wie sie mit zurückgelegtem Kopf dasaß und die Konsole betrachtete. Schließlich drehte sie sich befriedigt auf dem Stuhl um und lächelte triumphierend.

»Geschafft«, sagte sie, »der Computer ist voll einsatzbereit.«

Abu sagte ungläubig zu Fleming: »Was bedeutet das? Soll dieses Mädchen in ein paar Minuten das gemacht haben, Dr. Fleming?«

Fleming nahm ihn ins Dienstzimmer und setzte sich an den Schreibtisch. »Ich bitte Sie, folgendes als Tatsache zu betrachten«, begann er. »Das Mädchen kann sich mit der Maschine verständigen. André nimmt die elektromagnetischen Wellen auf und legt sie aus. Ihre eigenen Befehle übermittelt sie auf die gleiche Weise. Sie glauben mir natürlich nicht?«

»Vielleicht muß ich einfach glauben; aber ich begreife nicht«, gab Abu zu. Fleming hatte den jungen arabischen Wissenschaftler gern. Er war aufrichtig und bescheiden, und da Fleming hoffte, in ihm noch einen Verbündeten zu finden, erzählte er Abu etwas von der Geschichte des Mädchens: daß André ein von Menschen gemachtes Wesen sei, das als Verbindungsglied zum Computer diene, obwohl das nicht in der Absicht ihrer menschlichen Erzieher gelegen habe. »Das Mädchen hat einen Sinn, den wir nicht haben«, sagte Fleming, »und diesen gebraucht sie jetzt. Sie gibt damit der Maschine Informationen ein und empfängt auch Informationen.«

»Wie wird sie diese Fähigkeit anwenden?« fragte Abu.

»Gott weiß es, Abu Zeki, Gott allein weiß es.«

Nachdem Abu die Erklärung Flemings verdaut hatte, war er begierig, dieses Verständigungssystem auszuprobieren. Er holte einige Berechnungen, die ihm Dawnay zur Bearbeitung mit der Maschine übergeben hatte und die man nur ins Archiv hatte einreichen können, bis der Computer einsatzfähig wäre. Er teilte Fleming mit, um was es sich handelte.

»Geben Sie die Berechnungen dem Mädchen«, erwiderte Fleming müde. »Lassen Sie André die Daten auf ihre Weise eingeben.«

Abu übergab André die Papiere und beschäftigte sich im Büro. Er sah Lichtpausen durch und Schaltpläne, ohne Einzelheiten wahrzunehmen, und zwang sich, irgend etwas zu tun, während er gespannt auf das rasche Klicken der Maschine wartete.

Nach zwanzig Minuten begann der Drucker zu arbeiten. Abu stand gebannt und las die Zahlen auf dem Papier, das zuckend aus der Maschine rutschte. Der Motor lief aus, und das Kontrollicht erlosch. Die Berechnungen waren komplett. Er riß das Papier ab und stürzte zu Fleming ins Archiv.

»Berechnungen von Professor Dawnay«, sagte Abu. »Und das ist das Ergebnis von Miß Andrés Bearbeitung. Es ist sagenhaft.«

Abu holte aus einem anderen, verschlossenen Archivabteil einen Stapel Papiere. Fleming saß gedankenverloren am Schreibtisch und blickte gelangweilt auf. »Noch mehr? Was ist es?«

Abu blieb mit dem Rücken zu Fleming stehen. »Ich fürchte, ich darf Ihnen nicht sagen, um was es sich handelt, Dr. Fleming.«

»Schau an!« Fleming versuchte, seinen Zorn zu unterdrücken. »Was bin ich denn hier – habe ich die Verantwortung oder nicht?«

»Tut mir leid«, erwiderte Abu fest. »Aber ich habe meine Anweisungen.«

Fleming sah ihn gerade an. »Was haben Sie eingegeben?« wiederholte er. Abu starrte hartnäckig zurück.

»Es ist eine Arbeit, die Mademoiselle Gamboul getan haben möchte. Ich darf nicht darüber reden.«

»Dann werde ich die Sache stoppen.«

»Ich fürchte, das werden Sie nicht, Dr. Fleming.«

Abu nickte zu dem nächststehenden Wachsoldaten hin, der sie gelangweilt beobachtete. Fleming drehte sich auf dem Absatz um und schritt hinaus.

Draußen stand ein weiterer Soldat im Schatten des Gebäudes. Plötzlich schritt er nach vorn und nahm Habtachtstellung ein. Fleming blickte über den Hof und sah Janine Gamboul neben einem älteren Mann mit Bart gehen. Sie redete schnell und heiter. Abu kam heraus und stellte sich neben Fleming.

»Wer ist das bei der bezaubernden Gamboul?« fragte Fleming.

»Das ist unser Präsident.« Abus Augen leuchteten stolz auf. »Er muß Professor Dawnays Labor besichtigt haben. Wie ich erfahren habe, arbeitet sie an etwas ganz Neuem – an einer Schutzschicht, die verhindert, daß Wasser aus dem Boden verdampft, aber Sauerstoff- und Stickstoffmoleküle durchläßt, so daß der Erdboden atmen kann. Es ist eine hervorragende Idee. Die Wüste wird zum Blühen kommen. Ich frage mich, ob der Präsident herkommen wird«, fügte Abu hoffnungsvoll hinzu.

Aber der Präsident stattete ihnen keinen Besuch ab. Er blickte nur zum Computer herüber. Gamboul sagte etwas, der Präsident nickte und verschwand im Verwaltungsgebäude.

Als Gamboul zu Salims Residenz fuhr, hielt die ganze Stadt die Mittagssiesta.

Als sie bei ihm eintrat, machte er sich nicht einmal die Mühe, aufzustehen.

»Hast du die Sache erledigt?« murmelte er.

»Ich habe den alten Idioten durch die Anlage geführt«, erwiderte sie, während sie sich ein Getränk mixte. »Damit wird er für eine Weile Ruhe geben. Er war sehr beeindruckt von dieser Dawnay. Natürlich«, fuhr sie lachend fort, »habe ich ihm nicht den Computer gezeigt, obwohl er fragte, was dort gemacht werde.«

Sie nippte an ihrem Getränk und zog die Brauen zusammen, als Salim keine Anstalten machte, ihr einen Stuhl anzubieten. An einer Wand hing eine Karte von Azaran. Kleine Fähnchen verschiedener Farben waren darauf verteilt. Sie blickte ohne große Neugier darauf und streckte sich dann auf einem Sofa aus. Salim begann sie zu langweilen.

Er trat dicht an sie heran und betrachtete ihren Körper in dem dünnen und zu engen Kleid. Sie lächelte ihn an und strich mit der Hand über ihre Hüfte zum Schenkel hinab. Dann, als langweile sie sich, stand sie auf und ging zu der Karte hinüber. »Was bedeutet dies Spiel mit den Fähnchen?«

Salim steckte die Daumen in den Gürtel und stand breitbeinig davor.

»Die Fähnchen markieren Truppen, auf die ich mich verlassen kann. Das ist ungefähr ein Bataillon Infanterie und eine Schwadron Panzerwagen hier in Baleb. Einige motorisierte Einheiten stehen an den Grenzen, und die Hauptarmeekasernen in Quattars. Ebenso die Mehrheit der Luftwaffeneinheiten.«

»Wofür?« fragte sie.

»Um mich – uns – zu unterstützen«, verbesserte er sich. »Der Computer muß sicher sein. Er gehört Intel, und Intel hat die Konzession vom Präsidenten. Und ich bin noch nicht Präsident.«

Gamboul betrachtete aufmerksam sein Gesicht. »Willst du das werden?«

»Der Präsident ist ein schwacher Mann«, murmelte er, »ein müder Mann. Er hat für die Unabhängigkeit gekämpft, aber jetzt glaubt er, ruhen zu können. Von jedem liberalgesinnten Schwätzer könnte er beeinflußt werden.«

Gamboul stand so dicht vor ihm, daß ihr Körper ihn berührte. »Wie diese Dawnay?«

»Dawnay?« Diese Idee schien ihm neu und abwegig. »Jeder könnte ihn überreden, in die Arbeit einzugreifen, und dann würden wir beide die Kontrolle verlieren. Wir müssen uns auf diese Möglichkeit vorbereiten. Warum, glaubst du, bin ich zurückgekommen?«

»Du planst einen Staatsstreich!« versetzte sie, und Überraschung und Bewunderung klangen in ihrer Stimme. »Und ich habe es nicht gewußt.«

Er drehte sich um und legte die Hände auf ihre Schultern. »Du stehst auf meiner Seite, nicht wahr, Janine?«

Sie drückte sich fest an ihn. »Ich dachte, du wüßtest das«, flüsterte sie. »Wann wirst du handeln?«

Salim blickte über die Schulter hinweg zu den Dächern hinaus. »Zeit ist den Arabern ein Diener. Wenn die Zeit reif ist, werde ich handeln. In zwei Tagen vielleicht, in einer Woche, später nicht.«

Als Fleming gegen Abend in den Computerraum zurückging, fand er Andromeda, die abgespannt vor der Steuereinheit saß.

»André, Andromeda«, murmelte er. Zärtlich legte er die Finger an ihr Kinn und zog ihr Gesicht zu sich herum. »Ich habe Angst um dich. Die Leute hier wissen, wie nützlich du bist. Du wirst noch andere Dinge für sie tun müssen. Ich möchte dich von hier wegbringen.«

»Weg?« wiederholte sie fragend. »Aber warum? Ich habe getan, was Dawnay wünschte; sie hat ihre Daten. Und ich habe jetzt getan, was du wolltest, ich habe die Entscheidungseinheit des Computers geändert...«

Ihre Stimme erstarb. Fleming war plötzlich auf der Hut; er wußte, daß sie dabei gewesen war, mehr zu sagen. Er rückte näher zu ihr hin.

»Was noch hast du getan, André? Was noch? Sei wenigstens ehrlich zu mir.«

Ihr Benehmen änderte sich. Sie bewegte den Kopf, strich sich das Haar aus dem Gesicht und versuchte ihn anzulächeln. »Ich habe gesehen, was die Botschaft von draußen beabsichtigt. Es ist schwer zu erklären«, sagte sie bedauernd. »Ich kann nicht gut übersetzen. Aber ich weiß, daß alles in Ordnung ist. Wir müssen uns in die Hände dieser Leute geben. Sie wollen uns beschützen.«

Fleming schauderte. Leute nannte sie diese – diese Intelligenzen aus dem Universum, als wären sie ihre Brüder. Bevor er Worte finden konnte, setzte sie sich auf und lächelte siegessicher.

»Jetzt, da ich die Botschaft gesehen habe, verstehe ich alles«, sagte sie. »Du hast Angst, weil du nur weißt, daß die Maschine Macht über uns haben kann, nicht aber, warum sie diese Macht hat.«

»Vor dir fürchte ich mich«, entgegnete Fleming. »Da der Computer jetzt verändert ist, kann der Wille der Botschaft nur durch dich durchgesetzt werden. Deswegen möchte ich dich von hier wegbringen.«

André schüttelte den Kopf. »Du meinst, die Maschine sei böse«, versetzte sie. »Sie ist es nicht. Sie gibt uns eine Lösung, eine Macht. Wenn du überleben willst, brauchst du diese Macht. Was in diesem Land geschieht, ist nur ein Symptom dessen, was auf der ganzen Erde vor sich geht. Es ist unbedeutend. Die ganze Macht können wir aus ihren Händen nehmen und sie anwenden, wie wir wollen.« Er wunderte sich über ihren Glauben und fürchtete ihre Selbstsicherheit. Es war, als bemitleide sie ihn wegen seiner mangelnden Phantasie.

Plötzlich fiel sie zurück. »Es erdrückt mich«, flüsterte sie. »Es verzehrt meine Kraft.«

»Dann halte dich fern von dieser Maschine!«

Träge hob sie den Arm und strich die Haare zurück. »Ich kann nicht«, sagte sie. »Ich habe noch etwas zu tun. Aber ich kann es nicht allein ausführen.« Ihre Unterlippe zitterte, und sie begann zu weinen.

Fleming beugte sich vor und legte beschützend den Arm um sie. »Wenn ich dir helfen, dir vertrauen soll, mußt du mir sagen – in einfachen Worten –, was die Botschaft bedeutet.«

Eine Zeitlang saß sie mit geschlossenen Augen. Dann schüttelte sie sich leicht. »Ich kann es dir nicht erklären, aber zeigen.« Sie wandte sich wieder der Maschine zu, die fast im gleichen Augenblick zu arbeiten begann. Die Konsole zeigte die gewohnten Wellenformen, die in der Ausgabeeinheit als Zahlen erschienen. »Es ist die Hochgeschwindigkeitsinformation zwischen den Gleichungsgruppen, die die wirkliche Botschaft enthalten«, sagte sie. »Sie berichten von dem Planeten, von dem die Daten kamen.«

Fleming beobachtete die Konsole. Er konnte die Wellenformen unterscheiden, die die Zahlen elektronisch darstellten, aber die gelegentlichen Lichtpunkte dazwischen besagten ihm nichts. Er hatte sie immer für normale, von den empfindlichen Selenzellen aufgefangene Nebenströme der Maschine gehalten. »Was sagt dir dieses Durcheinander?« fragte er.

Ohne den Blick von der Konsole zu nehmen, begann André zu erklären. »Sie haben eine ähnliche Entwicklung wie ihr durchgemacht. Sie wissen, was geschehen muß, was auf anderen Planeten geschehen ist, wo sich Intelligenzen nur so weit wie ihr entwickelt haben. Ein Schema wiederholt sich endlos, bis es sich selbst auslöscht.« Sie überlegte. »Das Leben einer biologischen Kreatur beginnt sehr einfach.« Sie redete langsam, als versuche sie, eine Menge komplizierter Informationen in einfachen Worten zu erklären. »Aber nach wenigen tausend Jahrhunderten wird die ganze Struktur so kompliziert, daß der Mensch nicht länger damit fertig wird. Ein Riß – es kann ein Krieg sein–, und das ganze Gebilde zerbricht. Millionen werden getötet oder sterben. Sehr wenige überleben.«

»Die wieder beginnen«, führte er ihren Gedanken zu Ende.

Sie drehte sich um und blickte ihn gerade an. »In hundertdreißig Jahren wird ein Krieg ausbrechen. Eure Zivilisation wird zerstört werden. Es ist ganz genau vorauszusagen. Ebenso kann die Zeit der Erholung berechnet werden – etwas über tausend Jahre. Dann wird der Kreislauf sich wiederholen – wenn nichts Besseres eintritt.«

»Wie es auf einem Planeten im Andromedanebel eingetreten ist?«

»Ja«, erwiderte Andromeda. »Die Spezies wandelte sich, paßte sich mit der Zeit an. Und nun können sie den Erdenmenschen helfen.«

Fleming mußte den Blick von ihr wenden, von den betäubenden, immer schneller jagenden Zeichen auf dem Schirm. Er fühlte sich krank ob der Art und Weise, wie sie von ›Erdenmenschen‹ sprach, als wäre sie eine fremde Kreatur.

»Gut«, sagte er nach langem Schweigen. »Laß uns versuchen, von der Maschine zu lernen. Wir wollen feststellen, was wir tun können, und dann den Leuten mitteilen, damit sie entscheiden, was sie für das Beste halten.«

Ungeduldig fuhr sie mit der Hand durch die Luft. »Das ist nicht genug«, entgegnete sie. »Wir müssen die Macht ergreifen. So sollten wir die Botschaft benützen, um uns zu helfen. Wir sollten die Leute hier nicht vernichten, sondern ihnen helfen. Und am Ende wird die Macht uns übergeben werden. Das alles ist berechnet worden.«

Die starke Einfachheit ihres Glaubens war ihm zuviel, denn er wußte, daß es ein Gefühl war, das er nicht zerstören konnte. Aber er beschloß, es zu bekämpfen.

»Jeder Diktator in der Geschichte hat so argumentiert – die Menschen zu ihrem Glück zu zwingen«, sagte er. »Und ich soll glauben, daß es recht ist, wenn wir helfen, den Willen einer fremden Intelligenz durch Intel oder diese Leute in Azaran oder irgendeine andere schmutzige kleine machttrunkene Gesellschaft durchzusetzen? Das ist lächerlich!«

»Das sind nur die Mittel«, entgegnete sie. »Von Bedeutung ist nur das Ergebnis.«

Fleming schlug krachend die Faust auf den Konsoltisch. André zuckte zusammen. »Nein«, brüllte er. »Ich habe das Gehirn von Thorness bekämpft und auch dich – weil die Welt frei sein muß, ihre eigenen Fehler zu machen oder sich selbst zu retten.« Reue und Wut spiegelten sich in seinem Blick, als er André ansah. »Deswegen habe ich dir vertraut, dies zu tun.«

»Ich habe nur getan, was logisch war.«

»Ich hätte dich liegenlassen sollen – sterben lassen«, flüsterte Fleming.

André drehte sich wieder um. Die Konsole war dunkel, die Aluminiumfassung grau und leblos. In diesem Augenblick wurde der Drukker lebendig. Fleming ging hinüber und las die Zahlen, die auf der gleichmäßig laufenden Rolle erschienen. Die Gleichungen waren ihm wohlbekannt und riefen ihm einen über zwei Jahre zurückliegenden Nachmittag in Thorness ins Gedächtnis. Gebannt las er die weiterströmende Flut der Zahlen. Er bemerkte, daß André zu ihm herübergekommen war.

»Was ist das?« fragte er.

»Grundlagenberechnungen für eine Abfangrakete«, erwiderte sie mit sachlicher Stimme. »Erinnerst du dich an das Projekt in Thorness? Dieses hier unterscheidet sich lediglich in einer geringfügigen Abänderung.«

Fleming fuhr herum. »Warum hast du die Maschine dafür programmiert?«

»Abu Zeki wollte die Berechnungen«, erwiderte sie. »Sie brauchen Verteidigungswaffen. Dies alles ist ein Teil des Planes.«

Er riß das Papier vom Drucker und zerknüllte es. »Um Gottes willen, mach Schluß damit«, bat er. »Ich habe dich nicht gerettet, damit du für sie arbeitest, jeden schmutzigen Befehl ausführst, den sie dir erteilen. Du hast immer noch die Freiheit, zu wählen, was du tun willst.«

Sie antwortete, aber ihre Worte gingen im Heulen niedrig über das Gebäude fliegender Düsenjäger unter.

»Was?« sagte Fleming, als es wieder ruhig war.

»Ich sagte, es sei zu spät«, wiederholte sie. »Ich habe gewählt. Die Sache ist schon angelaufen.«

Fleming wandte sich ab und ging schnell den Korridor entlang zum Eingang. Die gewaltige Hitze schlug ihm ins Gesicht, als er von den Gebäuden weglief. Die Tore zum Gelände waren geschlossen. Ein leichter Panzer stand davor. Auf der Hauptstraße brauste mit hoher Geschwindigkeit eine Kolonne Armeelastwagen auf Baleb zu. Langsam ging er zum Wohnviertel zurück, wo er Dawnay zu finden hoffte. Er brauchte dringend einen normalen Menschen in dieser verrückten Umgebung.

Der von Salim organisierte militärische Streich hatte darauf beruht, alle Grenzstraßen und Häfen zu sperren, die Hauptstadt unter Kontrolle zu nehmen und die Einrichtungen der Intel zu schützen. Dank Janine Gamboul war die Sache mit der Intel eine reine Formalität.

Fleming erfuhr von Abu Zeki, was geschah. Die beiden Männer hatten sich wieder gestritten. Fleming hatte Abu von seinem Gespräch mit Andromeda berichtet in der Hoffnung, ihn von der drohenden Gefahr zu überzeugen, aber Abu wollte nicht auf ihn hören. Er hatte stolz erklärt, daß die Vernichtung des Papierstreifens mit den Berechnungen für die Abfangrakete zwecklos gewesen sei, weil man das Band noch habe. Er hatte sich weiter mit der Kraft und Macht gebrüstet, die sein Land durch die Abwehrwaffen gewinnen werde, die der Computer entwickeln könne.

»Wir ergreifen gerade die Macht. In diesem Augenblick übernehmen Oberst Salims Truppen unseren Schutz.«

»Vom Präsidenten?« fragte Fleming.

»Der Präsident ist ein müder, seniler Mann. Mit ihm ist es aus.«

»Und Intel?«

»Sie übernehmen zusammen mit Intel«, erwiderte Abu Zeki. Er sah Fleming auf den leeren Platz vor der Konsole blicken. »Wenn Sie das Mädchen suchen – sie ist nicht hier. Sie steht unter unserem Schutz.«

Fleming stürzte ins Freie und rannte zu den Quartieren. Zwei bewaffnete Soldaten standen vor Andrés Zimmer. Er versuchte, sich zwischen ihnen hindurchzuzwängen, aber sie wichen nicht.

»Sie werden Sie nicht hineinlassen. Ich fürchte, sie trauen Ihnen nicht mehr, Dr. Fleming«, sagte eine bekannte Stimme.

Er fuhr herum. Servola kam grinsend auf ihn zu. »Im übrigen ist das Mädchen gar nicht hier. Sie ist versorgt. Inzwischen schlage ich vor, wir ziehen uns in Ihren Bungalow zurück.«

»Was soll das heißen?« brummte Fleming.

Servolas Lächeln verschwand. »Sie werden mit mir kommen«, erwiderte er. »Sofort.« Zwei Wachsoldaten erschienen neben ihnen, und schweigend ging die kleine Gruppe zu Flemings Bungalow hinüber.

Eine Stunde später trat Janine Gamboul durch die Tür zum Computer. André saß ruhig vor der Konsole unter dem großen Kathodenstrahlen-Schirm.

»Was machen Sie hier?« fragte Gamboul mißtrauisch.

André lächelte sie an. »Ich warte«, erwiderte sie tonlos. »Auf Sie. Sie sind die logische Wahl.« Intensiv blickte André auf den dunklen Schirm. »Hat Abu Zeki Ihnen alles erzählt, was er von Dr. Fleming erfahren hat?«

»Sie – Sie wissen es?« rief Gamboul aus.

André nickte. »Alles kann vorausgesagt werden. Sie konnten zweifellos nicht alles glauben, was er sagte. Aber ich werde es Ihnen zeigen. Setzen Sie sich neben mich. Sie brauchen sich nicht zu fürchten; es ist nicht nötig.«

Gamboul zog sich einen Stuhl heran. André nickte ihr nachdrücklich zu und legte die Hände an die beiden Mitteilungspole. Auf dem Schirm erschien ein Lichtpunkt, der gleich wieder verschwand. Dann erschien ein verschwommenes Bild in kaum abgestuften Grautönen.

»Was ist das?« flüsterte Gamboul.

André sprach ohne Betonung, ganz nüchtern. »Schauen Sie hin. Ich werde erklären. Von dort her kommt die Botschaft. Bald werden Sie wissen, für was Sie ausersehen sind.«

Bis tief in die Nacht hinein saßen die zwei Frauen vor der Konsole. Gespannt und stolz saß das Mädchen, Gamboul, bewegungslos, lauschte hingegeben, während André die auftauchenden und schnell wieder verblassenden Zeichen und Formen murmelnd erklärte.

Außer den gleichgültigen Wachen war Abu Zeki der einzige, der sie so sah. Als er Gamboul erkannte, ging er weg. Er konnte sie nicht leiden. Er hatte von ihrem Verhältnis zu Oberst Salim gehört, und es konnte zu nichts Gutem führen, mit der Geliebten des neuen Diktators auf unangenehme Weise Bekanntschaft zu machen. Er ging auf sein Zimmer und legte sich schlafen…

Plötzlich setzte er sich auf und sah auf die Uhr. 3.30 Uhr. Die Maschine brummte immer noch. Waren die Frauen noch immer dort, dann hatten sie über acht Stunden gearbeitet. Abu stand auf und rannte los. Erschrocken fuhr die Wache aus dem Halbschlaf auf, besah seinen Ausweis und ließ ihn passieren. Langsam ging er weiter. Noch immer starrten die beiden Frauen auf die flackernden Lämpchen. André sprach so leise, daß er sie auch nicht verstehen konnte, als er dicht hinter ihnen stand. »Mademoiselle Gamboul«, sagte er. »Miß André, ich bin es, Abu Zeki.«

Sie schienen ihn nicht zu bemerken. Furcht stieg in ihm auf, und er schlich leise weg. Als er wieder im Freien war, rannte er los – zu Fleming. Ein Wachsoldat versperrte ihm den Weg und rief etwas über die Schulter. Die Tür öffnete sich und Servola trat heraus.

»Ich muß Dr. Fleming sprechen«, sagte Abu.

Servola brummte und ließ ihn eintreten. Fleming lag angekleidet auf seinem Bett. Zwei gegeneinandergestellte Stühle zeigten an, wo Servola geruht hatte, um ihn zu bewachen.

Abu packte Fleming hart an der Schulter und schüttelte ihn. »Dr. Fleming, Sie müssen sofort kommen!« bat er.

Mit einem Ruck fuhr Fleming auf und schüttelte den Kopf. »Was ist los, Abu?« fragte er und übersah Servola völlig.

»Ich verstehe nicht, was da vor sich geht«, erwiderte Abu. »Mademoiselle Gamboul ist gestern abend zum Computer gekommen. Das Mädchen war bei ihr. Ich bin ins Bett gegangen. Sie sind noch immer dort. Sie schienen nicht zu bemerken, daß ich vorhin bei ihnen war.«

Fleming fuhr sich mit den Fingern durch die Haare. »Mein Gott! Das hätte ich mir denken können.« Er ging zur Tür. Servola stellte sich davor und legte seine fleischige Hand auf die Klinke.

»Ich habe Befehl«, sagte er hart.

Fleming blickte ihn kampflustig an, und Abu fiel hastig ein: »Er muß kommen, er wird beim Computer gebraucht.«

Servola blickte zweifelnd von einem zum anderen. Er war verwirrt. Die Maschine zu schützen war in erster Linie seine Aufgabe. »Wenn er muß, dann muß er«, brummte er. »Aber ich werde Sie begleiten«, sagte er zu Fleming. »Ich habe den Befehl, Sie zu bewachen.«

»Führen Sie mich an der Hand, wenn Sie wollen«, stieß Fleming hervor, »aber lassen Sie uns um Gottes willen gehen.« Abu bat er: »Gehen Sie und wecken Sie Professor Dawnay. Sagen Sie ihr, sie soll sofort zum Computer kommen.«

Der kurze Gang in der Morgenluft tat Fleming gut. Durch den erleuchteten Korridor sah er Janine Gamboul von ihrem Stuhl aufstehen. Es war eine veränderte Gamboul. Hingegeben hörte sie auf André, die etwas zu ihr sagte. Dann nickte sie und kam auf sie zu. Servola trat hinter Fleming, ergriff seine Arme und zog sie nach hinten. Gamboul ging an ihnen vorbei, als wären sie Luft. Sie hatte den Kopf zurückgeworfen, und ein schwaches Lächeln spielte um ihre Lippen.

Fleming kämpfte, sich zu befreien. »Bleiben Sie hier!« schrie er. »Lassen Sie sie um Gottes willen nicht gehen.«

Er wehrte sich heftig, doch Servola hielt ihn fest. »Sie bleiben bei mir.«

Gamboul hatte das Gebäude verlassen, und gleich darauf hörte man ein Auto abfahren. In diesem Augenblick stürzte Dawnay herein.

Servola ließ Fleming los und nickte dem Wachsoldaten zu. »Sie können gehen.«

Fleming rannte zu André und beugte sich über sie. Wie im Traum sah sie zu ihm auf und lehnte sich zurück. Dawnay trat zu ihnen; sie war bestürzt, als sie das totenbleiche Mädchen sah.

»Was ist, John?« fragte sie. »Was ist geschehen?«

Fleming ergriff den Drehstuhl und drehte André herum, daß sie seinem Blick nicht ausweichen konnte.

»Was hast du getan?« flüsterte er.

André lächelte ernst. »Was getan werden mußte«, erwiderte sie leise. »Mademoiselle Gamboul weiß, was zu tun ist.« Beinahe verächtlich kräuselte André die Oberlippe. »Sie fürchtete sich nicht, als ich ihr die Wahrheit sagte.«

Plötzlich verließen sie die Kraft und die Sicherheit. Wie ein müdes Kind sackte sie zusammen.

Dawnay beugte sich über sie. »Sie ist erschöpft, John«, sagte sie leise. »Kommen Sie, wir bringen sie in die Krankenabteilung.«

Mit eisiger Stimme befahl Fleming Servola, mit anzupacken. Als sie das Mädchen aufs Bett gelegt hatten, wies Dawnay die Männer hinaus. Zusammen mit der Schwester richtete sie André für die Nacht. Dann verließ sie leise das Zimmer und führte Fleming von der Tür weg. »Sie ist sehr, sehr schwach«, flüsterte sie, »als hätte sie eine ungeheure Leistung vollbracht. Aber sie schläft schon. Die Schwester wird auf sie aufpassen. Kommen Sie zu einer Tasse Kaffee zu mir.«

Während der Tauchsieder das Wasser zum Kochen brachte, fragte sie: »Oberst Salim hat die Macht ergriffen, nicht wahr?«

»Ich weiß nicht viel«, erwiderte Fleming müde. »Die Gamboul hat mich vergangene Nacht von Servola bewachen lassen. In dieser Zeit muß sie zum Computer gegangen sein. Und dort hat André auf sie gewartet.«

»Aber warum?«

Fleming seufzte. »Die Maschine hat die Gamboul als Chef auserwählt. Ich dachte, sie würde sich Salim dafür aussuchen. Aber so herum ist es raffinierter. Durch sie wird die Maschine die Macht ergreifen.«

»Wie?«

»Ich weiß nicht. Irgendwie hat ihr die Maschine mitgeteilt, was André mir nicht in Worten sagen konnte. Ich vermute, sie konnte der Gamboul einen Einblick geben, ähnlich den Erleuchtungen der Heiligen und Propheten. Es ist alles so verdammt logisch und unausweichlich. Genau wie Andromeda immer sagt, alles sei voraussagbar.«

Das Kaffeewasser sprudelte. Dawnay goß zwei Tassen auf und reichte Fleming eine. »Nie vorher hatte ich so sehr das Gefühl, Unheil braue sich über uns zusammen«, erklärte sie.

Fleming lachte kurz auf. »Aber ich, Sie wissen es. Doch nicht einmal die Zerstörungsarbeit in Thorness hat wirklich geholfen.« Fleming rührte so heftig in seiner Tasse, daß der Kaffee überschwappte. »Jetzt hat die Maschine gewonnen. Wir sind erledigt.«

Während sie noch dasaßen, stürzte Abu Zeki keuchend durch die offene Tür. »Dr. Fleming«, brachte er mit Mühe heraus, »Oberst Salim ist tot.«

Fleming nickte, als überrasche ihn das nicht. »Und seine Helfershelfer von der Armee?«

Abu biß sich auf die Unterlippe. »Ich weiß nicht«, erwiderte er. »Ich verstehe wirklich nicht. Die Armeewachen sind abgezogen. Nur Wächter von der Intel sind da und Ordonnanzen. Aber sie sind bewaffnet. Ich begreife nicht.«

Fleming stand auf und blickte zur Tür hinaus. »Ich werde Ihnen sagen, was geschehen ist«, sagte er. »Gamboul hat die Macht übernommen. Entweder ließ sie Salim ermorden, oder sie hat es selbst getan. Sie ist absolut in der Lage zu töten, auch wenn keine äußere Macht es ihr befahl. In diesem Plan können keine Störungen sein. Wenn Salims Streich fehlschlug, ist das keine Panne, sondern ein Abschnitt im Gesamtprogramm. Was ist mit dem alten Mann?«

»Sie meinen den Präsidenten?« fragte Abu. »Er ist noch immer in seinem Palast. Die Nachricht vom Tode Salims kam von ihm persönlich.«

Ein Windstoß fegte über das Gelände. Fleming drückte den Kopf auf die Brust, als ihm brennend Sand in die Augen drang. Er drehte sich um und schloß die Tür. »Der Präsident wird der vorgeschobene Mann der Dame sein. Sie wird an den Fäden ziehen, und er wird tanzen. Bald werden wir alle ihre Puppen sein.«

Dawnay trank langsam ihren Kaffee aus. »John«, sagte sie nachdenklich, »das ist sehr merkwürdig.«

»Merkwürdig? Was daran ist merkwürdig? Gamboul tut nur, wozu sie gezwungen ist. Es ist ein Teil des Planes.«

Ungeduldig schüttelte sie den Kopf. »Ich meine nicht diese politische Sache, sondern den Wind. Normalerweise bläst er in dieser Jahreszeit hier nicht so stark.«

»Nicht?« antwortete Fleming abwesend.

»Nun, ich werde ins Labor gehen und arbeiten«, sagte Dawnay und machte den Eindruck, als beschäftige sie sich bereits mit einem neuen Problem. »Ich wünschte, ich hätte die Meerwasserproben schon, die ich angefordert habe.«

»Seien Sie glücklich, daß Sie etwas zu tun haben«, entgegnete Fleming. »Ich bin nicht erpicht darauf, gehorsamer Diener dieses elektronischen Diktators dort drüben zu sein.« Er blickte Abu an.

»Aber jemand sollte dennoch bei ihm sein, Abu. Gehen Sie hinüber, und warten Sie auf Instruktionen. Gamboul wird gewiß diesen Servola mit Befehlen schicken.«

Fleming ging zu seinem Bungalow zurück. Immer noch blies der Wind und trieb Sandwolken vor sich her, aber plötzlich flaute er ab.

Fleming sah auf die Uhr. Es war erst kurz nach 6.30 Uhr. Er schaltete sein Kurzwellenradio an und stellte es auf den B.B.C.-Dienst für den Mittleren Osten ein. Nach einer längeren Störung hörte er den Nachrichtensprecher in London sagen: »––– ähnliche Verhältnisse werden aus ganz Westeuropa berichtet und von Ländern, die ans Mittelmeer grenzen. Stürme von ungewöhnlicher Stärke werden von der Ostküste Afrikas in der Nähe von Aden gemeldet sowie von Wetterstationen in Island und Neufundland.«

Fleming schaltete das Gerät ab. Er fand es fast natürlich, daß das Wetter auf der ganzen Welt aus den Schranken brach in einer Zeit, in der die Welt selbst unaufhaltsam einer Krise zusteuerte.

Fleming hatte sich nie Illusionen hingegeben, was seine Lage betraf. Er wußte, daß er im Grunde ein Gefangener war. Überall gingen Wachen auf und ab, die ihm verboten hatten, sich André zu nähern. Nach einem späten Frühstück ging er zu Dawnays Laboratorium hinüber. Die Wachen sahen ihn argwöhnisch an, ließen ihn jedoch eintreten.

Dawnay arbeitete an einem Labortisch. Nebenbei nur begrüßte sie ihn und nahm aus einer Reihe vieler Reagenzgläser eines heraus. »Ich möchte, daß Sie sich diese Gläser anschauen, John«, sagte sie.

Er blickte auf das eine in ihrer Hand. Es war halb voll von einer halbdurchsichtigen, gräulichen Flüssigkeit, die am Glas hängenblieb, als sie den langen schlanken Behälter schüttelte. Die anderen Gläser schienen sich von diesem nicht zu unterscheiden.

»Was ist das?« fragte er.

»Meerwasserproben, die sie mir geholt haben.«

Dawnay lachte kurz auf. »Ich muß zugeben, die Intel arbeitet rasch. Sie wollten mich die Proben nicht selbst holen lassen. Aber sie brachten mehr, als ich wollte. Sie brachten nicht nur die Proben aus dem Persischen Golf, um die ich gebeten hatte, sondern sie flogen auch welche vom Mittelmeer, vom Indischen Ozean und sogar vom westlichen Atlantik her. Damit ich Proben von anderen Gebieten vergleichen kann, vermute ich.«

»Und gibt es etwas zu vergleichen?«

Sie schüttelte heftig das Glas, und die Flüssigkeit wurde völlig undurchsichtig. »Sehen Sie?« sagte Dawnay. »Und normales Meerwasser sollte aussehen wie dieses. Sie werden sehen, daß es klar ist.« Sie reichte ihm ein anderes Glas.

Fleming schüttelte einige der anderen Reagenzgläser. In allen wurde das Wasser trübe.

»Und nun beobachten Sie, was geschieht, wenn das milchige Meerwasser zu dem klaren kommt«, sagte Dawnay, ergriff ein sauberes Reagenzglas, goß etwas von dem klaren Wasser hinein und gab zwei Tropfen der trüben Flüssigkeit hinzu. Die milchigen Tröpfchen lösten sich auf und verschwanden. Dawnay klemmte das Glas in den Halter vor einem Lichtreflektor.

»Und nun passen Sie auf«, sagte sie.

Langsam bildeten sich am Boden des Glases trübe Wolken, trieben nach oben, und bald war das Wasser undurchsichtig wie in den anderen Gläsern.

»Ich möchte wissen, wie das den Fischen gefällt«, brummte Fleming. »Haben Sie eine Vorstellung, was es ist?«

»Eine Bakterie«, antwortete Dawnay. »Kommen Sie hierher.«

Er folgte ihr an den Labortisch. Sie schaltete das Licht an und stellte ein Mikroskop ein. »Schauen Sie auf diesen Objektträger«, forderte sie ihn auf.

Fleming blickte in das Mikroskop, stellte es genau ein und stieß einen leisen Pfiff aus. Er sah einen zitternden runden Organismus, der sich teilte und größer wurde. Dreißig Sekunden später wiederholte sich die Teilung. Fleming richtete sich auf. »Wissen Sie, wo dieses Tierchen herkommt?«

Dawnay antwortete nicht, sondern nahm einen Objektträger aus einem kleinen Kasten und schob ihn in ein anderes Mikroskop. »Dieses hier ist tot. Es paßt in keine Bakteriengruppe, die ich kenne. Es ist ein sehr einfacher Organismus, wie Sie sehen werden, wenn Sie dieses eingefärbte ansehen. Es scheint nicht mehr als eine bemerkenswerte Eigenschaft zu haben – die Fähigkeit, sich unglaublich schnell zu vermehren. Wenn es nicht in den Gläsern eingeschlossen wäre –« Sie zögerte. »Hätte es den ganzen Ozean, um sich darin zu vermehren...« Wieder redete sie nicht aus.

Fleming ging zum Tisch zurück und blickte nachdenklich auf die sauber aufgereihten Gläser. »Die auf diesen Proben angegebenen Gebiete sind genau die gleichen, die immer wieder im B.B.C. als Zentrum von Stürmen, Springfluten und so weiter genannt werden.«

»Ja«, sagte sie. »Und eines dieser Gebiete kennen wir sehr gut. Eine Probe mit sehr hoher Konzentration kommt von dort.« Sie nahm ein Glas, auf dessen Etikett »Minch« stand, vorsichtig in die Hand, als fürchte sie sich ein wenig davor. »Der Kanal zwischen Schottland und den Hebriden.«

»Mit Thorness an der Ostseite«, fügte Fleming hinzu. »Was also?«

»Irgendwo muß die Sache angefangen haben«, erwiderte sie. »Und im Ursprungsgebiet wäre die Konzentration größer als in später infizierten Zonen.«

Er starrte sie an. »Sie haben keinen Beweis, daß die Probe von dem Kanal...«

Dawnay schüttelte den Kopf. »Nein. Alle Proben waren bis zur vollen Kapazität gesättigt, als ich sie bekam. Der Prozentsatz an Bakterien, als die Proben dem Meer entnommen wurden, ist nicht zu bestimmen. Um dies genau feststellen zu können, müßte ich genaue Berichte aus den örtlichen Sturmzentren haben und dann in den gleichen Zonen Untersuchungen des Meerwassers anstellen. Es ist möglich, daß sich eine Beziehung zwischen diesen kleinen Biestern und dem Wetter herausstellt.«

»Oder aber es ist nicht der Fall«, sagte er mit erzwungener Herzlichkeit. »Sehen Sie, Madeleine, wir wollen nicht zu phantasievoll bei dieser Sache sein. Daten sammeln, Fakten prüfen, Schlüsse ziehen – das alles ist Routine. Und da wir eingesperrt sind, haben wir keine Möglichkeit, viel zu tun, obwohl ich vermute, daß Sie die Struktur der Bakterien aufschlüsseln werden. Aber die Eile, mit der all die Proben besorgt wurden, beweist hinlänglich, daß die Intel ähnliche Gedanken hat wie Sie – daß das Wetter mehr als gewöhnlich außer Rand und Band ist. Ich vermute, daß Sie Proben aus jedem von hier bis Timbuktu vorhandenen Fleckchen Meer anfordern können. Und der unermüdliche Servola wird seine Speichellecker mit Flaschen und Eimerchen ausschicken, um sie zu holen. Wenn Sie etwas Sinn und Ordnung in diese Sache bringen wollen, müssen wir unablässig die B.B.C.-Berichte hören.«

Sie beschlossen, daß immer einer von ihnen versuchen sollte, die Tagesnachrichten und den Wetterbericht anzuhören, um die erwähnten Gebiete aufzuschreiben. An Informationen mangelte es nicht. In den Mittagsnachrichten standen Wettermeldungen im Vordergrund. Die ersten in England aufgetretenen Wirbelstürme hatten viele Tote gefordert und große Zerstörungen angerichtet.

Fleming holte die »Stimme Amerikas« herein. »Das Wetterbüro der Vereinigten Staaten warnte heute vor weiteren Stürmen, die sich der Ostküste der USA nähern«, sagte der Nachrichtensprecher. »Es wird angenommen, daß sie die gleiche Stärke haben wie die Wirbelstürme, die während der Nacht über Westeuropa wüteten. Amerikanische Wissenschaftler sprechen von einer Verschiebung der Wetterlage, die verglichen werden könne mit jener am Beginn der Eiszeit...«

Fleming schaltete den Apparat ab. Dawnay stand auf. »Wenn Sie eine Idee haben – ich bin im Labor«, sagte sie.

Mehr oder weniger absichtlich gingen sie sich in den folgenden beiden Tagen aus dem Weg. Beide fühlten sich völlig hilflos, hörten jedoch jede Nachrichtensendung ab und notierten die Gebiete, in denen die Stürme am stärksten waren.

Die Angaben der Windstärken wiesen am deutlichsten den Weg. Am dritten Morgen suchte Fleming Dawnay auf, nachdem die Morgennachrichten weitere Meldungen von Unwettern in Großbritannien, den Niederlanden, Frankreich und Spanien gebracht hatten. An einer Wand des Labors hing eine riesige Landkarte der nördlichen Halbkugel. Nadeln mit farbigen Köpfen waren darauf verteilt; am dichtesten steckten sie in einem Zuge von Gibraltar zu den Orkney-Inseln, und östlich der Hebriden bildeten sie einen großen farbigen Fleck.

»Hallo, John«, begrüßte sie ihn. »Sie sehen, es schält sich bereits ein Überblick heraus. Und das ist nicht alles.« Sie führte ihn zu einem langen schmalen Tisch an der anderen Wand hinüber. Einige Dutzend Reagenzgläser standen in Reihen darauf.

»Servola hatte natürlich nicht die Zeit, alle von mir angeforderten Proben herbeizuschaffen; aber zehn weitere sind vergangene Nacht eingetroffen. Sie sind an Stellen entnommen, die nicht allzuweit von der Küste Englands liegen. Ich sagte ihnen, die Proben müßten so schnell wie möglich nach dem Entnehmen gekocht werden. Bei hundert Grad Fahrenheit gehen die Bakterien ein; auf diese Weise wurde eine Vermehrung während des Transports verhindert.« Dawnay stieß mit dem Finger auf ein Glas. »Diese Probe hat die höchste Konzentration. Sie ist an der Küste von Obanshire genommen worden. Das kommt natürlich einem Indizienbeweis gleich, aber wir müssen ihn akzeptieren. Ich habe dafür gesorgt, daß André heute hierherkommt. Ich habe die Gamboul überzeugt, daß sie helfen kann.«

Fleming seufzte. »Sie sind der Chef; aber mir gefällt es nicht.«

Kurz danach erschien André, und Dawnay erklärte ihr in knappen Worten die Situation.

»Das ist unmöglich, das ergibt keinen Sinn. Es hat nichts mit der Botschaft zu tun.« Verwirrt und argwöhnisch blickte André von Dawnay zu Fleming. »Die Botschaft hat einen anderen Plan.«

Dawnay schnaubte. »Es kann keinen anderen Plan geben, wenn diese Bakterie uns vernichtet. Überlege, Mädchen, überlege!«

»Nichts davon ist in der Maschine enthalten«, beharrte André.

Fleming machte einen schnellen Schritt nach vorn. »Nicht jetzt vielleicht«, sagte er nachdenklich. »Aber mir kommt dieses Lebewesen irgendwie bekannt vor. Ich täusche mich gewiß nicht. Wie weit sind Sie mit Ihrer Analyse, Madeleine?«

Dawnay erwiderte nichts, ging an ihren Schreibtisch und hob einige Blätter auf. »Soweit ich gekommen bin, ist die Sache ins Binärsystem gebracht. Ist das von Nutzen?«

Fleming griff nach den Papieren, trat ans Fenster, setzte sich auf die Fensterbank und sah die Zahlenreihen durch. »Das bestärkt meine Ahnung, Erinnerung oder was sonst es ist«, sagte er nach einer Weile. »Ich habe etwas verdammt Ähnliches schon einmal gesehen.«

»Dann ist es etwas, das du begonnen hast«, fiel André ein.

Fleming blickte erstaunt auf. »Das ich begonnen habe?«

»In Thorness. Deswegen hat diese Maschine keine Erinnerung daran. Wievielmal hast du versucht, die andere Maschine zu zerstören, bevor es dir glückte?« fragte sie.

»Einige Male.«

»Nach einem dieser Versuche beschloß der Computer zurückzuschlagen – mit dieser Bakterie.« Kalt und feindselig wurden ihre Augen. Verzweiflung stieg in Fleming auf unter ihrem Blick. »Eine große Macht kommt dir zur Hilfe, und du wendest sie gegen dich. Du willst nicht auf mich hören. Du verdammst deine ganze Rasse, weil du nicht akzeptieren willst. Jetzt kannst du nichts mehr tun. Es wird euch alle verschlingen.«

Eine Art unmenschlicher Resignation schwang in ihrer Stimme. Fleming wandte sich ab, schritt auf die Tür zu. Bis ins Innerste fühlte er sich krank.

Den ganzen nächsten Tag ging er jedermann aus dem Weg. Dann klärte er Abu Zeki über die Wetterlage auf. Er sagte ihm, der Luftdruck sinke beständig ab und hochgelegene Dörfer hätten bereits geräumt werden müssen. Auch wies er ihn auf den Beschluß der betroffenen Länder hin, gemeinsam die Ursache der Klimaänderung zu erforschen. Und schließlich bat er Abu, bei Gamboul eine Unterredung zu erwirken und die Erlaubnis, mit dem Internationalen Wetterbüro Kontakt aufnehmen zu dürfen. Doch das Ergebnis seiner Bemühungen war, daß Azaran sich völlig abschloß und Servola von Gamboul den Auftrag erhielt, Fleming scharf zu überwachen.

Fleming erhob sich schwerfällig vom Bett und ging unter die Dusche. Lethargie überkam ihn immer mehr, so daß er stundenlang untätig daliegen konnte, ohne bisweilen auch nur etwas zu denken. Körperlich und geistig ein wenig erfrischt, machte er sich auf den Weg zu Dawnays Labor. Abu Zeki war bei ihr. Er war erleichtert, Fleming zu sehen, sagte jedoch nichts.

Dawnay stand über einen großen Tank gebeugt, den sie unterm Fenster hatte aufstellen lassen. Der Glasdeckel war festgeschraubt. Mehrere Gummischläuche und Drähte liefen durch dichte Verschlüsse am Deckel ins Innere. Sie waren mit Meßgeräten verbunden. Eines kannte Fleming, es war ein Luftdruckmesser. Ungefähr fünf Zentimeter hoch stand eine trübe Flüssigkeit im Tank.

Dawnay begrüßte ihn flüchtig. »Kein Glück mit André«, meinte sie, während sie die Werte an den Instrumenten ablas. »Und doch habe ich mit Hilfe Abus einige Daten bekommen, die ich brauchte.«

»Haben Sie etwas gefunden?« fragte Fleming.

»Nicht viel. Ich weiß jetzt, was die Bakterie tut.« Dawnay löste ein mit der Öffnung über einen der Schläuche des Tanks geklemmtes Reagenzglas. »Sie absorbiert Stickstoff. Weniger als drei Prozent sind in dieser Probe von der Luft unmittelbar über dem Wasserspiegel. Sie nimmt auch Sauerstoff auf, nicht viel – aber sehen Sie selbst.«

Sie holte einige Blätter aus einem Schrank. »Schauen Sie sich bitte diese Formeln an, John. Sagen Sie mir, ob Sie schon einmal etwas Ähnliches gesehen haben.« Schweigend prüfte Fleming die Daten. »Ich sagte, die Formeln kämen mir bekannt vor. Das gleiche muß ich auch jetzt sagen.« Er gab ihr die Papiere zurück.

»Es ist eine andere Synthese«, murmelte sie.

Fleming war bestürzt. »Keine hier begonnene?« rief er aus.

»Nein«, versicherte sie. »Sie kam aus dem Gehirn in Thorness – es muß mehr als ein Jahr her sein, als ich die DNA-Synthese begann. Diese Synthese ergab sich ganz für sich. Ich nahm sie als Grundlage für ein Experiment; das mußte ich damals einfach tun, denn wir tappten wirklich im dunkeln.« Sie trat an den Tank und blickte verzweifelt auf die trübe Flüssigkeit. »Ich habe tatsächlich einige dieser Bakterien gemacht.«

»Was ist mit ihnen geschehen?«

Es fiel ihr offensichtlich schwer, auf seine Frage zu antworten. »Sie schienen harmlos, ohne Bedeutung, das Ergebnis eines weiteren Fehlschlages zu sein. Eine Woche lang hielt ich die Kulturen am Leben. Sie gingen nicht ein, entwickelten sich nicht, vermehrten sich nur. Deswegen wurden die Gläser ausgewaschen und sterilisiert.«

Fleming stürzte auf sie zu. »Sehen Sie nicht...?«

»Aber doch«, erwiderte sie scharf. »Die Bakterien gelangten vom Spülbecken in die Kanalisation, von dort schließlich ins Meer.«

»Wie diese verdammte Maschine es beabsichtigte. Aber es können doch nur wenige Bakterien gewesen sein. Sie können sich nicht in diesem Maße vermehrt haben.«

»Das ist nicht unmöglich«, entgegnete Dawnay. »Ich habe versucht, den Zeitpunkt, als ich das Experiment aufgab, zu bestimmen. Ich bin sicher, daß es mindestens ein Jahr her ist. Mit Hilfe dieses Tanks habe ich die Wachstumsrate berechnen können. Kein bis jetzt bekannter Virus, keine Bakterie hat eine auch nur vergleichbare Rate. Und jetzt ist die Menge größer. Jetzt, da alle Meere befallen sind, kann man sich die Art und Weise des Zuwachses vorstellen.«

»Wie lange«, fragte er, »wird es dauern...?«

Dawnay blickte zu ihm auf. »Vielleicht noch ein Jahr, vielleicht weniger. Dann wird das gesamte Meerwasser gesättigt sein.«

Fleming schaute auf das Instrument, das stündlich den Stickstoffgehalt der Luft im Tank registrierte. »Wird nur Stickstoff und etwas Sauerstoff absorbiert?« fragte er.

»Soweit ich herausgefunden habe, nein«, erwiderte sie, »aber das Meer absorbiert Stickstoff normalerweise nur ganz langsam; Plankton und so weiter. Jede Kunstdüngerfabrik verbraucht in einer Woche mehr, als das Meer in einem ganzen Jahr absorbiert. Das ist ohne Bedeutung; es gibt genug. Aber diese Bakterien können spielend den ganzen Stickstoff der Atmosphäre absorbieren. Und das geschieht zur Zeit. Aus diesem Grunde fällt der Luftdruck. Am Ende wird kein Stickstoff mehr da sein, und folglich keine Pflanzen. Und wenn der Druck wirklich unter Null sinkt, werden wir keinen Sauerstoff aufnehmen können – und dann wird es keine Lebewesen mehr geben.«

»Vielleicht könnte André –« begann Fleming. »Abu, sagen Sie André, sie soll hierherkommen.«

»Jetzt?« fragte Abu zweifelnd.

»Jetzt!« wiederholte Fleming. »Schließlich geht die Gamboul auch zugrunde, wenn wir nicht bald etwas unternehmen.«

»Was haben Sie mit ihr vor?« sagte Dawnay mißbilligend.

»Ich möchte, daß sie als Verbündete für uns arbeitet.«

»Sie wird nicht mitmachen.«

»Sie ist unsere einzige Hilfe. Wenn die Maschine in Thorness eine Bakterie entwickelt hat, muß es auch eine Anti-Bakterie geben. Ich bin kein Fachmann auf Ihrem Gebiet, Madeleine; aber das ist doch eine grundlegende Tatsache der Biologie, nicht wahr?«

»Wissen Sie zufällig von diesem Tierchen, das wirkungsvoll entgegengesetzt arbeitet?« entgegnete sie.

»Die Maschine muß es wissen.« Mit einer Handbewegung tat er ihren Sarkasmus ab. »Es ist mir klar, daß es nicht das gleiche Gehirn ist, aber es brachte es fertig, die Formel für diese Bakterie zu rekonstruieren – oder wenigstens wir und André setzten es ins Werk. Wir können es wieder tun, um ein Gegenmittel zu erhalten.«

Bevor Dawnay etwas erwidern konnte, kam Abu zurück. Er hielt für André die Tür auf, die sie alle nun mit anklagenden Augen anblickte.

Als Abu die Tür hinter ihr geschlossen hatte, fragte André, was sie von ihr wollten. Sie sah abgespannt und schlecht aus.

»Wir brauchen eine andere Formel von der Maschine«, erklärte Fleming. »Eine andere Bakterie oder vielleicht einen Virus. Das Lebewesen soll die andere Bakterie töten und dann entgegengesetzt wirken. Es müßte den im Wasser gebundenen Stickstoff lösen.«

»Und es müßte sich schneller vermehren als die Bakterie«, fügte Dawnay hinzu. »Es würde sich um eine weitere Bio-Synthese, um einen weiteren Leben schaffenden Prozeß handeln. Dazu brauche ich eine Formel.«

André hatte mit erschreckender Spannung auf jedes Wort gelauscht und von einem zum anderen gesehen. »Aber warum?« entgegnete sie trotzig.

Fleming hockte sich neben André nieder und erklärte ihr langsam und geduldig, wie die Bakterien das Wetter veränderten und das Atmen unmöglich machten – daß die Vorstufe zur völligen Vernichtung allen Lebens erreicht sei. »Schau«, sagte er eindringlich, »wenn du das eine erzeugen kannst, dann vermagst du auch das andere zu schaffen – und uns alle zu retten.«

Ihre großen Augen blickten ihn an. Unmerklich fast wurde der Ausdruck der Feindschaft schwächer in ihrem Blick. »Sie retten?« erwiderte sie plötzlich. »Ich weiß nicht. Es würde zu lange dauern.«

Fleming blickte über Andrés Kopf hinweg Dawnay an. »Wirklich?«

Dawnay betrachtete das Mädchen auf einmal genauer. »Ich weiß nicht«, erwiderte sie. »Wenn du meinst, ich brauchte für die Arbeit im Labor zu lange... Die uns bleibenden Tage werden alle vierundzwanzig Stunden haben, und ich bin nicht auf Schlaf versessen.«

Beide sahen André an. Beide waren gewillt, ihre Anweisungen zu befolgen, das scheinbar Unmögliche zu tun. Die Andeutung eines Lächelns huschte um ihren Mund, dann nickte sie.

Nur Fleming war anwesend, als André in den Computerraum hereinkam. Unruhig legte sie die Hände auf die Pole. Die Maschine hatte sogleich zu arbeiten begonnen, als sie im Raum war. Aber die Konsole wurde nur langsam heller. Das Bild war verzerrt und fast nicht zu erkennen. Fleming sah André den Kopf nach oben heben, er sah, wie sie die Pole umklammerte, als flösse ihr Kraft aus ihnen zu. Es war ergreifend, wie sie sich zu konzentrieren versuchte. Plötzlich lockerte sie den Griff. Sie sackte zusammen, ihr Kopf fiel nach vorn. Schwerfällig und von Schluchzen geschüttelt begann sie zu sprechen.

Fleming beugte sich über sie. »Ich kann ihnen nicht folgen«, hörte er sie sagen. »Bring mich weg.«

Fleming gab nicht auf. »André«, sagte er ruhig, »wir alle werden sterben, wenn nicht irgendein Wunder geschieht und die Luft aus dem Meer gesaugt wird. Versuche zu denken, bitte! Nur du kannst uns jetzt helfen. Ich weiß nicht einmal, was hier geschieht. Hat Gamboul immer noch die Macht?«

André nickte. »Warum kommt sie denn nie hierher?« wollte Fleming wissen.

André blieb ruhig, sammelte Kraft. »Das ist nicht nötig. Sie hat die Botschaft gesehen. Die Maschine hat sie auf einen Weg gesetzt. Sie wird sich nicht aufhalten lassen, auch nicht, um hierherzukommen. Das braucht sie nicht mehr. Ich könnte ihr nichts weiter zeigen. Ich selbst kann es kaum noch sehen.« Prüfend blickte sie auf die Konsole. »Ich werde zurückkommen, wenn ich geruht habe.« Fleming hielt sie diesmal nicht auf.

Plötzlich sprang er hoch. Die Ausgabeeinheit wurde lebendig. Er ging hinüber und ergriff das kurze, bereits beschriebene Stück Papier.

»Ganz schön kompliziert«, murmelte er vor sich hin, als er es überflog, »aber auf alle Fälle sind es irgendwelche biologischen Daten.«

Er machte sich auf den Weg zu Dawnay. Diese vorläufige Analyse war unbedeutend. Aber die Schlüsse daraus waren gewaltig. Es war nun bewiesen, daß André helfen wollte; und vielleicht konnte Dawnay doch noch ein Wunder vollbringen – wenn die Zeit dazu reichte.

Als er aus dem Gebäude trat, erfaßte ihn der Wind und warf ihn fast um. Er keuchte, aber die Atemzüge brachten keine Erleichterung. Mit gesenktem Kopf und schräg gegen den trockenen Wind gestemmt, kämpfte er sich zum Laboratorium durch. Sein Feuer und sein Optimismus waren erloschen. Zeit konnten sie nicht kaufen.

Am nächsten Tag erlitt André bei der Arbeit an der Maschine einen Kollaps. Abu brachte Fleming die Nachricht, und sofort rannte er los.

André lag im Dunkeln. Als sich seine Augen an das Dunkel gewöhnt hatten, sah er den abgemagerten Körper unter der dünnen Bettdecke. Kopf und Haar bildeten eine verschwommene Form auf dem weißen Kissen. Er beugte sich über sie und sah, daß sie die Augen offen hatte und ihn beobachtete.

»Ich hätte bei dir sein sollen«, flüsterte er, strich ihr übers Haar und legte ihr dann die Fingerspitzen auf die Stirn. Sie war feucht und kalt.

Schwach und zögernd drang ihre Stimme zu ihm. »Ich habe getan, was du wolltest. Professor Dawnay hat jetzt alles, was sie benötigen wird.« André bewegte sich ein wenig, als entspanne sie sich. Ihre Lider flatterten und schlossen sich. Der Ausdruck tiefen Schlafes legte sich auf ihr Gesicht.

Am folgenden Morgen wurde eine Unterredung bewilligt. Gamboul ließ Dawnay in ihre Privatwohnung – Salims ehemaliges Haus – kommen. Den Berichten nach ging Gamboul kaum noch in den Palast, nicht einmal, um die Tagesereignisse zu berichten. Der Präsident war in der Tat ein Gefangener, schien sich jedoch nicht viel daraus zu machen, denn er war krank. Die verhältnismäßig leichte Verdünnung der Atmosphäre über Azaran verursachte den älteren Menschen bereits Beschwerden. Und der Präsident litt an Bronchitis.

Verkommen, fast zerfallen sah Salims Residenz aus. Der Sturm hatte kleinere Schäden angerichtet, aber niemand hatte sich die Mühe gemacht, die Trümmer wegzuräumen. Die Palmen waren geknickt.

Eine bewaffnete Wache begleitete Dawnay in Gambouls Büro. Sofort fiel ihr auf, wie sehr Mademoiselle Gamboul sich verändert hatte. Keine Sinnlichkeit ging mehr von ihr aus. Ihr Gesicht war hager geworden, und in ihren dunklen Augen brannte fanatisches Feuer. Sie wirkte erschreckend selbstbeherrscht und bestimmt. Sie war überraschend freundlich und fragte, was sie für Dawnay tun könne. »Sie haben alles, was Sie für Ihre Arbeit brauchen?«

»Für Ihre Arbeit, nicht für meine«, verbesserte Dawnay. Und dann erklärte sie ohne Übergang die Gründe für die Klimaänderung.

Gamboul hörte schweigend zu. Erst eine ganze Weile, nachdem Dawnay geendet hatte, sagte sie leise: »Wie werden wir sterben?« Dawnay erklärte es ihr.

Gamboul fuhr mit der Hand durch die Luft. »Davon war nichts in der Botschaft«, entgegnete sie heftig. »Das war nicht vorgesehen. Alles war klar und logisch. Ich sah Verwüstung – aber nicht auf diese Weise. Und Macht war auch da.«

»Was wurde Ihnen befohlen?« wollte Dawnay wissen.

Gamboul war im Geist weit entfernt und durchlebte noch einmal die Nacht vor dem Elektronengehirn. »Zu regieren«, stammelte sie schließlich.

»Wieviel Macht haben Sie?« fragte Dawnay.

»Hier genug. Aber das sollte nur ein Anfang sein.«

»Das könnte es noch immer sein«, erwiderte Dawnay. Jetzt wußte sie, wie sie an die Gier und an die Furcht der Frau appellieren konnte.

Gamboul versetzte scharf: »Wie meinen Sie das?«

»Es ist möglich«, erklärte sie, »daß wir einen Weg finden werden, um die Atmosphäre zu retten. Es ist nicht wahrscheinlich, nur eine kleine Möglichkeit. Die Maschine hat uns ein wenig geholfen durch eine Formel, die eine Anti-Bakterie zu ergeben scheint. Wir können sie synthetisieren. Aber dazu brauche ich Hilfe und Geräte. Wenn es gelingt, werden wir sie in Massen herstellen und in alle Meere pumpen müssen.«

Gamboul sah sie argwöhnisch an. »Wie können Sie so viel herstellen?«

Dawnay erklärte, daß das Serum unter entsprechenden Bedingungen auf natürliche Weise sich vermehre, und vielleicht schneller als die Bakterie im Meer. »Wenn wir eine ausreichende Menge der Anti-Bakterie hergestellt haben, müssen wir jedem Land ein gewisses Quantum schicken, damit Wissenschaftler auf der ganzen Welt sie gleichzeitig in eigenen Einrichtungen vermehren können.«

Gamboul begann zu lachen; aber es klang nicht freundlich. Das Lachen war nur Ausdruck überschäumenden Triumphes.

»Das werden wir tun«, sagte sie, »aber wir werden den anderen Regierungen die Mitarbeit nicht gestatten. Intel wird Ihnen die Anlage bauen, die Sie brauchen. Intel wird das Serum zu ihrem Preis anbieten. Damit werden wir die Macht erlangen, die mir verheißen wurde. Es ist schließlich ein Teil der Botschaft. Ich habe nur nicht verstanden. Nun wird die Welt unser sein, gefangen gegen Lösegeld.«

Dawnay stand auf und starrte sie an. »Es ist nicht für Sie!« schrie sie. Zu sehr war sie bestürzt, als daß sie sich um die Gefahr kümmerte, in die sie sich begab. »Sie sind verrückt! Es ist kein Teil des Planes!«

Aber Gamboul schien ihre Worte nicht zu hören; sie blickte sie nur mit glasigen Augen an und sprach wie zu einem Untergebenen.

»Fordern Sie alle Einrichtungen an, die Sie brauchen, Professor. Ich versichere Ihnen, daß Sie alles bekommen werden.«

Janine Gamboul hielt ihr Wort. Jede Anweisung, die Dawnay erteilte, wurde bevorzugt behandelt. Die Quellen der Intel waren so groß, daß selbst bei den chaotischen Zuständen in Europa die Materialien ausfindig gemacht, erworben und nach Azaran geflogen wurden. Fast noch eindrucksvoller war die Geschwindigkeit, mit der junge, hervorragende Chemiker, Spezialisten der Bakteriologie oder Molekularstruktur von Kernsäuren herbeigeschafft wurden. Darunter waren zwei frisch promovierte Studenten aus Zürich und eine Chemikerin aus der Forschungsabteilung des größten Arzneimittelwerkes Deutschlands. Sie alle waren freiwillig gekommen, angezogen von dem hohen Gehalt und der Aussicht auf völlig neue Wege der Forschung in einem weniger stürmischen Teil der Welt. Von der wahren Absicht Intels hatten sie keine Ahnung, auch nicht von dem potentiellen Schreckgespenst, das sich hinter der Wetterkatastrophe verbarg. Überall hofften die Menschen, das Schlimmste werde bald überstanden sein.

Dawnay klärte ihre Helfer über die Situation auf, unterschlug jedoch die Theorien über den Ursprung der Bakterien. Bis zur Leistungsgrenze ließ sie die jungen Leute arbeiten. Sie spürten die Dringlichkeit und wurden ihre ergebenen Diener. Sie selbst war an der Arbeit, wenn sie morgens kamen, und arbeitete noch immer, wenn sie abends erschöpft sich zur Ruhe legten. Ergebnisse zeigten sich früher, als Dawnay zu hoffen gewagt hatte. Genau zehn Tage später wurde der erste Tropfen einer synthetischen Bakterie auf einen Objektträger gelegt und dann in ein Elektronenmikroskop gebracht.

Es war ein dramatischer Augenblick, als Dawnay inmitten ihrer Assistenten die Vergrößerung einstellte: 500000, dann eine Million; eineinviertel Million. Dann sah sie es – ein vielseitiges, stacheliges, symmetrisches Gebilde, und es lebte. Schweigend deutete sie ihren Mitarbeitern an, ins Mikroskop zu schauen. Einer nach dem anderen nahm an dem Triumph teil. Unendlich kleines Leben war geschaffen worden.

Schüchtern fast brachte Dawnay sich und ihre Assistenten in die Wirklichkeit zurück. Es war in der Tat nicht mehr als eine wissenschaftliche Kuriosität. Der entscheidende Test lag noch vor ihnen. Die Bakterie mußte billionenfach vermehrt werden – genug, um ein Reagenzglas zu füllen. Und dann mußte sie in den Kampf geführt werden gegen den Organismus, der ihr vorherbestimmter Feind war.

Die kostbaren Tröpfchen wurden in ein Dutzend verschiedener Nährböden verteilt. Sechs lange Stunden konnten sie nur warten. In neun Reagenzgläsern waren die Bakterien tot; die anderen drei hatten den Sättigungsgrad erreicht.

Mit diesen drei wurden größere Kulturen angesetzt, und alle drei gediehen. Nach Mitternacht entschied Dawnay, daß der wirkliche Versuch beginnen könne.

Dawnay füllte ein Reagenzglas mit dem bakteriengesättigten Meerwasser aus dem Tank. Mit einer sterilen Gummikappe wurde das Glas verschlossen. Ein Assistent füllte eine Spritze aus der Kultur und reichte sie Dawnay. Die Nadel drang durch den Gummi, und die Flüssigkeit erzeugte einen kleinen Wirbel, als sie in das trübe Wasser floß.

»Und wieder heißt es warten«, erklärte Dawnay. Nur ein leichtes Zittern in ihrer Stimme verriet ihre Spannung. »Wir wollen uns mit einem Kaffee die Zeit verkürzen.«

Als die Wartezeit fast vorüber war, ging sie zu dem sterilen Kasten, in den das Reagenzglas gehängt worden war. Sie nahm es heraus und hielt es ins Licht, während die anderen, darunter auch Abu, sich um sie drängten. Zwei Drittel des Wassers waren klar. Und während sie schweigend beobachteten, stiegen kleine Bläschen freigewordenen Gases schwankend in der Flüssigkeit auf.

Dawnay schüttelte sich, um sich von dem Anblick loszureißen. »Genau dreiundsechzig Minuten ist es in dem Reagenzglas gewesen«, murmelte sie. »Nun wollen wir die Sache im Tank ausprobieren.«

Überflüssig waren nun Vorsichtsmaßregeln, daß alles steril war, und Messungen. Der Inhalt von zwei Reagenzgläsern der Kultur wurde in den Tank gegossen; und dann versammelten sie sich alle darum und beobachteten. Allmählich erschienen klare Stellen, während dicke Blasen langsam an die Oberfläche stiegen, platzten und von neuen Blasen gefolgt wurden. »Das ist freigewordener Stickstoff«, erklärte Dawnay. »Der Luftdruck ändert sich.«

Es stimmte. Langsam aber unaufhaltsam stieg die Nadel des Barographen.

»Sie haben es geschafft!« rief das Mädchen aus Zürich.

»Wir haben es geschafft«, verbesserte Dawnay. »Der Rest ist eine mechanische Angelegenheit – das Erzeugen einer genügend großen Menge. Wir legen jetzt eine Stunde Pause ein und bestimmen dann die Wachstumsrate und untersuchen die Wirkung von Temperatur und Salzgehalt.« Sie wandte sich an Abu Zeki. »Sie fangen jetzt besser mit dem Planen der Massenproduktion an. Gehen Sie zu Gamboul oder Servola. Sagen Sie ihnen, ich müßte sie morgen – ich meine natürlich heute – so bald wie möglich sprechen.«

Aber sie brauchte nicht nach Baleb zu gehen, um Gamboul zu sprechen. Der Chef der Intel kam zu ihr, als sie gerade schnell ein Frühstück in ihrem Zimmer zu sich nahm. Gamboul bat um Anweisungen, als wäre sie eine Sekretärin. Das Ergebnis war, daß eine Stunde später der Kurzwellensender der Intel Anweisungen an das Hauptquartier der Gesellschaft in Wien ausstrahlte. Riesige Mengen von Phosphaten, Protein und Aminosäuren sollten ohne Rücksicht auf Kosten und Ursprungsland per Flugzeug und Schiff hergebracht werden. Ingenieure wurden aufgeboten, um an den Öleinrichtungen von Azaran zu arbeiten. Sie mußten sie vom Öl reinigen und als Zuchttanks herrichten. Alte Pipelines mußten gerichtet und neue gelegt werden, um die Antibakterien in den Persischen Golf pumpen zu können.

Die Botschaft wurde entgegengenommen. Keine Fragen wurden gestellt, keine Versprechungen gemacht oder Entschuldigungen vorgebracht. In dieser Nacht flog das erste Transportgeschwader mit Ingenieuren und ganzen Ladungen von Chemikalien nach Baleb. Zwei der Maschinen zerbarsten in einem heftigen Sturm über dem östlichen Mittelmeer, und ein drittes ging in Flammen auf, als eine Windhose es beim Aufsetzen erfaßte. Der Rest kam durch.

Ohne Unterbrechung ging das Transportunternehmen am nächsten Tag weiter, und der erste, in Kapstadt eilig geladene Ozeanfrachter funkte den voraussichtlichen Zeitpunkt seiner Ankunft.

Eine Woche nach dem Haupttest wurden größere Mengen Anti-Bakterien an zehn Stellen der Küste von Azaran ins Meer gegossen. Nach genauen Untersuchungen der Gezeitenströme waren diese Stellen gewählt worden, und die Wirkung war schon nach zwölf Stunden festzustellen.

Fleming hatte die Erlaubnis erhalten, mit Dawnay an die Küste zu gehen. Und nun stand er am Rande der Wüste, wo sie in goldenen Stränden auslief, und beobachtete fasziniert die großen Stickstoffblasen, die an die Oberfläche der Wellen trieben. Nicht einmal die aufgebrachte See konnte sie verbergen, und er fühlte die wohltuende Frische erneuerter Luft in den Lungen.

Am dritten Tag fuhren er und Dawnay zurück. »Und nun müssen wir versuchen, etwas davon hinauszuschmuggeln«, meinte sie. »Das hier ist sehr schön, aber eben bloß örtlich, und wie Sie sehen, wird das Wetter nicht beeinflußt.«

»Besteht keine Hoffnung, daß Intel die Antibakterien verschickt?« Fleming blickte mit zusammengekniffenen Augen durch die Windschutzscheibe, die ein plötzlicher Hagelsturm undurchsichtig machte.

»Nein«, erwiderte Dawnay. »Nur zu ihren Bedingungen werden sie liefern. Und wie diese Bedingungen sind, haben sie noch nicht gesagt. Aber ich kann es mir vorstellen.« Ihre Worte gingen unter in einem heulenden Windstoß, der den Wagen erzittern ließ. »Das Wetter ist schlimmer«, sagte sie beunruhigt. »Ich frage mich, ob wir wirklich das Richtige tun. Sie sehen, was geschieht, John?«

Er nickte und lehnte sich vor, um die Straße zu sehen. »Wir behandeln das Meer nur hier. Millionen von Kubikmetern Stickstoff werden frei. Er baut einen Hochdruckkegel auf in einer begrenzten Zone. Überall sonst ist der Luftdruck sehr niedrig, und die ersten Bakterien binden den Stickstoff so schnell, wie wir ihn lösen können. Auf diese Weise werden wir nie gewinnen. Wirbelstürme sind das einzige Ergebnis unserer Bemühungen.«

»Wie nutzlos man sich dabei vorkommt«, murmelte Dawnay.

Eine Stunde lang fuhr Fleming, schweigend bemüht, den Wagen auf der Straße zu halten, in ein Land hinein, in dem nur Regen, Schlamm und Wind herrschten. Ungefähr zehn Meilen vor Baleb ließ der Wind nach, doch es regnete weiter. Die Luft war unnatürlich klar, so daß man meinte, die Entfernungen seien geringer, als sie in Wirklichkeit waren.

»Schauen Sie sich das an!« Fleming deutete mit dem Kopf auf die Berge am Horizont. Scharf und deutlich standen sie da, heller als die rötlich-schwarzen Wolken, die um die Gipfel trieben. Und gerade über ihnen erhob sich eine riesige spiralenförmige gräuliche Wolke, die an der Spitze zu einem Pilz auswuchs und ständig ihre Form änderte.

»Ein Tornado«, sagte Fleming. »Wir befinden uns in der ruhigen Randzone. Hoffentlich bewegt er sich nicht in dieser Richtung.«

Gamboul saß an ihrem Schreibtisch. Ihr Gesicht war ein heller Fleck in der herrschenden Dunkelheit. Kurz bevor der elektrische Strom ausgefallen war, hatte sie eine neue Meldung im Radio gehört: »Hier ist London. Die Verwaltung der Intel in Wien hat verlauten lassen, daß in Azaran an einem Mittel gearbeitet wird, daß dem Fallen des Luftdrucks entgegenwirken soll. Wir rufen die Regierung und das Volk von Azaran. Wir brauchen Ihre Hilfe. Der Kontinent von Europa ist verwüstet. Die ganze Welt ist bedroht von einer Reihe von klimatischen Umbrüchen, die bereits Ihr Land erreicht haben. Die Luft, die wir atmen, wird vom Meer aufgesaugt, Millionen werden in den nächsten Tagen sterben, wenn dieser Vorgang nicht durch eine gewaltige Anstrengung gestoppt wird. Zehntausende sterben jetzt. Dieses Land ist schrecklich zugerichtet. Drei Viertel von Holland sind überschwemmt. Venedig ist weitgehend von einer Springflut zerstört worden. Die Städte Rouen, Hamburg und Düsseldorf bestehen nicht mehr.«

Als Servola eintrat und dicht an ihren Schreibtisch kam, blickte sie auf. »Da sind Sie endlich«, sagte sie ungeduldig. »Ich möchte, daß Sie einen intakten Telephonanschluß aufspüren und Wien anrufen, sobald der Sturm nachläßt. Sagen Sie ihnen, daß wir nun an der Macht sind und daß sie von uns Befehle entgegenzunehmen haben und keine Berichte mehr veröffentlichen dürfen.« Servola zog geräuschvoll die Luft ein und biß die Zähne zusammen. Doch Gamboul fuhr unbeirrt fort. »Heute nachmittag habe ich das Mädchen besucht. Sie sagte mir, der Computer habe nicht recht, die Botschaft habe mir dies nicht verheißen. Aber ich weiß es, Servola, ich weiß es! Die Macht und das Wissen – alles ist in meinen Händen! Kein anderer hat teil daran. Sie werden Wien anrufen!«

Er schüttelte den Kopf. »Das werde ich nicht.« Fast sanft klang seine Stimme, als er fortfuhr: »Sie sind krank. Sie würden uns alle in den Untergang führen.«

»Sie armer, kleiner Mann.« Sie verriet keinen Zorn, nur Verachtung. »Sie sind wie der Rest. Sie haben nicht die Gabe, zu sehen. Kommen Sie her!«

Schnell ging sie zur Balkontür und drückte die Klinke nieder. Mit aller Kraft mußte sie sich gegen die Türe stemmen, um sie gegen den Wind zu öffnen.

»Kommen Sie!« wiederholte sie. »Kommen Sie und sehen Sie die Elemente arbeiten – für mich!«

Er verharrte auf der Schwelle.

»Sie fürchten sich?« rief sie lachend. »Das ist nicht nötig. Es wird uns nicht berühren. Es kann nicht.« Majestätisch schritt sie auf den Balkon hinaus, das Haar wehte ihr von der Stirn zurück. Am Geländer blieb sie stehen und streckte die Arme zum Himmel auf. Servola hörte ihr ekstatisches Lachen im heulenden Wind.

Einem Impuls folgend, schritt er zu der Tür und zog sie zu. Das Unwetter draußen beruhigte sich, als sei es abgezogen. Plötzlich erhob sich jedoch ein anschwellendes Geräusch, und das große alte Haus bebte. Ein Stück von der Dachrinne krachte auf den Balkon und zersplitterte. Er sah Gamboul auf ein gezacktes Stück Marmor hinunterblicken, als eine Sandwolke sie einhüllte. Sie bückte sich rasch und drückte die Fäuste auf die Augen. Blind stolperte sie zur Tür und begann dagegenzutrommeln. Das dicke, farbige Glas splitterte. Ihre Faust blutete. Er sah, wie sich ihr Mund öffnete und schloß, als sie nach ihm schrie.

Er zog sich ins Dunkel des Zimmers zurück und sah untätig zu. Die

Windstöße kamen immer häufiger, bis sie ineinander übergingen. Das Haus ächzte und zitterte. Und schließlich geschah es – eine polternde Steinmasse rauschte krachend auf den Balkon nieder, riß ihn aus den Verankerungen und in den darunterliegenden Hof hinab. Der Staub der Trümmer vermischte sich mit dem Sand wie wirbelnder Rauch. Servola ging zur Tür und preßte das Gesicht gegen das Glas. Er konnte nicht genau sehen, glaubte aber eine verkrümmte Gestalt unter den Trümmern zu erkennen. Mit völliger ruhiger Hand zündete er sich einen Zigarillo an.

»Wenn der Sturm vorüber ist«, sagte er laut, »werde ich nach London telephonieren. Mit den Engländern läßt sich ein Geschäft machen.«

Der Sturm legte sich, die Wolkendecke wurde dünner. Es wurde hell, aber der Wind blies fast so heftig wie bisher. Servola ging hinunter und besah sich Gambouls Leiche. Sie lag verkrümmt und gebrochen zwischen den Steinen, und ihre dunklen Augen blickten leblos aus dem blutigen Gesicht zu ihm empor.

Eines ihrer Autos war noch unbeschädigt, und Servola befahl dem Fahrer, ihn zum Computer zu bringen. Die Schäden in den Vorstädten entlang der Straße waren schrecklich. Banden von Arabern plünderten zerstörte Läden. Beim Anblick des Autos mit den Insignien der Intel rissen sie aus. Keine Truppen, keine Polizei war zu sehen.

Die niedrigen, stabilen Gebäude im Forschungszentrum schienen fast unbeschädigt, obwohl mehrere Fenster eingedrückt und einige der modernen Plastiken am Eingang zum Verwaltungsgebäude umgestürzt waren. Servola fuhr daran vorbei und ließ den Fahrer vor dem Laboratorium halten.

Dawnay war allein und spritzte gerade Bakterien in Reagenzgläser. Das Durcheinander von Apparaten und Instrumenten auf allen Tischen wirkte merkwürdig beruhigend nach der Verwüstung draußen.

»Ah, Professor Dawnay«, sagte Servola strahlend, »der Sturm hat keinen Schaden bei Ihnen angerichtet?«

»Nein«, erwiderte sie kurz.

»Ich habe Ihnen mitzuteilen«, fuhr er fort, »daß Mademoiselle Gamboul tot ist.« Er genoß ihre Überraschung. »Sie ist in dem Tornado umgekommen. Ich bin nun der Oberste Repräsentant der Intel in diesem Land. Ich bitte Sie, mir zu helfen. Unsere Maßnahmen gegen die Bakterien sind erfolgreich, ja?«

»Im Augenblick sieht es so aus«, erwiderte sie.

»Wunderbar!« sagte er. »Überall wird die Situation schlimmer – wenn wir das Gegenmittel nicht zur Verfügung stellen.«

»Und schnell.«

Servola nickte. »Genau das dachte ich.« Er senkte die Stimme. »Sie wissen, Professor, daß Mademoiselle Gamboul die Absicht hatte, der Sache so lange ihren Gang zu lassen, bis die Welt ihre schrecklichen Bedingungen annehmen würde. Sie war ganz einfach verrückt. Wissen Sie, daß sie Salim getötet, erschossen hat? Sie war eine besessene Frau. Sie hätte zu lange gewartet. Wir wären alle umgekommen.«

Dawnay blickte ihn kalt an.

»Das ist auch jetzt noch möglich.«

Er fuhr sich aufgeregt mit der Zunge über die Lippen, nahm seine Brille ab und rieb die Gläser wieder und wieder sauber. »London hat übers Radio einen Hilferuf gesandt. Ich werde ihn beantworten, sobald die Verbindungen wiederhergestellt sind. Und ich werde beweisen, daß wir helfen können, indem ich Ihren Bericht über die Anti-Bakterie mit dem nächsten zur Verfügung stehenden Flugzeug abschicke.«

Dawnay konnte ihre Erleichterung nicht verbergen. »Dann wollen Sie erklären lassen, wie Sie der Welt das Gegenmittel geben können?«

Servola schüttelte ungeduldig den Kopf. »Nicht sofort. Die Leute müssen darauf vorbereitet sein, daß sie eine Menge bezahlen müssen. Ich habe Ihnen gesagt, daß ich Geschäftsmann bin.« Er wandte sich zur Tür. Sein Lächeln war verflogen. »Bis morgen müssen Sie einen Bericht fertig haben.«

Eine Weile arbeitete Dawnay automatisch weiter. Sie hatte nicht damit gerechnet, daß Servola über den Preis von Menschenleben feilschen könnte. Schließlich ging sie zum Computer hinüber; sie mußte mit irgend jemandem reden. Unbedeutender Schaden war an der Eingangshalle angerichtet worden und am Kühlraum. Aber die Maschine schien unbeschädigt. Keine Wachen waren zu sehen, aber ein Elektriker kam aus dem Bereitschaftsraum. Er sagte, er wisse nicht, wo Dr.

Fleming sei. Dawnay bedankte sich und machte sich auf den Weg zu Andromeda.

Das Mädchen lächelte erleichtert, endlich jemand zu sehen. »Wirkt es?« fragte sie erregt. Dawnay ergriff ihre Hand. »Ja, es wirkt«, murmelte sie. »Der Barograph im Labor steigt immer noch. Wie lange es dauern wird, weiß ich nicht.«

»Die Botschaft enthielt nicht, daß wir...« Sie unterbrach sich. »Ich versuchte es ihr zu sagen. Sie wollte nicht hören. Gestern kam sie her. Ich legte ihr nahe, auf mich zu hören. Aber –«

»Du meinst Gamboul?« sagte Dawnay leise. »Sie ist tot, André. Servola ist nun an der Führung.« André nickte langsam, als wüßte sie es. Ihre Finger suchten Dawnays Hand. »Trauen Sie mir?« fragte sie. Sie sah Dawnay nicken. Ihre Finger wurden locker, und sie lehnte sich mit geschlossenen Augen zurück. »Erzählen Sie mir alles, was geschehen ist, und ich werde Ihnen sagen, was getan werden muß.«

So schnell sie konnte, gab Dawnay einen Überblick über die Situation, soweit sie ihr bekannt war. Als sie geendet hatte, begann das Mädchen monoton zu sprechen.

Dawnay hörte aufmerksam zu. Die Verantwortung, die André ihr aufbürdete, war gewaltig. Sie war erdrückend, jedoch auch anstachelnd. Sie konnte rational begründeten Motiven nicht widerstehen. Als André nichts mehr sagte, erwiderte sie nur: »Ich gehe sofort.«

Eine halbe Stunde später befahl sie einem Diener im Palast des Präsidenten, sie zu seinem Herrn zu führen. Über zerstörte Straßen war sie mit einem Auto aus dem Wagenpark der Intel zum Palast gefahren. Keine Wachen traf sie an.

Der Präsident empfing sie sogleich. Er saß in seinem hohen Stuhl und sah um Jahre älter aus. Er erhob sich, beugte sich über ihre Hand und wies ihr einen Stuhl an. Dann ging er an seinen Platz zurück.

»Das Land liegt im Sterben, Professor Dawnay«, erklärte er einfach.

»Die ganze Welt vielleicht«, erwiderte Dawnay. »Deswegen bin ich hier. Es liegt in Ihrer Macht, zu helfen. Sie wissen, daß Miß Gamboul tot ist?« Der Präsident nickte. »Also sind Sie frei.«

»Frei!« sagte er bitter. »Es ist ein wenig zu spät.«

»Es braucht nicht zu spät zu sein«, entgegnete sie fest. »Es hängt zum Teil von Ihnen ab, Exzellenz. Wenn die Anti-Bakterien, die ich gemacht habe, von der Intel gehandelt werden, wird Intel die Welt in der Hand haben. Servola wird den Preis diktieren.«

»Ich bin nicht gut unterrichtet worden, aber ich kann den Trend von Ereignissen beurteilen. Und was kann ich tun, um diesen Servola in die Schranken zu weisen? Er ist wie die anderen – Salim, Mademoiselle Gamboul...«

»Wir werden uns mit Servola befassen«, versprach Dawnay, »während Sie die Bakterien als Geschenk von Azaran verschicken. Es wird die erste Handlung einer freien Nation sein.«

Mit traurigen Augen blickte er sie an. »Oder die letzte.«

»Nicht, wenn jedes Labor in der Welt eine gewisse Menge Bakterien erhält. Dann haben wir eine Chance – wenn wir das auf dem richtigen Weg und durch die richtigen Leute bewerkstelligen können.« Sie dachte zurück an die langwierigen Auseinandersetzungen mit den Vorgesetzten in Thorness. »Seit die Botschaft aufgefangen und ein Computer gebaut wurde, um sie zu bearbeiten, haben einige wenige Leute gekämpft, diese Macht nicht in falsche Hände geraten zu lassen, sondern sie in die richtigen zu legen.«

»Und was sind meine Hände?« fragte er sanft.

»Was wir für Sie aus ihnen machen werden!«

»Dann sind Sie also im Recht?« murmelte er und sah sie offen an. »Und wem werden Sie verantwortlich sein? Hunderttausende von Menschen sind gestorben wegen – Sie werden mir verzeihen – Ihrer Experimente.«

Dawnay schoß das Blut in den Kopf. »Es war ein Unfall«, erwiderte sie. »Es hätte bei jedem anderen Versuch geschehen können. Ich habe einen Fehler gemacht«, setzte sie schuldbewußt hinzu.

Das verloschene Feuer aus den Revolutionstagen flammte in dem Präsidenten kurz auf, als er aufstand und vor sie hintrat.

»Weitere Hunderttausende müssen sterben, um Ihren Fehler zu korrigieren. Die Irrtümer der Politiker ziehen manchmal große Kreise, und Geschäftsleute bemühen sich bisweilen, daraus Kapital zu schlagen. Aber die Wissenschaftler töten die halbe Welt; und die andere Hälfte kann ohne sie nicht leben.«

Sein Zorn legte sich. Er seufzte und gestattete sich ein schwaches Lächeln. »Ich bin in Ihrer Hand, Professor Dawnay. Verzeihen Sie mir, wenn ich hinzufüge, ich wünschte, ich wäre es nicht.«

Dawnay fuhr zurück, entschlossen, die Sache so zu steuern, wie es sein mußte. Aber die Verantwortung bedrückte sie. Sie brauchte dringend die läuternde Unterstützung von Flemings kritischem Geist.

Sie fand ihn im Schalterraum hinter dem Computer. Er arbeitete am Schreibtisch, der von Papieren übersät war.

»Hallo«, sagte er müde. »Ich habe mich hierher zurückgezogen – hier bin ich vor Wüstenwinden und Unterbrechung sicher.« Er blickte auf seine Armbanduhr. »Du liebe Zeit, ist es schon so spät?«

»John«, unterbrach sie ihn ungeduldig, »wir haben eine Menge Fehler gemacht, wir beide. Ich versuche, die Sache ins Lot zu bringen, weil es unsere einzige Hoffnung ist. Was mit der Welt geschieht, hängt von uns ab – ob wir alles übernehmen oder Servola.«

Er grinste zynisch. »Haben Sie die gleiche Lektion erhalten wie Gamboul?«

»Gamboul ist tot«, entgegnete sie ruhig.

»Tot?« Fleming sprang auf. »Dann hat die Maschine einen Fehlschlag getan! Sie hatte es auf uns abgesehen, es mißglückte ihr.«

Dawnay schüttelte den Kopf. »Keines von beiden. Gamboul war nur dazu ausersehen, uns zu beschützen, bis wir in der Lage wären, selbst zu entscheiden.«

Er nickte zur Maschine hin. »Oder sie...«

»Wir, John«, wiederholte sie. »Wir treffen jetzt die Entscheidungen. Sehen Sie nicht, daß das der Beginn eines neuen Lebens sein kann?«

Er sammelte die Papiere zu einem unordentlichen Stapel zusammen. »Zum Teufel mit allem«, sagte er. »Ich kann heute nacht keinen Gedanken mehr fassen. Wir können genausogut versuchen, ein wenig zu schlafen, bevor der Wind das Dach abdeckt.«

Zusammen verließen Sie das Gebäude. Trümmer und Schlamm zeichneten die Quartiere aus. Doch ihre Wohnungen boten vorläufig Schutz. Fleming wünschte Dawnay gute Nacht und ging in seinen kleinen Bungalow. Er legte sich hin und fiel in einen Halbschlaf.

Plötzlich schüttelte ihn jemand wach. »Servola hat Dawnay zu sich befohlen«, stieß Abu Zeki hervor.

Fleming sprang aus dem Bett. »Ich werde hingehen, und Sie kommen besser auch mit. Wenn das eine von Servolas üblichen Aktionen mit Pistole und Messer ist, will ich dabeisein.«

Sie rannten zum Verwaltungsgebäude. Im hellen Licht der Morgendämmerung sah die beschädigte Fassade billig und geschmacklos aus. Beträchtliche Schäden waren in der großen Eingangshalle angerichtet, einige stammten offensichtlich von demoralisierten plündernden Wachen.

»Servola wird im Sessel des Mächtigen sitzen – in Gambouls Büro. Es ist besser, Sie bleiben hier unten, Abu. Warnen Sie uns, wenn jemand ankommt«, befahl Fleming.

Leise lief er die Treppe hinauf. Ein Flügel der Doppeltür zum Büro des Direktors stand ein wenig offen, und er schlich an der Wand entlang, bis er hören konnte.

Servolas Stimme klang ölig und höflich. »Ich hoffe, daß das Flugzeug aus Wien kommt, Professor Dawnay«, sagte er. »Es sollte bald hier sein. Es wird dann unverzüglich beladen.«

»Und einen Beweis für Ihre Vorschläge?« fragte Dawnay.

»Ich habe einen Brief vom Präsidenten erhalten«, erwiderte Servola. »Das macht die Sache offiziell, aber selbstverständlich werden wir alles erledigen.«

Diesen Satz hatte Fleming erwartet; er stieß die Tür auf und trat ein. Servola blickte bestürzt auf und redete dann weiter, als habe er Fleming nicht gesehen.

»Wir, das heißt Intel, werden die Anti-Bakterien herstellen und vertreiben, obwohl wir unseren Mitmenschen kein Lösegeld abzwingen wollen. Das war Gambouls Idee. Ich habe dem Einhalt geboten.«

Fleming schritt vor. »Sie sind nicht in der Lage, milde Gaben zu verteilen, Servola.«

Servola griff nach seinem Etui und entnahm ihm einen Zigarillo. Länger als notwendig hielt er die Flamme an die glimmende Spitze. Seine Hand zitterte leicht.

»Es bringt nichts ein, alten Groll aufleben zu lassen«, sagte er. »Man tut, was man für die Vorgesetzten, in deren Diensten man steht, tun muß. Aber zugleich versucht man, Gutes zu tun.« Seine Stimme klang weinerlich. Voll Unbehagen blickte er seine Besucher an.

Doch Fleming ging nicht auf ihn ein. »Wie starb Gamboul?« stieß er hervor.

»Der Balkon ihres Hauses – er stürzte. Ich war dort. Ich sah es. Sie war verrückt, völlig verrückt. Ich konnte sie nicht retten.«

»Haben Sie es versucht?«

»Nein!« schrie Servola. »Ich hätte sie hereinziehen können, als das Gebäude fast einzustürzen schien. Aber ich tat es nicht. Ich entschied–«

»Ihre eigene Haut zu retten!«

»Die Welt!« Servola stand auf und blickte sie trotzig über den Schreibtisch hinweg an, und bevor die beiden sich bewegen konnten, war er um den Stuhl gewirbelt und rannte zur Tür. Er riß sie auf und prallte zurück. Abu stand dort, ausdruckslos, ein kleines geschwungenes Beduinenmesser in der Hand. Servola ging bedächtig zum Schreibtisch zurück. »Auf diese Weise können Sie mir nicht kommen!« sagte er mit erhobener Stimme. »Ich versuche, Ihnen zu helfen!«

Fleming ging näher ans Fenster. »Das Wetter hält sich«, sagte er. »Das Flugzeug sollte zur Zeit ankommen. Bevor es hier landet, werden Sie für die Hilfe sorgen, von der Sie gesprochen haben. Sie werden dafür sorgen, daß es nach London fliegt. Das wird die letzte Sache sein, die Sie hier organisieren. Fangen Sie an.«

Servola zögerte, nickte dann. Er nahm einen Federhalter zur Hand und griff in eine Schublade im Schreibtisch, als wolle er einen Bogen Papier herausholen. Er bewegte sich erstaunlich schnell. Im Bruchteil einer Sekunde sprang er mit einer Pistole in der Hand auf. Aber bevor er sie in Anschlag bringen konnte, schlug ihm Abu mit der flachen Klinge seines Dolches ins Gesicht. Servola schrie und ließ die Waffe fallen. Fleming drehte sich um; er konnte das Winseln Servolas um Gnade nicht mehr ertragen. »Bringen Sie ihn zum Flugplatz. Nehmen Sie eine Pistole. Er wird Ihnen keine Schwierigkeiten machen.«

»Warten Sie, John«, sagte Dawnay. »Wir sind mit Mr. Servola noch nicht ganz fertig.«

Sie blickte in Servolas blutendes und verzerrtes Gesicht. »Sobald das Flugzeug gelandet ist, werden Sie uns helfen, ein Fernschreiben in Ihrem Code nach Wien zu schicken.«

»Was wollen Sie ihnen mitteilen?«

»Daß es gut angekommen ist, daß alles in Ordnung ist und daß Sie keine weitere Hilfe brauchen. Ebenso werden Sie uns die Namen und alle Einzelheiten Ihres Vorsitzenden und der Direktoren in Europa sowie alle Adressen und Telephonnummern geben, die Sie in diesem Büro finden können. Ich werde einen Bericht und soviel Anti-Bakterien wie möglich nach London schicken.«

Der Premierminister empfing das Notstandskomitee in seinem Privatbüro. Es ging ihm nicht gut. Als Herzasthma bezeichneten die Ärzte sein Leiden. Doch dieses Wort beschrieb nicht besser als irgendein anderer Ausdruck die Beschwerden, die jeder ältere Mensch fühlte, da das Atmen immer schwieriger wurde. Die Nachricht von dem Wunder Dawnays in Azaran hatte Whitehall erreicht, aber seine Auswirkungen waren noch nicht zu spüren.

»Ich bin froh, daß Sie es geschafft haben«, sagte er keuchend, als der Wissenschaftsminister und Osborne eintrafen.

»Es ist schrecklich, Sir«, erwiderte der Minister. »Alle Bodensenken sind überflutet, die Straßen stehen unter Wasser.« Er begann zu husten.

»Wir haben eine Meldung aus Azaran aufgefangen, Sir«, fiel Osborne wiehernd ein. »Ein Flugzeug mit Anti-Bakterien ist auf dem Weg nach London. Wegen des schwierigen Fluges konnten sie nicht viel laden, aber die Menge reicht, um tausend Aufzuchtzentren zu versorgen.«

»Durch die Internationale Organisation?«

»Ja«, erwiderte der Wissenschaftsminister. »Sir, ich möchte betonen, daß der Wille zur Zusammenarbeit riesig ist. Die Sowjetunion hat bereits fünf staatliche chemische Fabriken geräumt. Fünfzig Prozent aller Ölraffinerien der Vereinigten Staaten stehen gereinigt zur Verfügung. Die Royal Engineers erwarten, bis Samstag jeden Gaskessel an der Küste repariert und bereit zu haben; die Molkereien und Benzinfirmen haben alle ihre Tankwagen aufgeboten und an die verschiedenen Zentren beordert, die wir angegeben haben.«

»Gut«, erwiderte der Premierminister schwer atmend. »Wir wollen hoffen, mein lieber Junge, daß es noch rechtzeitig für wenigstens einige von uns geschieht. Und ich will doch über den Rundfunk sprechen. Das Volk hat ein paar Worte der Ermutigung und Hoffnung verdient.«

Aber erst in der folgenden Nacht fühlte sich der Premierminister berechtigt, der Welt zu sagen, daß die Hoffnung nicht vergebens sei. Während der vorhergegangenen vierundzwanzig Stunden war rasend gearbeitet worden. Die tausend aktivierten Reagenzgläser aus Azaran schienen erbärmlich wenig zu sein, als die Verteilung begann. Hundert wurden zuerst britischen Aufzuchtstellen übergeben. Dann wurden mehrsprachige Instruktionen nach Dawnays Bericht verfaßt, während die Armee-Funkstationen mit allen betroffenen Ländern Kontakt aufnahmen, um Einzelheiten über die Proben und den geschätzten Zeitpunkt ihrer Ankunft zu übermitteln.

Die Royal Air Force und die Air Force der Vereinigten Staaten übernahmen den Transport. Ein Stück Geschichte wurde geschrieben, als ein amerikanischer Langstreckenaufklärer dem Moskauer Militärflughafen zujagte, während russische Jäger zur Begrüßung Rollen neben ihm flogen.

Der Premierminister bestand darauf, daß der fast unbekannte Präsident, der die Verantwortung, die Welt zu retten, nach außen hin hatte auf sich nehmen müssen, die Radiosendung eröffnete.

Die Verbindung war schwierig herzustellen und schwach, hielt jedoch fast über die ganze Erde.

»Viele Jahrhunderte lang wurden wir Azaraner als rückständiges

Volk betrachtet«, hörte man den Präsidenten sagen. »Aber wenn wir jetzt der übrigen Welt Rettung bringen können, ist es unser Privileg und erfüllt uns mit Freude. Über unserem Land verbessert sich das Wetter bereits, und die Luft tut den Lungen wieder gut. Dies, so beten und hoffen wir, mögen bald alle geplagten Menschen auf der Erde erfahren.«

Irgend jemand hatte eine Aufnahme der azaranischen Nationalhymne aufgetrieben. In klagender Dissonanz lief sie aus.

Dann kam die historische Rede des Premierministers aus London.

»Kleine Mengen einer erst vor kurzer Zeit synthetisch hergestellten Bakterie, die wir von Azaran erhalten haben, können das Mittel sein, um das Unheil abzuwenden, das über uns gekommen ist. Mit Hilfe der Wissenschaftler, in deren Händen unser Schicksal nun liegt, unternehmen die Regierungen aller Nationen, was sie können. Im Vereinigten Königreich werden die Bakterien bereits gezüchtet und ins Meer gepumpt. In den Laboratorien unserer Schwesternationen in diesem Kreuzzug gegen den Untergang der Menschheit sind die ersten Sendungen eingetroffen. Immer mehr kommen von Azaran und werden so schnell verteilt, wie es menschenmöglich ist. Mit einer vereinten Anstrengung in jedem Teil der Welt dürfen wir hoffen, daß sich der Zustand des Meeres ändern wird und daß wir unsere Luft wieder werden atmen können.«

Vierundzwanzig Stunden nach dem Eintreffen des Flugzeuges mit den Anti-Bakterien in England waren die Verhältnisse in Azaran völlig umgewandelt. Luftflotten von zwölf Nationen flogen Wissenschaftler und Techniker ein, die Dawnay halfen und den Transport und die Verteilung organisierten. Eine Streitmacht der Vereinten Nationen stand bereit, sollte aber auf Wunsch des Präsidenten nur im Fall einer Bedrohung durch die Intel nach Azaran eindringen. Dawnay selbst hatte sich völlige Freiheit ausbedungen.

Aber das ganze Gebäude der Intel brach lautlos und vollständig zusammen. NKWD, Interpol und das FBI arbeiteten auf Grund des nach London gesandten Berichtes zusammen und untersuchten und schlossen die Hauptbüros in Wien, Zürich und Hongkong. Die in den beschlagnahmten Dokumenten enthaltenen Namen riefen Bestürzung in vielen Konsulatskanzleien hervor. Die Großmächte kamen überein, Entlassungen und Verhaftungen nicht zu erzwingen; aber alle Handelslizenzen der Intel wurden eingezogen. Es gab einige Selbstmorde und ganze Reihen von Rücktritten aus Krankheitsgründen, die jedoch kaum zur Kenntnis genommen wurden in dem Freudentaumel über die Rettung vor dem Untergang. Was von der Intel übrigblieb, waren leere Handelsniederlassungen auf der ganzen Welt und nicht geforderte Millionen in Tresoren von Schweizer Banken. In Azaran blieben das Hauptzentrum der Anti-Bakterien-Produktion und des Computers in den Händen von Dawnay und Fleming, die über Nacht weltbekannt geworden waren.

Dawnays Arbeitsplatz war nun im Verwaltungsgebäude. Sie saß im Zentrum eines rasch aufgebauten Radio- und Telephonnetzes und führte und beriet Wissenschaftler auf der ganzen Welt. Fleming wußte nicht, wie sie es machte und ob sie überhaupt schlief; er sah sie nicht einmal. Und Dawnay wagte kaum zu glauben, daß sie gewonnen hatten, als die Nachrichten von weltweiten Verbesserungen des Luftdrucks und von einem Nachlassen der Windstärken berichteten.

»Was wird John jetzt tun – jetzt, da es vorbei ist?« fragte André.

»Ich weiß es nicht.« Dawnay hatte sich das selbst oft gefragt, und sie hatte diese Frage erwartet und gefürchtet. »Er ist sich nicht schlüssig. Ein Teil von ihm möchte weitermachen, der andere ist erschreckt. Uns allen geht es so. Aber Furcht kann uns nicht aufhalten weiterzumachen.«

»Und ich stehe für den Fortgang?«

»Für viel mehr. Wir hier auf der kleinen Erde pflegen zu denken, durch bloße Entfernung vor dem Weltall geschützt zu sein. Jetzt sehen wir, daß Intelligenz – reine, kalte Intelligenz – große Entfernungen des Weltraumes überbrücken und uns bedrohen kann.«

»Halten Sie mich immer noch für eine Bedrohung von draußen?«

»Nein«, erwiderte Dawnay. »Nein, das tue ich nicht.«

Eines Abends der folgenden Woche kam Dawnay ins Computergebäude. Abu Zeki war bei Fleming. Der Araber entschuldigte sich und verließ den Raum.

»John«, begann sie, »André ist hier.«

Zuerst dachte sie, er würde überhaupt nichts sagen. Dann stieß er hervor: »Sie bringen sie also zur Maschine zurück! Es ist alles so einfach, so geplant, gerade, als ob wir Werkzeuge wären.« Mit gefurchter Stirn drehte er sich um. »Wie können wir weiterhin mit ihr, mit der Maschine konkurrieren?«

»Das liegt an Ihnen, John«, entgegnete Dawnay. »Ich kann Ihnen nicht helfen. Meine Arbeit hier ist getan. Ich fliege morgen heim.«

»Das können Sie nicht!« rief Fleming aus. »Sie können mich nicht allein lassen«, bat er. »Nicht mit ihr hier.«

Nie vorher hatte sie ihn um Hilfe bitten hören. »Sehen Sie, John«, sagte sie freundlich. »Sie sind kein Kind, das sich hinterm Rock seiner Mutter verbirgt. Man hält Sie für einen Wissenschaftler. André hat weder Sie noch mich gebraucht. Wir haben die Welt auf den Kopf gestellt, und André hat sie wieder in Ordnung gebracht.« Sie trat zur Tür und nickte dem wartenden Mädchen zu. »Ich werde zu Ihnen kommen, bevor ich abreise.«

André lief schnell auf Fleming zu, blieb vor ihm stehen und lächelte ihn wie ein glückliches Kind an. Noch immer war sie dünn und bleich, und ihre Augen sahen groß aus über ihren hohen, scharfen Wangenknochen.

»Fürchtest du dich vor mir?«

»Solange du eine Puppe, ein mechanisches Spielzeug bist.«

Sie wurde rot und strich sich die Haare aus dem Gesicht. »Und bist du das etwa nicht? Du hältst dich immer noch für ein göttliches, einzigartiges Geschöpf. Dreitausend Millionen deiner Art leben auf dieser Erde. Sie – wir –, wir alle sind Puppen, die an Fäden tanzen.«

»Dann laß uns tanzen.« Er behielt die Hände in den Taschen und blieb bewegungslos stehen.

»Ich werde tun, was immer du wünschst«, sagte sie. »Eines weiß ich gewiß – wir können keine getrennten Wege gehen.«

Er ergriff ihre Hand. »Dann laß uns von hier fortgehen«, sagte er, »nachdem wir diese Maschine zerstört haben. Diesmal werden wir die Sache richtig erledigen. Dann werden wir uns einen friedlichen und sicheren Ort suchen.«

»Gut. Wir werden tun, was du möchtest. Das habe ich dir oft gesagt. Aber hast du überlegt? Hast du wirklich überlegt? Der einzige sichere Ort für uns ist hier. Wenn wir das erkennen und uns unter seinen Schutz stellen, haben wir auch an dem Plan teil.«

»Plan! Dieses verdammte Wort. Und was ist denn geplant?«

»Was du willst. Es wird hier und in der ganzen Welt getan werden.«

»Ich fürchte, ich bin nicht zum Diktator gemacht.«

»Nur wer nicht zum Diktator gemacht ist, kann ein guter Diktator sein«, erwiderte sie. »Jemand, der weiß.«

»Was weiß?«

Sie ergriff ihn beim Arm und führte ihn zur Beobachtungsstelle des Computers hinüber. »Ich werde dir zeigen, was ich Mademoiselle Gamboul gezeigt habe. Stell dich neben mich.«

Er gehorchte und betätigte die Schalter, deren Nummern sie ihm sagte. Hellwach und erwartungsvoll setzte sie sich und legte ihre linke Hand auf seine rechte.

Die Maschine begann zu summen. Relais knackten, der Schirm erhellte sich. Wie ein Film auf Schärfe eingestellt wird, wurden die Schatten kleiner und schärfer und nahmen Form und Perspektive an.

»Es sieht aus wie der Mond«, murmelte Fleming. »Unbelebte Berge, staubgefüllte Täler.«

»Es ist nicht der Mond«, flüsterte André, ohne den Blick von der Konsole zu wenden. »Es ist der Planet, von dem die Botschaft kam.«

»Du meinst, sie zeigen sich uns?« Fleming starrte auf die bizarren Schatten und Spiegelbilder. »Die Beleuchtung ist unheimlich.«

»Wegen der Herkunft«, erklärte sie, »ist das Licht ihrer Sonne blau.« Sie konzentrierte sich auf den Schirm, und das Bild begann sich zu heben. Die Szenerie bewegte sich mit wachsender Geschwindigkeit horizontal dahin, bis nur noch ein Flimmern zu sehen war. Dann verringerte sich die Geschwindigkeit, und die Szene stand wieder still. Unheimliche Stille herrschte diesmal, die Starrheit zeitlosen Alters.

Eine riesige Fläche erstreckte sich nach hinten, wo sie in den dunklen Himmel überging. Im Vordergrund standen wahllos verteilt gewaltige längliche Formen, die offensichtlich halb in die weich aussehende Oberfläche gesunken waren.

Fleming fühlte, wie sich die Haare in seinem Nacken sträubten. »Mein Gott«, flüsterte er, »was sind dies?«

»Das sind sie«, antwortete André. »Die uns die Botschaft geschickt haben. Die, denen ich ähnlich sein soll.«

»Aber sie leben nicht.« Er verbesserte sich. »Sie bewegen sich nicht.«

André nickte. »Natürlich«, sagte sie. »Wirklich große Gehirne können sich wie der Computer nicht bewegen. Es ist auch nicht erforderlich.«

»Ihre Oberfläche scheint fest zu sein. Wie sehen sie?«

»Augen wären nutzlos. Das blaue Licht würde alle Gewebe und Nervenfibern, wie du sie kennst, zerstören. Sie sehen mit anderen Mitteln, genau wie ihre anderen Sinne sich von denen unterscheiden, die Menschen –«, sie zögerte, »– wie wir entwickelt haben.«

Das Bild begann sich aufzulösen. Einzelne Abschnitte lösten sich und verschwanden. Schnell verblaßte der Schirm.

»Mehr gibt es dort nicht?« Fleming glaubte, ihm sei etwas vorenthalten worden.

André wandte ihm das Gesicht zu. Es glänzte von Schweiß, ihre Augen waren groß, die Pupillen erweitert. »Ja«, antwortete sie lächelnd, »das ist alles. Sie sind es. Sie wollten uns ihren Planeten zeigen. Sie hielten es für genug; vielleicht als Warnung. Vielleicht um uns zu zeigen, was die Zeit bringt und wie man überleben kann. Wie wir das gleiche tun können.«

Fleming blickte auf den dunklen Schirm zurück. Ganz klar noch hatte er diese unwandelbar und endgültig in ihrer erbärmlichen Unbeweglichkeit stehenden Formen vor Augen.

»Ncin«, sagtc cr.

»Ist das so viel schlimmer als die Menschenrasse«, fragte sie, »die durch tierische Instinkte lebt und sich vermehrt und arbeitet und kämpft? Mehr als Tiere, die ihre Zeit verbringen, um für ihre Existenz zu ringen und ihren Körper am Leben zu halten, sind Menschen nicht. Und wenn die Erde übervölkert ist, gibt es eine Massenvernichtung. Die Überlebenden fangen von vorn an, und das Gehirn entwickelt sich nie.«

»Nein?«

»Nicht wirklich, nicht schnell genug. Wenn die Erde einmal ausgelebt hat, werden die Menschen immer noch kleine, kämpfende, aussterbende Tiere sein.«

»Wenn wir uns nicht ändern?«

André nickte. »Die Intelligenz von dort draußen kann uns führen, und wir können andere leiten – solange wir die Autorität festhalten, die uns diese Intelligenz verleiht.«

»Und dem Rest der Welt aufbürden, was sie von uns verlangt?«

»Wir können nur beginnen, einen möglichen Weg festzulegen«, antwortete André. »Millionen Jahre werden vergehen, bis die Erde...«

»Wir haben nicht das Recht«, erwiderte er.

»Das Wissen um das Mögliche zu nützen?« Sie stritten lange Zeit hin und her, aber zum Schluß sagte sie: »Gut, dann hast du dir alles reiflich überlegt? Du willst das alles zerstören?« André machte eine weitausholende Handbewegung zur Maschine hin.

»Ja«, antwortete er fest. »Das will ich.«

Sie stand auf und ging zu den Archivschränken. Aus einer Schublade holte sie eine kleine Rolle heraus und streckte sie Fleming entgegen.

»Was ist das?« fragte er und legte die Hände auf den Rücken.

»Es ist eine Negativrolle. Sie schreibt Nullen durch alle Speicherstellen. Die Maschine kann sich jetzt nicht dagegen wehren. Gib diesen Film ein, und in wenigen Minuten wird die Maschine nichts weiter sein als eine Masse aus Stahl und Glas.«

Fleming folgte ihr zur Programmiereinheit und sah zu, wie sie den Film auf die Spule schob und die Flansche feststellte. Sein Blick wanderte zu dem roten Knopf auf der Steuereinheit. Er führte die Hand nach oben, um den Knopf zu drücken, aber André hielt zärtlich, aber mit Nachdruck seine Finger fest.

»Es wäre mir lieb, wenn nicht du es tätest«, sagte sie. »Du siehst, ich weiß, daß es ein Fehler ist. Und ich möchte, daß es nicht deiner ist.«

Er ließ den Arm sinken und schritt weg. André beugte sich über den Steuertisch und begann, auf dem an der Seite festgeklemmten Notizblock zu schreiben.

»Wir wollen eine Anweisung zurücklassen«, sagte sie. »Aber für wen?«

Er grinste glücklich. »Für Abu.«

»Ja«, erwiderte sie zustimmend. »Er wird den Motor der Eingabe ganz unwissentlich starten, wenn er das sieht.« In großen Buchstaben schrieb sie Abus Namen. »Und nun bring mich bitte weg«, flüsterte sie, »wenn du das wirklich willst.«

Er bewegte sich nicht, als sie dicht an ihn herantrat. Dann beugte er leicht den Kopf und küßte sie auf den Mund.

Als er ihre vollen, warmen Lippen spürte, wurde ihm plötzlich ihre ganze Menschlichkeit bewußt. Alle Furcht und Anspannung der vergangenen Monate fielen von ihm, und er war ganz einfach endlich allein mit der Frau, die er wollte.

Sachte hielt er sie auf Armeslänge von sich und lächelte sie an. Als sie zurücklächelte, wurden die grauen Verkleidungen der Maschine zu düsteren und nichtssagenden Schatten. Er lachte laut und nahm ihre Hand.

»Und nun laß uns gehen. Ich kann Servolas Wagen bekommen. Ich möchte dir gerne etwas zeigen.«

André folgte ihm, ohne zu fragen. Draußen war es dunkel und kalt. Der normale Nachtwind der Wüste empfing sie. Keine Wolken verdeckten das bleiche, friedliche Licht des fast vollen Mondes.

Im Auto kuschelte sie sich an ihn. Er schlug die Richtung zu den Bergen ein, fuhr von der Straße herunter und hielt im Schatten eines Felsbrockens.

Hand in Hand stiegen sie einen Pfad hinauf, der weißen Masse einer Tempelruine entgegen. Es wurde kälter. Beide atmeten schwer, und das Blut pulsierte im Gesicht und an den Händen.

Schweigend blieb Fleming stehen, als er die erste Stufe der großen, zu dem verfallenen Eingang hinaufführenden Treppe erreicht hatte. Fest drückte er Andrés Hand, und sie verharrte. »Warum sind wir hierhergekommen?« flüsterte sie.

»Um zu atmen«, erwiderte er, legte den Kopf zurück und atmete tief ein.

Auch André blickte nach oben, in den gewölbten Himmel, der hinter den Spitzen der Berge dunkel wurde. Der Polarstern stand dort, wie eine hell strahlende Laterne. Nicht weit von ihm glitzerte ein anderer Stern.

»Kassiopeia wird er genannt«, sagte Fleming. Es gab für ihn keinen Zweifel, daß sie in die gleiche Richtung blickte wie er.

André blickte immer noch nach oben, und plötzlich sagte sie: »Doch, jetzt weiß ich, warum du mich hierhergebracht hast. Dieser Schimmer zwischen dem Polarstern und der Kassiopeia...«

»Ja«, sagte er und legte beschützend den Arm um sie.

»Andromeda«, flüsterte sie, »meine Namensschwester.«

»Der Ort, wo diese Kreaturen sind, die sich nicht bewegen, keine Augen haben, nur Gehirn sind.« Er wandte den Blick von den Sternen. »Es hat keinen Sinn. Denk an die Maschine, die sie uns zu bauen veranlaßt haben. Erinnerst du dich, was sie dir, deinen Händen angetan hat?«

André nickte. »Ich erinnere mich. Aber wenn sie sehr vernünftig, sehr weise gewesen wäre, hättest du sie dann bekämpft?« Sie sah, wie er den Kopf schüttelte.

»Dann wärst du wirklich ihrem Bann verfallen. Du und jedermann; genau wie Mademoiselle Gamboul.«

»Das vermute ich.«

»Warum fürchtest du dich denn vor der Maschine? Weil du sie brutal und grausam gemacht hast, zwangen sie dich, die Kontrolle selbst zu übernehmen. Deswegen haben wir die Entscheidungseinheiten dieses Modells hier geändert. Und auch das war beabsichtigt. Alles war voraussagbar.«

»Die Bakterien auch?«

»Natürlich. Damit wurde sichergestellt, daß die Kontrolle geändert würde, daß die Maschine nicht entscheidet.«

Fleming war fast überzeugt. »Aber warum haben sie es so weit kommen lassen? Für uns war es fast zu spät.«

»Das war eine Fehlkalkulation.«

»Mach dich nicht lächerlich«, erwiderte er grinsend. »Das Ding hat nie einen Fehler gemacht.«

»Sie haben nur einen Fehler gemacht – indem sie nicht mit jemandem wie dir rechneten. Sie dachten nie, daß die erste Maschine zerstört würde. Nur eine Änderung zogen sie in Betracht. Wenn du das Gehirn in Thorness nicht zerstört hättest, hätte man die Meerbakterien viel eher bekämpfen können.«

»Dafür hast du keinen Beweis«, entgegnete er schwach.

»Ich weiß«, fuhr sie leise fort, »daß du das einzige Mittel der Rettung zerstört hast. Oder so wäre es vielmehr gewesen, wenn dein Freund Bridger den Plan nicht an Intel verkauft hätte.«

Darüber war Fleming erleichtert. »Mein guter alter Dennis«, rief er aus. »Sie sollten ihn in der Westminster-Abtei bestatten.« Er drehte sich um und legte ihr die Hände auf die Schulter. »Und was war deine Absicht – eine Stellung absoluter Macht aufzubauen?«

»Nein. Meine Aufgabe war, jemanden zu finden, der verstehen würde, die Maschine zu gebrauchen.« Sie drehte an einem seiner Mantelknöpfe. »Du wolltest mir nicht vertrauen – und doch erwartetest du einen Druchbruch zu neuem Wissen.«

Plötzlich machte sie einen Schritt zur Seite. »Das ist das Wissen. Es liegt jetzt in deinen Händen.«

»Und du?« fragte er, ohne sich ihr zu nähern.

»Ich bin auch in deinen Händen.«

»Aber warum?«

André kam zu ihm zurück. »Fleisch und Blut«, erwiderte sie glücklich. »Dawnays Mischung.«

Fleming nahm ihr Gesicht in die Hände und drehte es, bis das Mondlicht voll darauf fiel. »Und etwas, das mehr einem Wunder gleicht, habe ich noch nicht gesehen«, fügte er hinzu.

Sie drehten sich um und gingen Hand in Hand den Bergpfad hinunter. »Ich crinnerc mich an die Nacht, als die Botschaft zum ersten Male uns erreichte«, sagte Fleming nachdenklich. »Ich begann von einer erneuten Renaissance zu quasseln. Ich war ein bißchen voll. Der alte Bridger war nicht so eingebildet wie ich. Er sagte: ›Wenn alle Geländer weg sind, muß man etwas zum Festhalten haben.‹«

Er legte den Arm um sie und zog sie fest an sich. »Es ist wohl besser, wenn ich mich daran gewöhne, mich an dir festzuhalten, nicht wahr?«

André lächelte zu ihm auf, aber sie war noch nicht ganz zufrieden. »Und die Botschaft?« fragte sie.

Sie hatten flachen Boden erreicht, und Fleming ging schneller, ergriff wieder ihre Hand und zog sie hinter sich her aufs Auto zu.

»Wohin gehen wir jetzt?« fragte sie.

»Um sie zu retten!« schrie er, daß die Berge widerhallten. »Wir haben gerade noch Zeit, vor Abu anzukommen. Die neue Renaissance beginnt in einer Stunde – wenn wir uns beeilen.«

Er schob André ins Auto, ging zur anderen Seite, blieb einen Augenblick stehen und blickte zum Himmel auf, der schon fahl wurde. Die Sterne verblaßten. Ganz schwach sah er das verschwommene Licht des großen Andromedanebels zwischen der Kassiopeia und dem Polarstern aus der Unendlichkeit des Weltalls herüberleuchten.